“十四五”普通高等教育本科部委级规划教材

国家级精品资源共享课“服装结构设计”辅助教材

服装立体裁剪

24讲从基础到小礼服的技术进阶（附视频）

陶 辉 王小雷 著

中国纺织出版社有限公司

目 录
CONTENTS

第一章 基础知识

第1讲 工具材料

1.1.1 立裁工具

服装立体裁剪需要准备的主要工具（图1-1）有：假手臂、白坯布、熨斗、大小剪刀、曲线尺、卷尺、直尺、垫肩、透明胶、线卷、标识带、珠针、针插、滚轮、铅笔、橡皮、记号笔、硫酸纸等。

使用女子标准尺寸的 84A 人台作为本书的基础人台（图 1-2）。

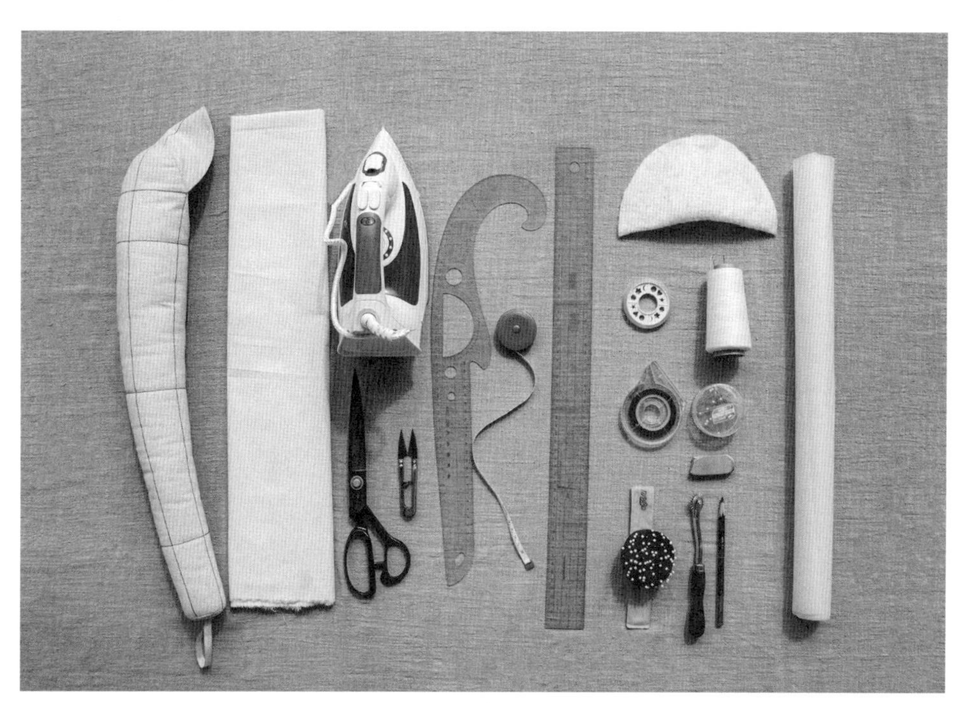

图1-1 立裁常用工具

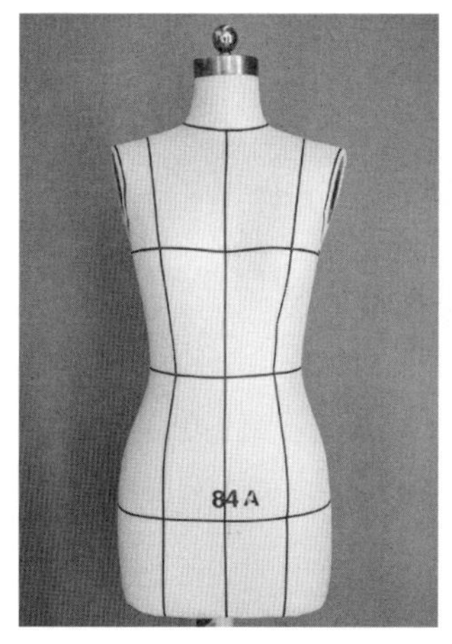

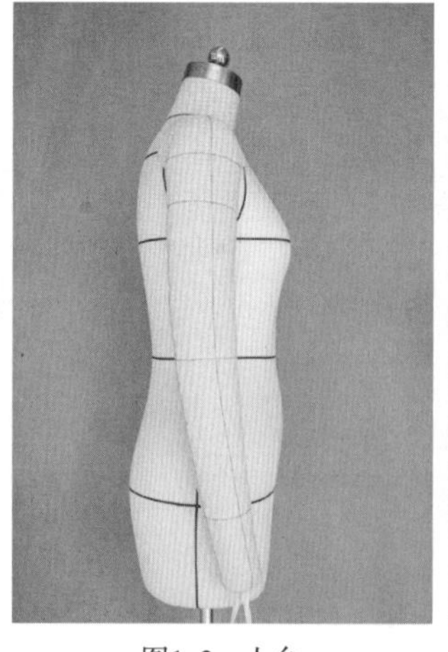

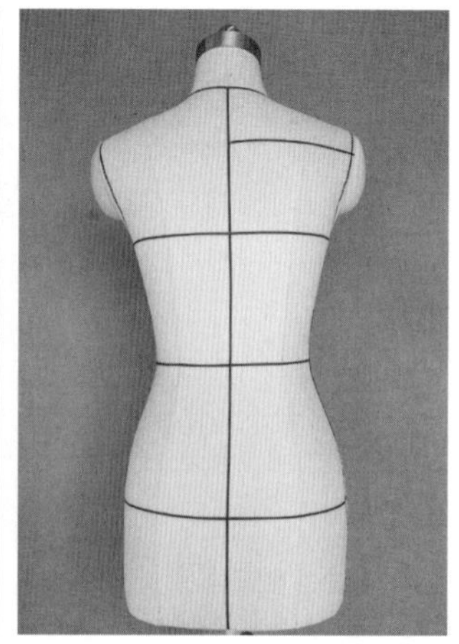

图1-2 人台

1.1.2 白坯布

立体裁剪前需要对白坯布进行整烫，以保证布料的平顺。平行于布边的纱线方向为经纱方向，是服装中使用的最多的丝绺方向，以下分别为经纱方向、纬纱方向和斜纱方向（图1-3）。

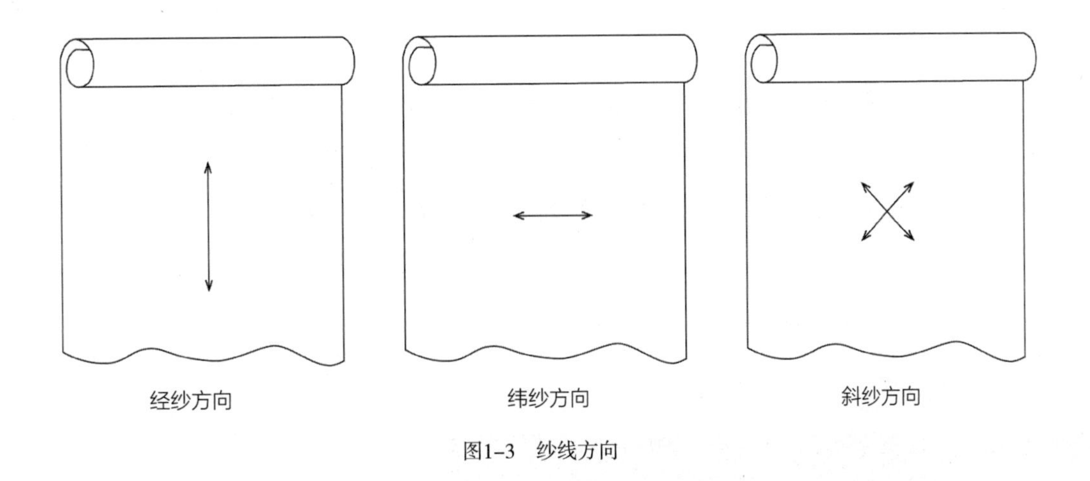

图1-3 纱线方向

1.1.3 针法

针法主要用于衣片间的连接与固定，是服装立体裁剪中的基础知识，常用的针法主要有以下几种（图1-4）。

（1）斜向针法。用于两块衣片重叠处的固定。一般从上而下呈45° 角斜向入针，是使用最多的一种针法。

（2）垂直针法。垂直向下固定衣片重叠处，多用于裙摆、裤口等，以保证边缘弧形的顺畅。

（3）隐藏针法。从两块衣片重叠处插入，挑住另一块衣片后重新回到第一块衣片，并将珠针藏入重叠处，多用于绱袖、缝腰头等。

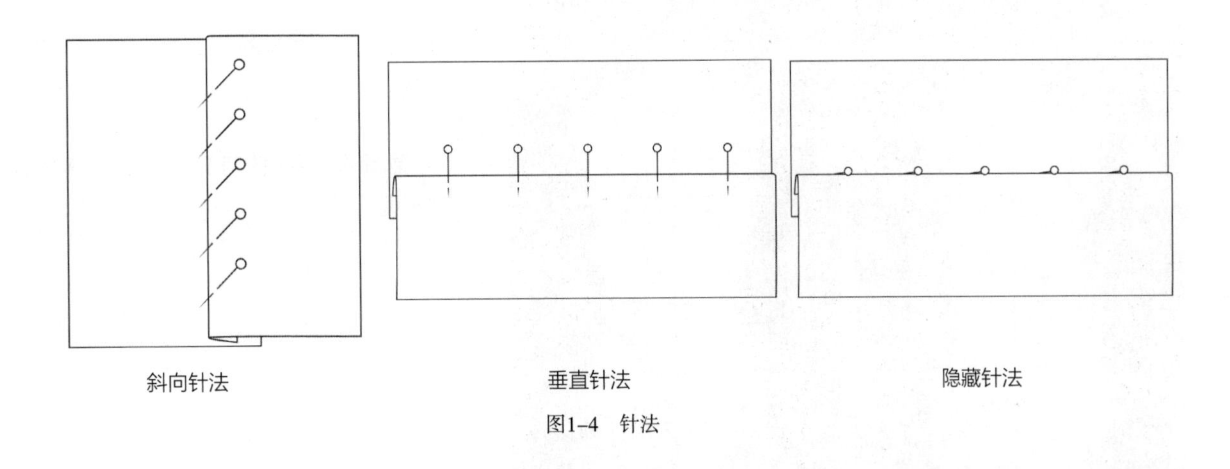

图1-4 针法

第2讲　标识带

知识点:
人体结构认知

标识带是以胸、腰、臀等人体代表性部位为标识基础，贴附在人台上的记号。不仅能客观地反映出人体结构特征，同时为服装定位起到标识和指引作用。对于胸围、腰围等水平线的测量，可借用丁字尺等专业工具；袖窿、领围等弧线的测量，则需结合人体特征及运动规律，把握好角度与方向。同时由于审美习惯及人台差异，对标识带的认知需客观具体地分析（图1-5）。

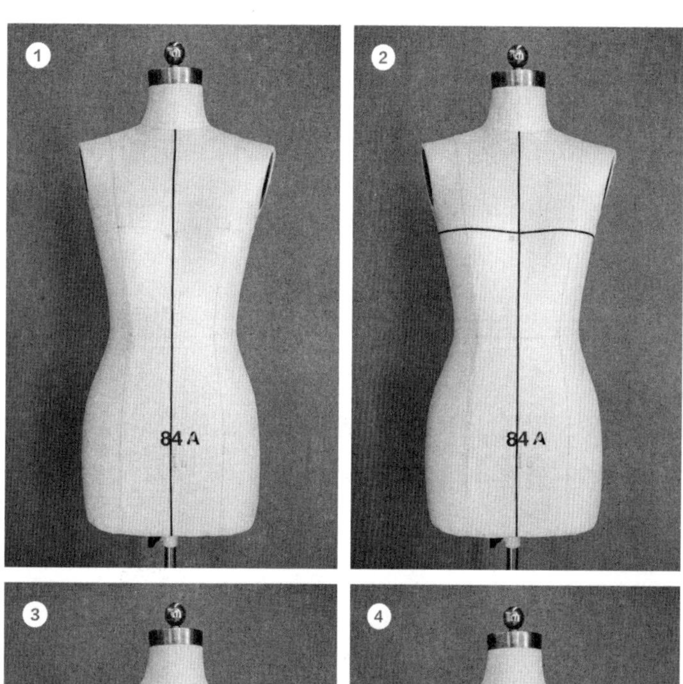

贴标识带

① 前、后中心线。从前颈中点、后颈中点垂直向下贴标识带至人台底边。

② 胸围线。找出胸部的最高点，水平围量一周。实际操作时可借用丁字尺等工具协助完成。

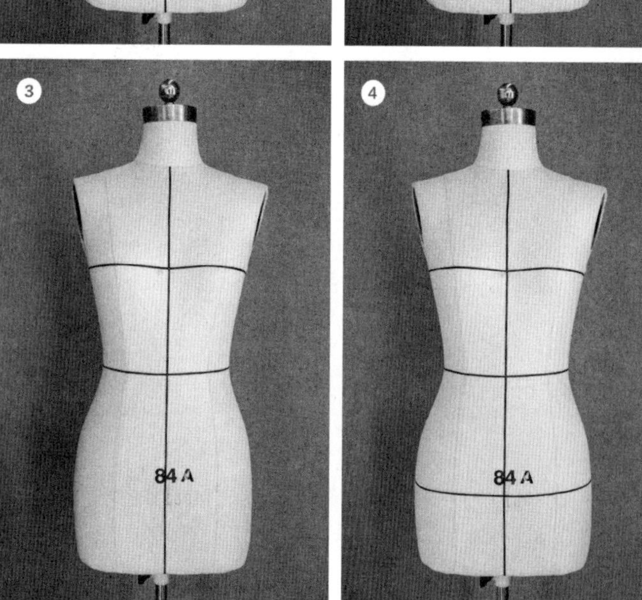

图1-5

③ 腰围线。在腰部的最细处，水平围量一周。

④ 臀围线。腰围线向下18cm处，水平围量一周。

⑤ 侧缝线。从肩端点向下连接侧身前中心线到后中心线的胸围、腰围以及臀围尺寸至人台底边的中心处，并向后移1cm，得到前后衣身差，同时根据人台实际状态，调整该线使其顺直流畅，并将侧颈点与肩端点的连线与该线连接。

⑥ 前公主线。从肩宽二等分点通过胸高点、前腰围线二等分点、前臀围线二等分点垂至人台底边贴标识带，并使该线呈现人体特征。

⑦ 后公主线。从肩宽二等分点通过胸围线、后腰围线二等分点、后臀围线二等分点垂至人台底边贴标识带。

⑧ 袖窿线。由于人体结构特征，袖窿弧线呈现倾斜状。为贴出正确的袖窿弧线，可利用卷尺在袖窿上做出相应的造型线，并用珠钉做出标记点，最后贴出袖窿弧线。

⑨、⑩ 领围线及肩胛骨线。连接后颈点、侧颈点及前颈点贴出领围线（颈根围）。后胸围线向上12cm贴出肩胛骨线。

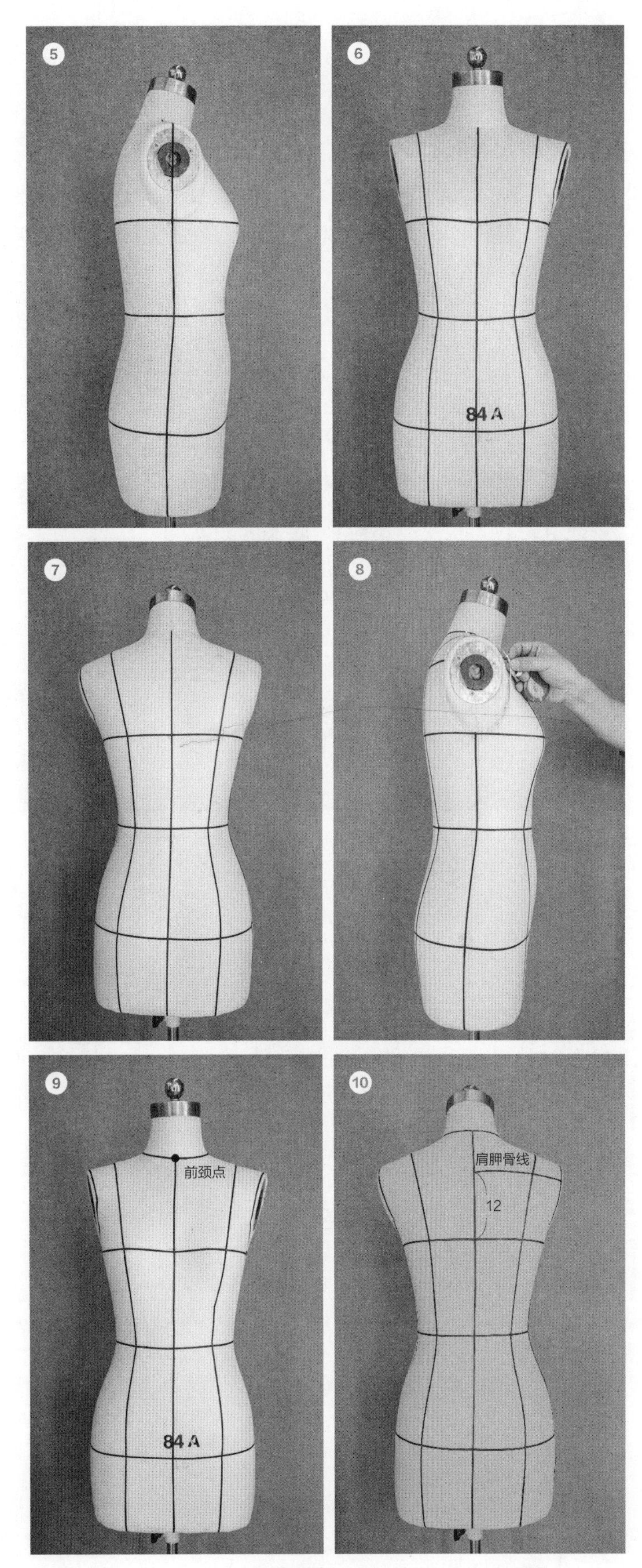

图1-5

标识带效果

⑪、⑫、⑬ 分别为前、侧、后三个角度的贴标识带效果图。

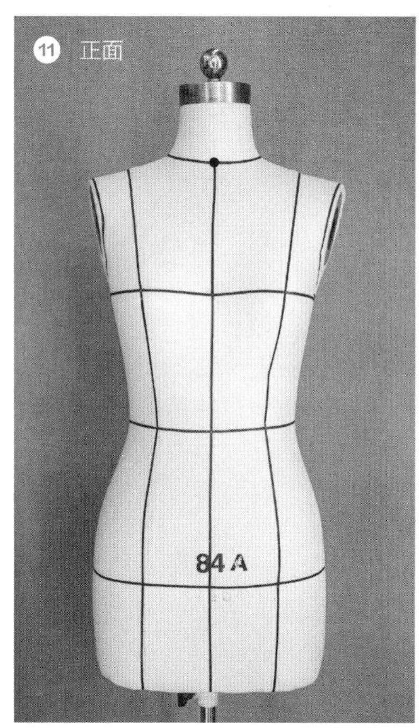

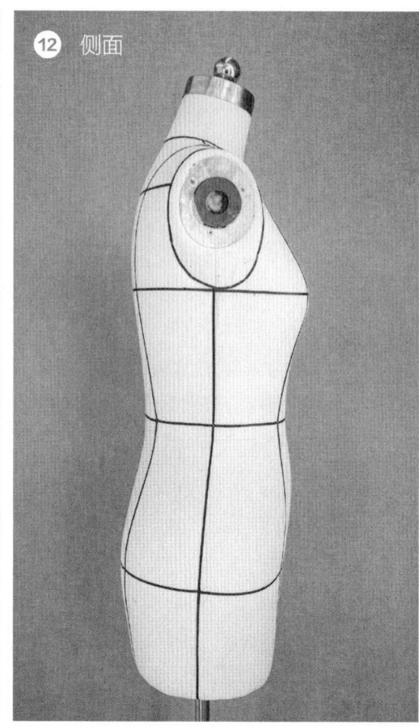

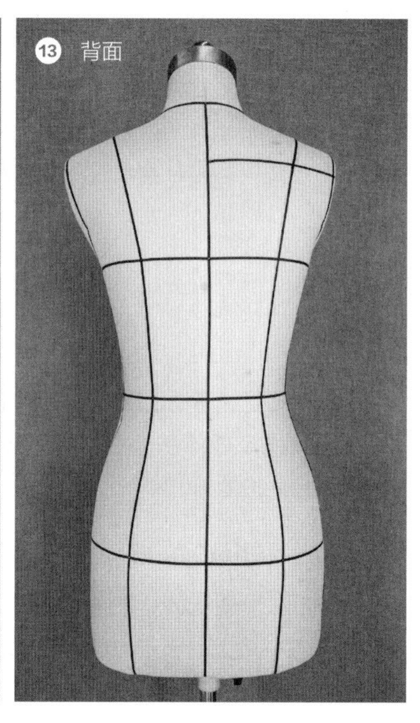

图1-5　贴标识带

第二章 基础衣身

第3讲 基础上衣

以胸围线、肩胛骨线和前后中心线为造型基础，通过收省、裁剪和加放松量等环节，完成基础上衣的制作。通过基础上衣的实践，掌握立体裁剪基本知识，了解人体与服装之间的关联性以及立体裁剪和平面裁剪的异同点，为后期相关知识的学习奠定基础（图2-1、图2-2）。

知识点：
服装造型与人体

白坯布尺寸

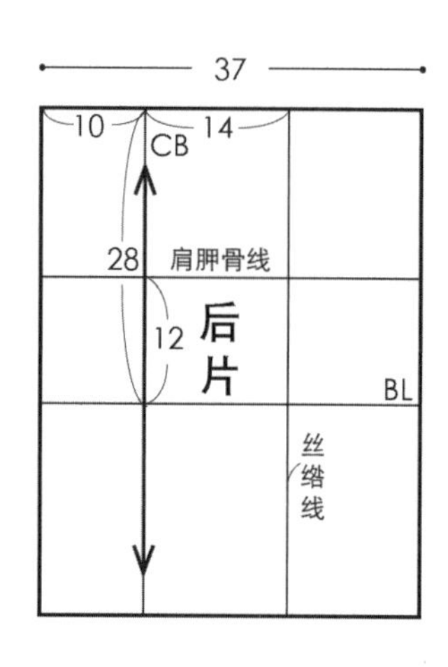

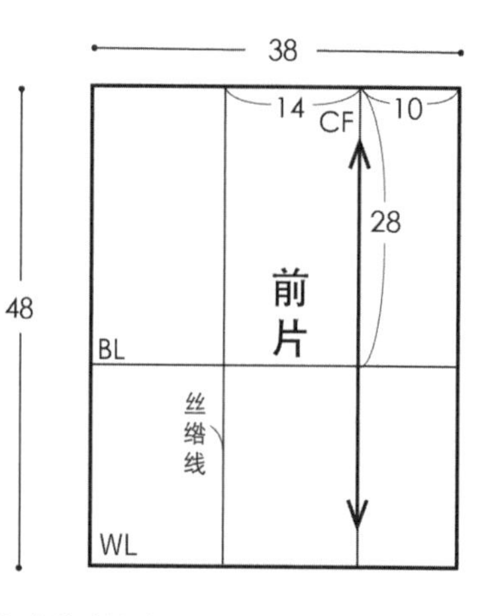

CB —后中心线
CF —前中心线
BL —胸围线
WL—腰围线
HL —臀围线

图2-1 白坯布基础尺寸

人台贴标识带

①、② 使用女子标准尺寸的84A人台，根据效果图所示，用标识带在人台上贴出前后中心线、胸围线、腰围线、公主线以及肩胛骨线。

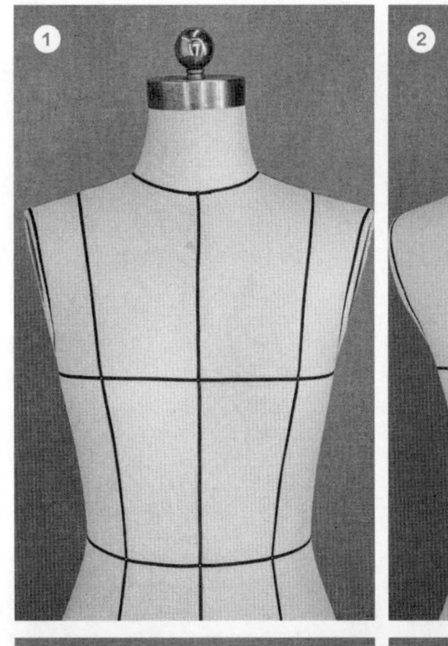

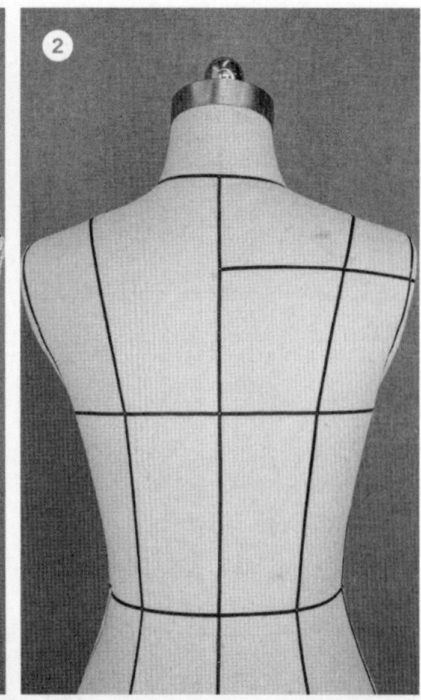

前片

③ 将前衣片上所画的胸围线、中心线与人台上相对应的标识带重叠。用珠针在前颈中点、胸围线、胸高点、腰围线处固定。

④、⑤ 沿领围线粗裁（一般距标识带2cm），剪掉多余的布料。为了使衣身平整，可在领口边缘处打剪口。

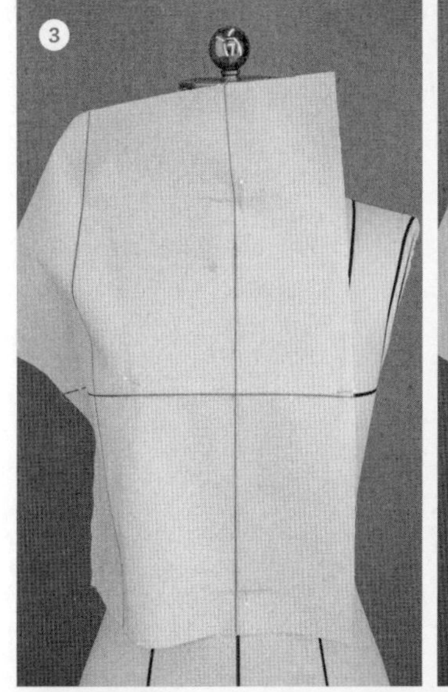

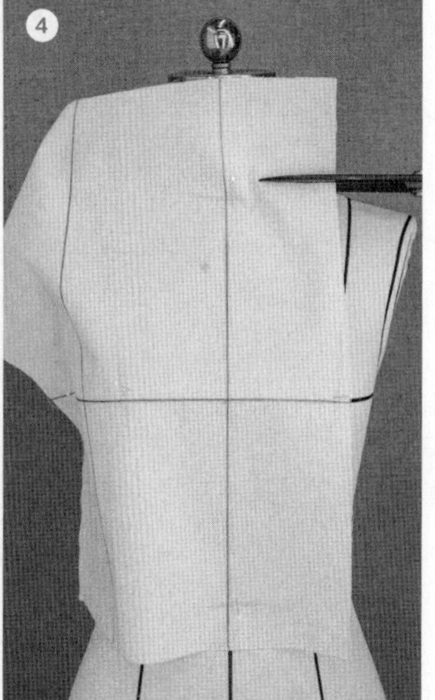

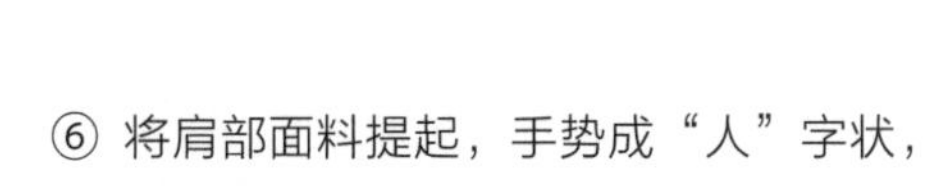

⑥ 将肩部面料提起，手势成“人”字状，并保证丝绺线顺直。

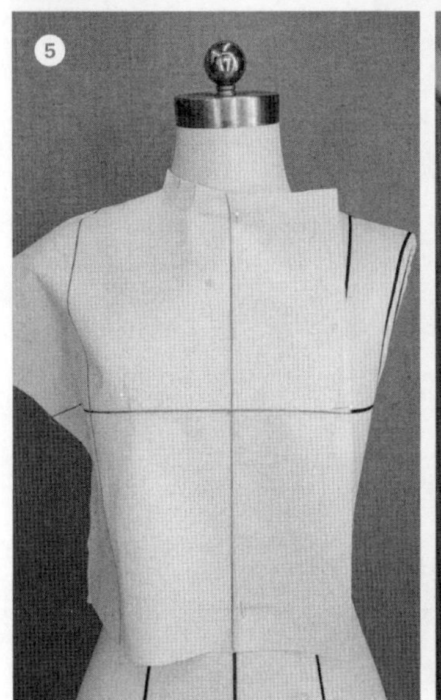

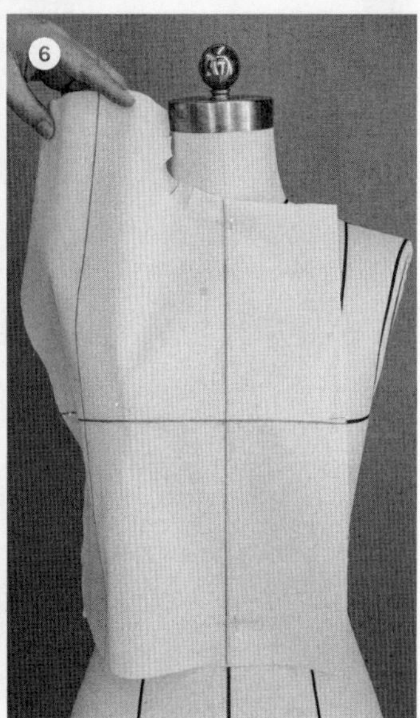

图2-2

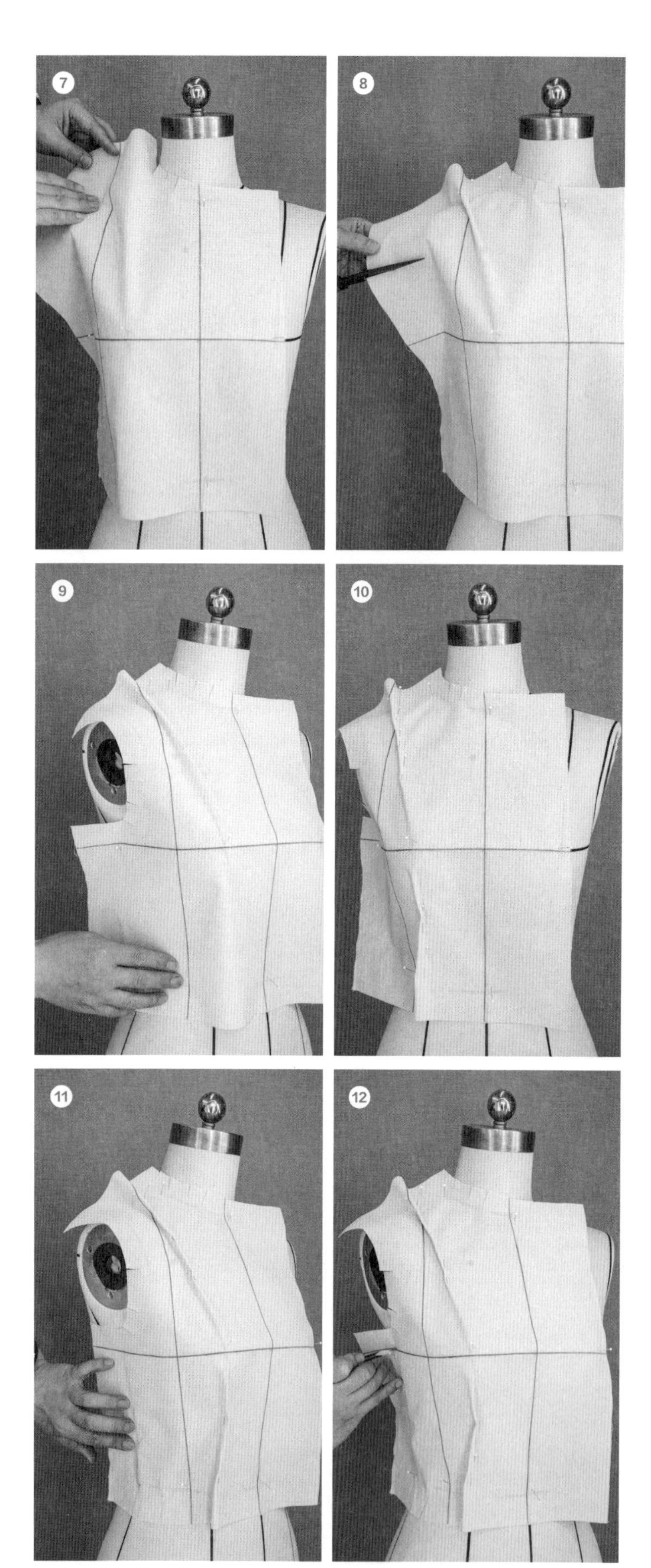

⑦ 将面料倒向肩部，根据效果图所示，在相应的位置做出前肩省，并用珠针固定。

⑧ 分别对上、下部分袖窿进行粗裁，并打剪口。

⑨ 将面料沿丝绺线顺直帖服于人台腰围处，并用珠针固定。

⑩ 做出腰省，打剪口，并用珠针固定，依次别出腰省。

⑪ 取出腋下胸围、腰围处珠钉，根据需要在侧缝处推放出适当松量，用珠钉固定。

⑫ 画出侧缝处标记点以及领围线、袖窿线、腰围线、省道等处标记点。

图2-2

后片

⑬ 将后衣片上所画的中心线、肩胛骨线（后背最高点为肩胛骨，所以采用肩胛骨位置作为后背参考线）与人台上相对应的标识带重叠。用珠针在后颈中点、肩胛骨线、腰围线等处固定。

⑭ 按箭头所示方向，在腰围线处向外拉出0.5cm，收出后中心处腰省。

⑮ 从后中心线与肩胛骨线交点处向下贴出新的标识带。

⑯ 将肩部面料提起，手势成“人”字状，保证丝绺线顺直。面料倒向肩部，在相应的位置将多出的面料做出后肩省，并用珠针固定。

⑰ 粗裁领围线、袖窿。

⑱ 将丝绺线处面料顺直帖服于人台腰围处，并用珠针固定。

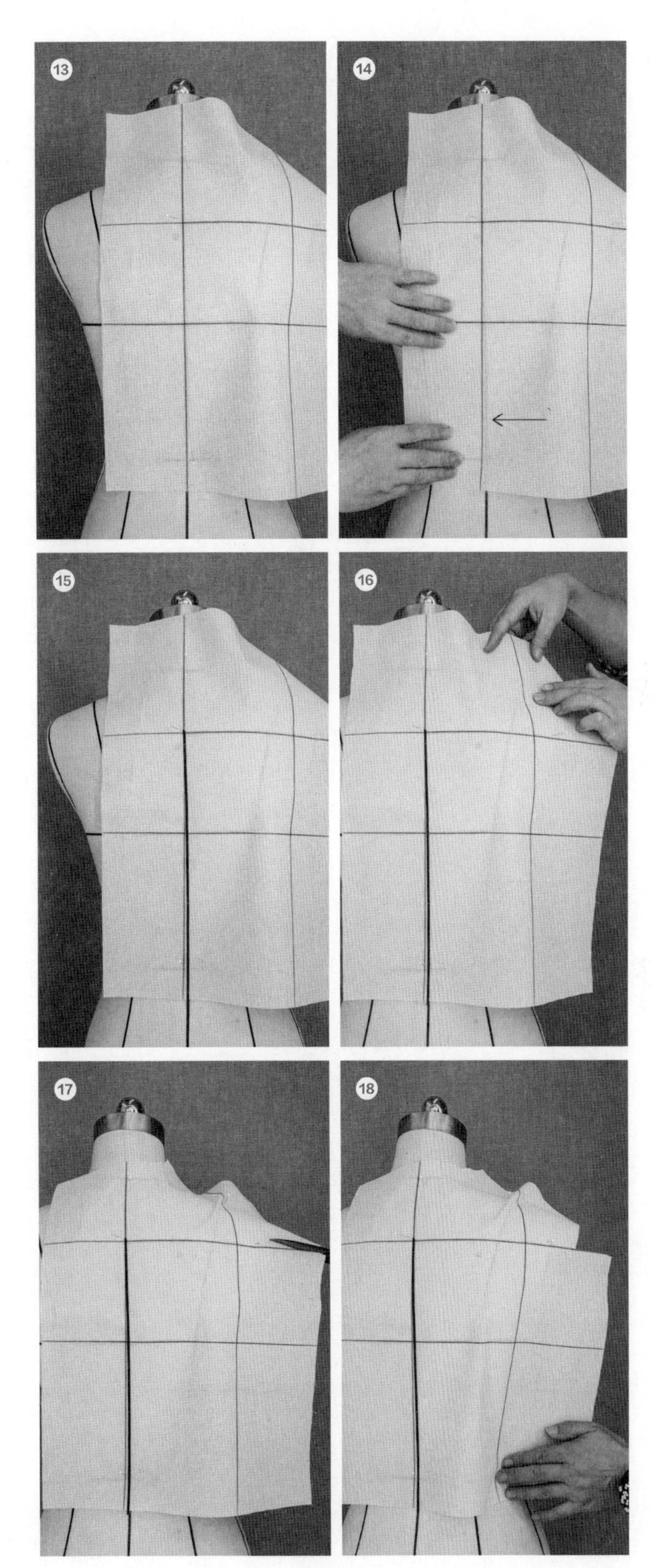

图2-2

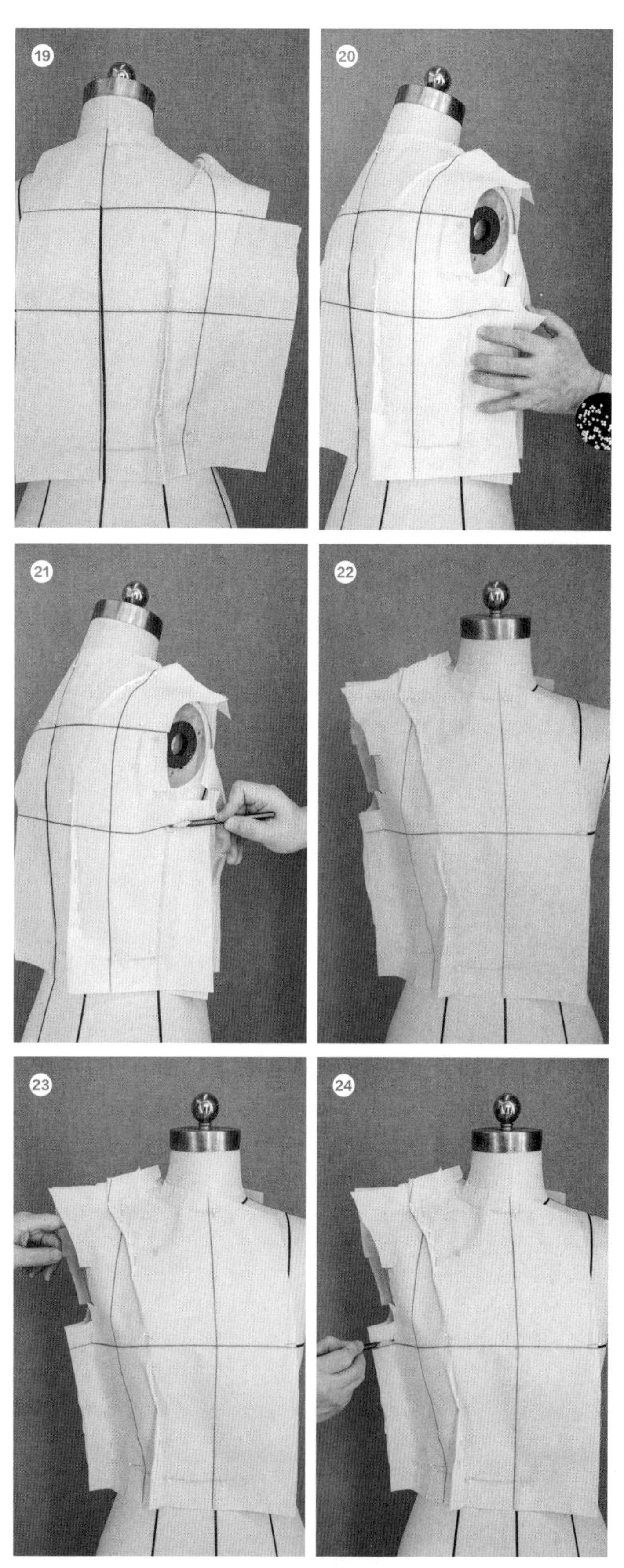

图2-2

⑲ 做出后腰省、打剪口，并用珠针固定出腰省，由于人体后背最高处为肩胛骨点，故后腰省省尖位置会通过胸围线。

⑳、㉑ 取出肩胛骨处珠钉，根据需要在侧缝处推放出适当松量，用珠针固定，并画出侧缝处标记点。

㉒、㉓ 对合肩缝和侧缝，注意在肩端点处留有一定的松量。

㉔ 在领围线、肩线、袖窿线、腰围线以及省道处画出标记点。

修正

㉕ 将衣片从人台上取下，拆下珠针。按标记点画出领围线、省道线以及袖窿弧线等，根据需要调整省量的大小及省尖的位置。并将前后衣片的肩部、侧缝对合，用弧形尺画顺领围线、袖窿弧线。

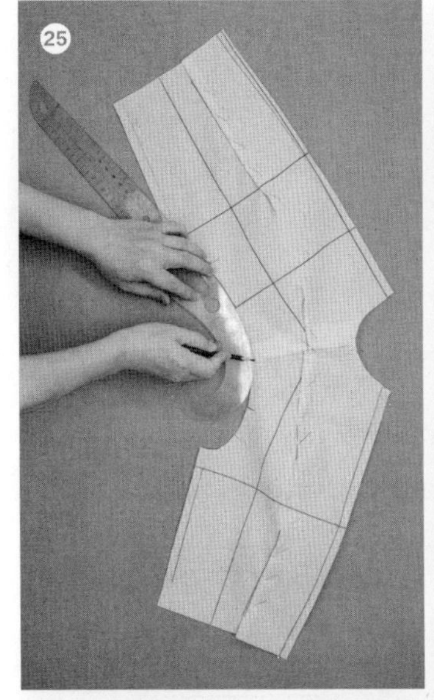

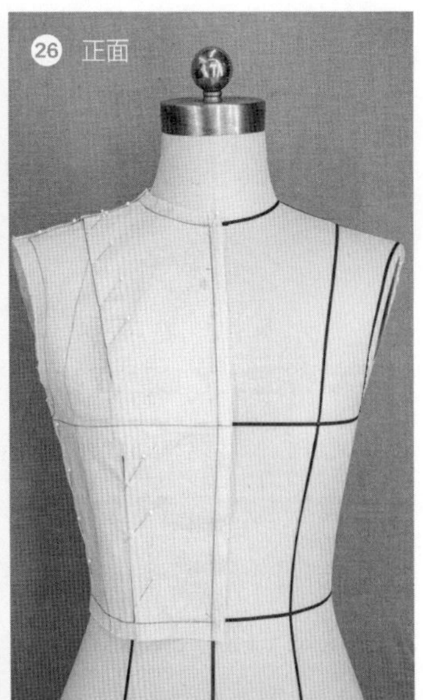

立裁效果

㉖、㉘、㉚ 选用正确的针法拼合衣片。不同角度的立裁效果图。

平面结构

㉗ 衣片结构图。

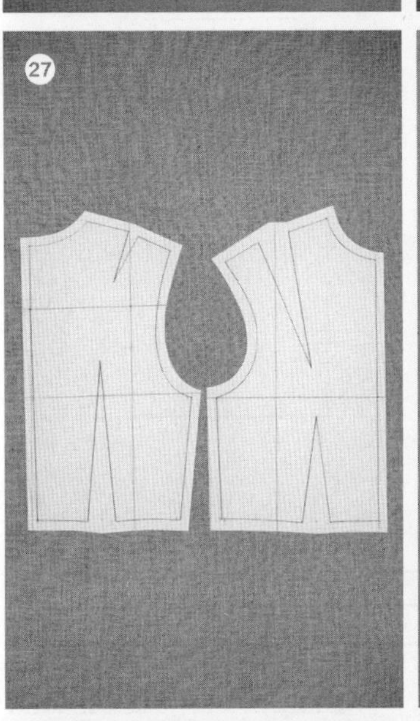

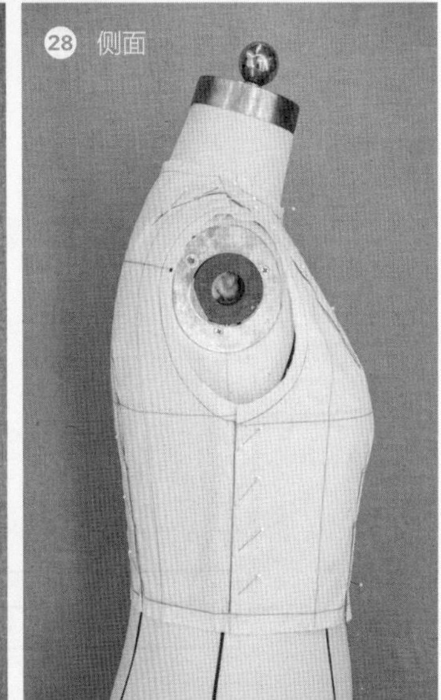

纸样拓板

㉙ 将硫酸纸平铺在衣片上，拓出前后衣片板，沿边缘线1cm处剪下，完成基础上衣的纸样制作。

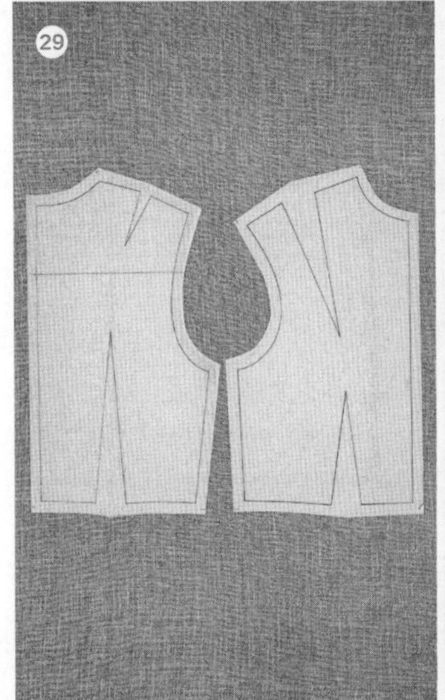

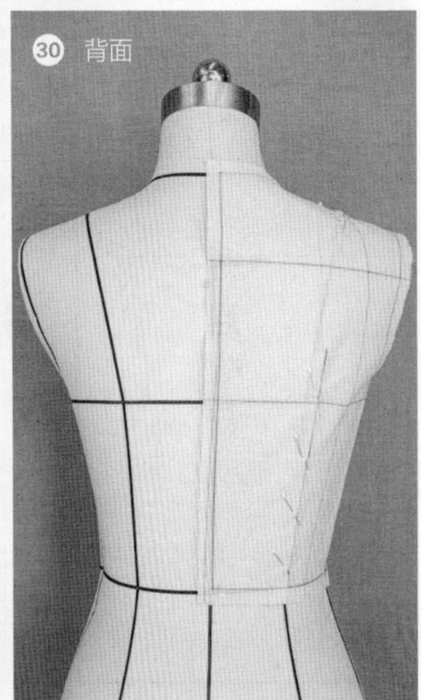

图2-2 基础上衣的立裁制作

第4讲 基础半身裙

以臀围线、腰围线和前后中心线为造型基础，运用收省、裁剪和加放松量等技术手段，完成基础半身裙的制作。通过对基础半身裙中省量的分布及省道长短的设计，进一步加深了解人体与服装关联性的认知（图2-3、图2-4）。

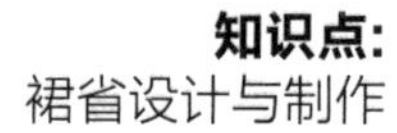

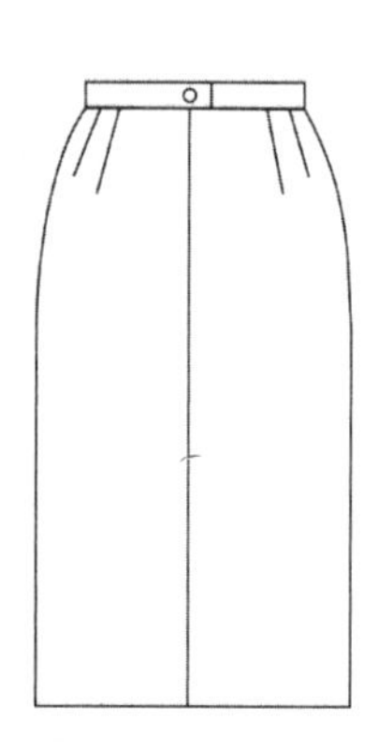

白坯布尺寸

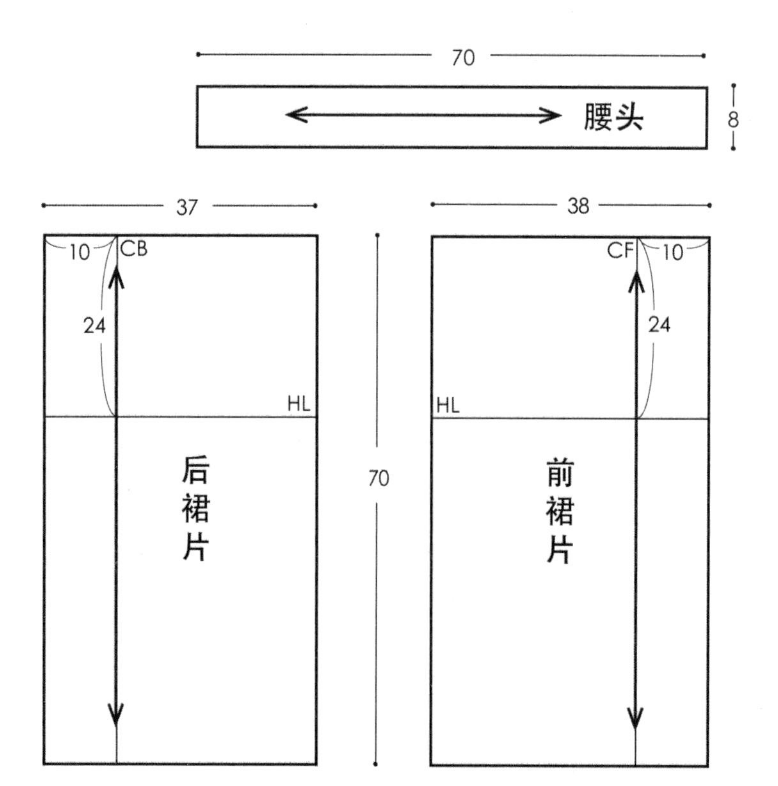

图2-3　白坯布基础尺寸

贴标识带

①、② 贴出腰围线和臀围线。结合人体特征，在人台上腹部前中心线至后中心线处贴出一条斜线，以此确定前后省的长度（前省长约9cm，后省长约11cm）。新的腰围线在后中线处下降0.7cm。

③ 由侧缝线向两侧约3cm处分别贴出两条垂线作为省量辅助线，以保证裙子省量的合理分配。

前片

④ 将前裙片上所画的臀围线、中心线与人台上相对应的标识带重叠，用珠针固定前中心线以及臀围线。

前腰省

⑤ 将前腰省量辅助线处的面料提起，使该处丝绺线顺直，与③的省量辅助线重合，并用珠针固定。

⑥ 根据效果图所示，在相应的位置用余量均匀做出两个腰省：前中心省位于公主线处，省长9cm；前侧省位于前中心省和侧缝线二分一处，省长9cm。用珠针固定两个前腰省，并将前腰围处余量推向侧缝。

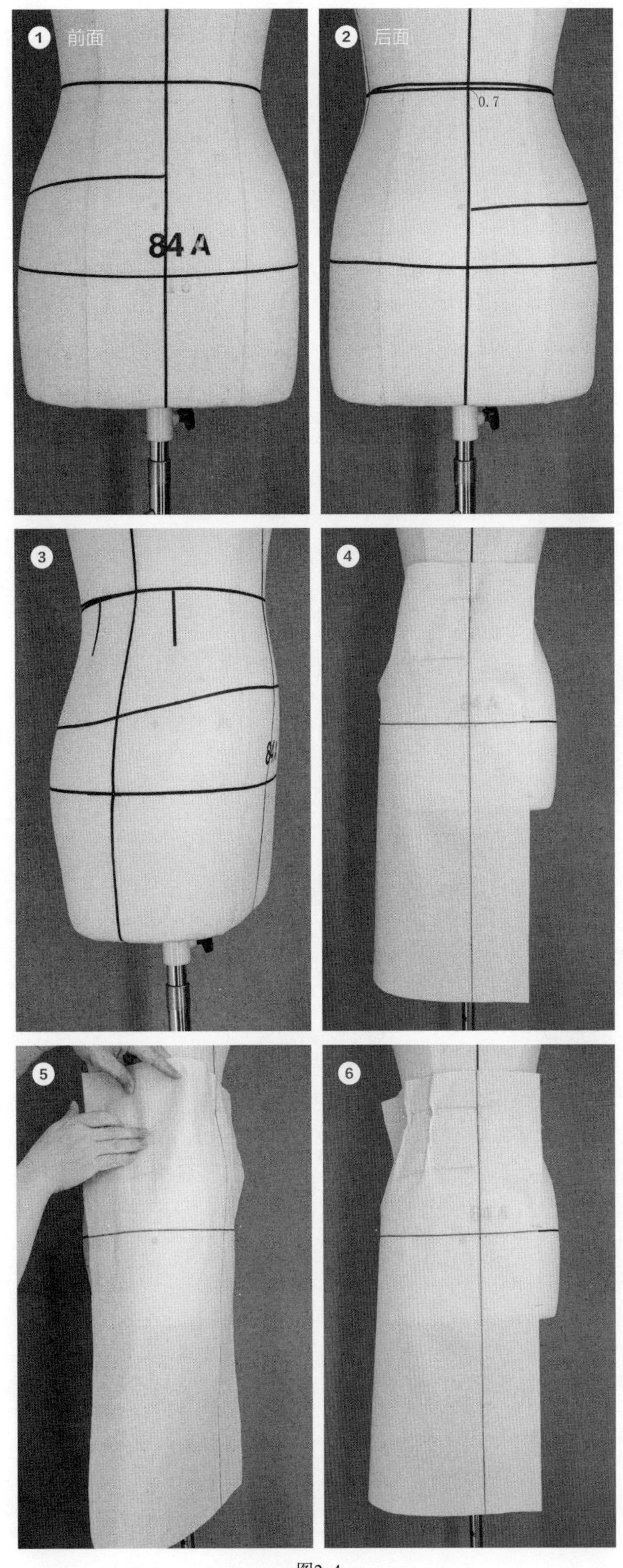

图2-4

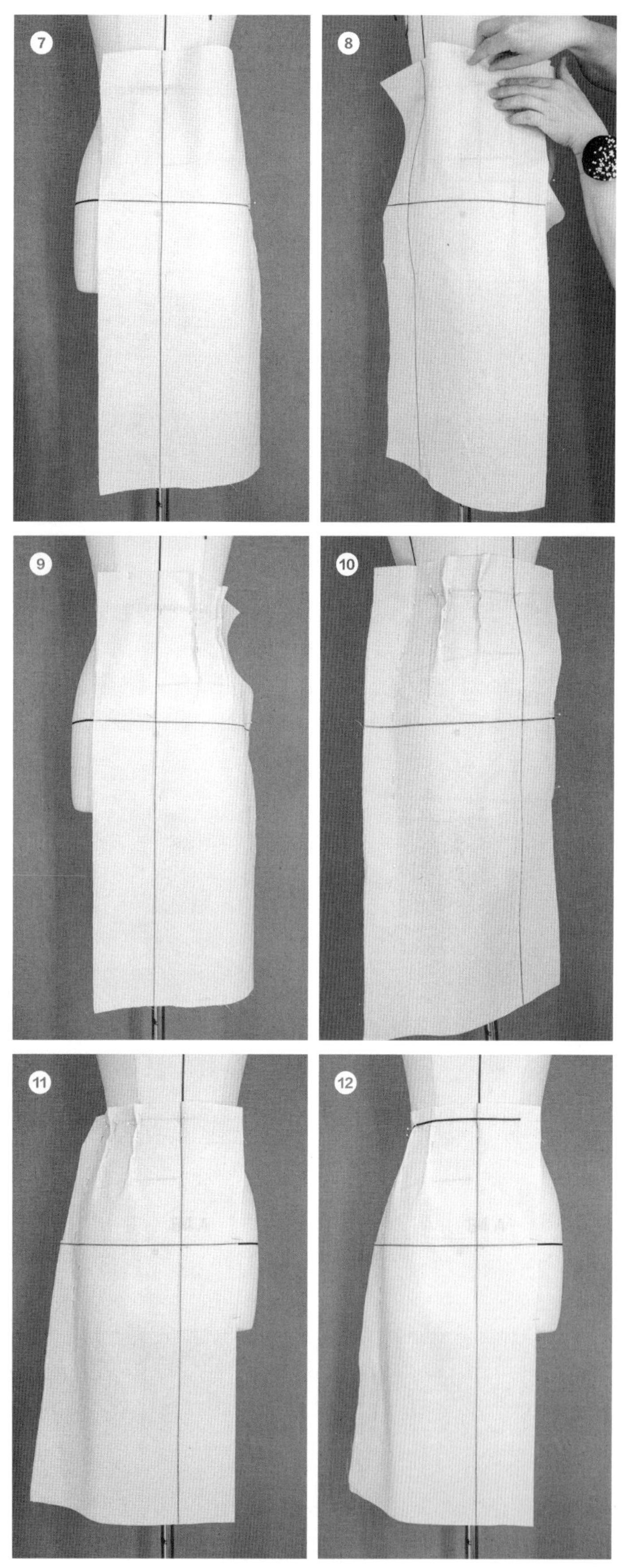

图2-4

后片

⑦ 将后裙片上所画的臀围线、中心线与人台上相对应的标识带重叠。用珠针固定后中心线以及臀围线。

⑧ 将后腰省量辅助线处的面料提起，使该处丝绺线顺直，与③的省量辅助线重合，并用珠针固定。

后腰省

⑨ 根据效果图所示，在相应的位置均匀做出两个腰省：后中心省位于公主线处，省长11cm；后侧省位于后中心省和侧缝线二分之一处，省长10cm。用珠针固定两个后腰省，并将后腰围处余量推向侧缝。

⑩ 在侧缝处推放出前后片臀围松量，并做标记，对合侧缝线。

⑪ 粗裁侧缝线。

⑫ 贴出腰围线标识带。

⑬、⑭ 用米尺垂直于地面，确定裙长，做出腰头，并在腰围线、臀围线、下摆处画出前后裙片的标记点及省位记号，在侧缝线画出前后裙片的对位记号。

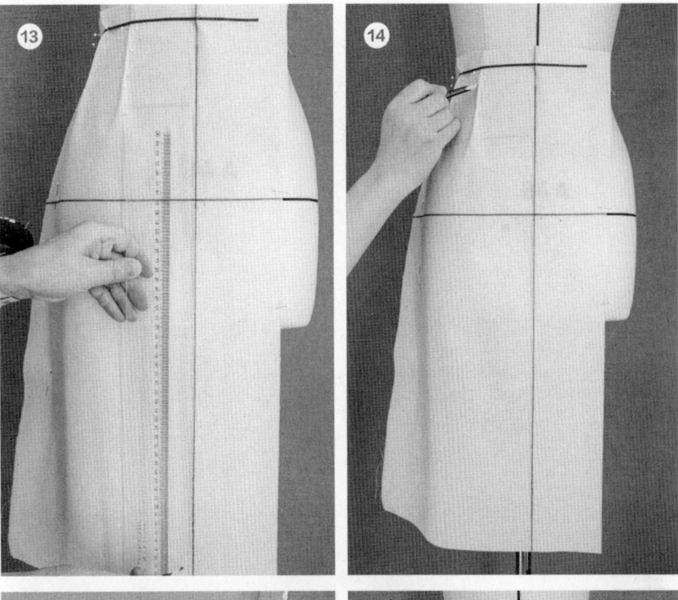

修正

⑮ 将裙片从人台上取下，拆下珠针。按标记点画出腰围线、侧缝线、下摆线等，并根据需要调整省的位置及省量大小。

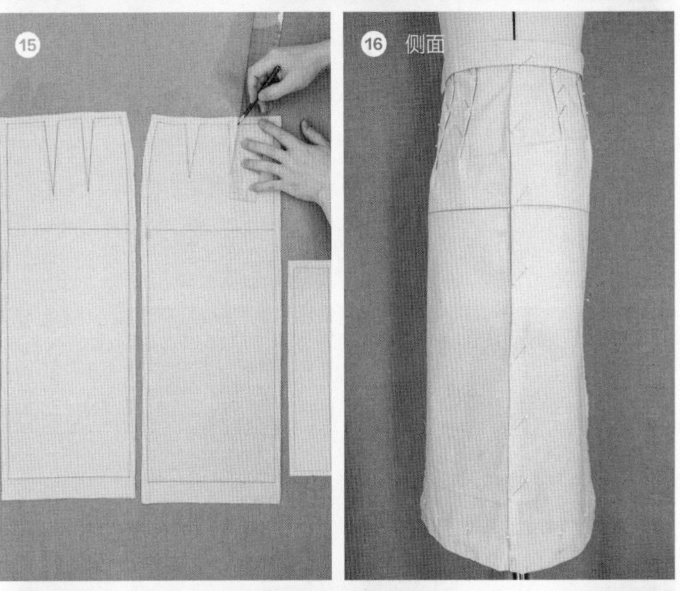

立裁效果

⑯、⑰、⑱ 用隐藏针法钉出腰头，用垂直针法钉出裙子下摆。

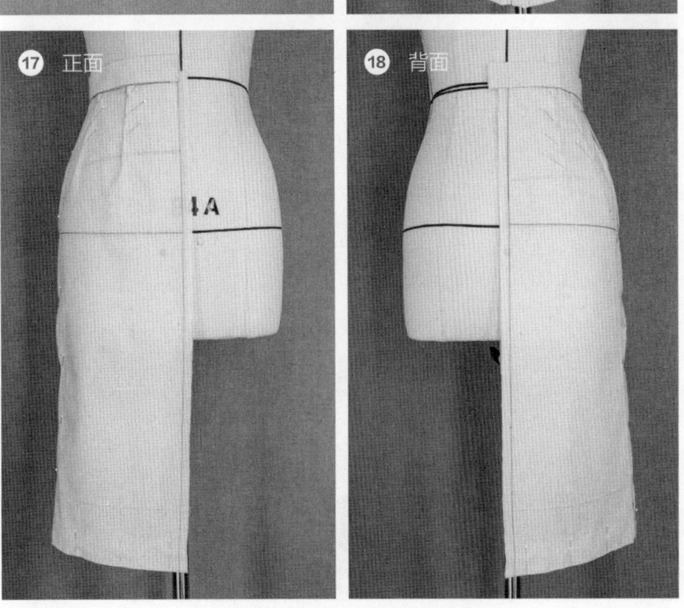

图2-4

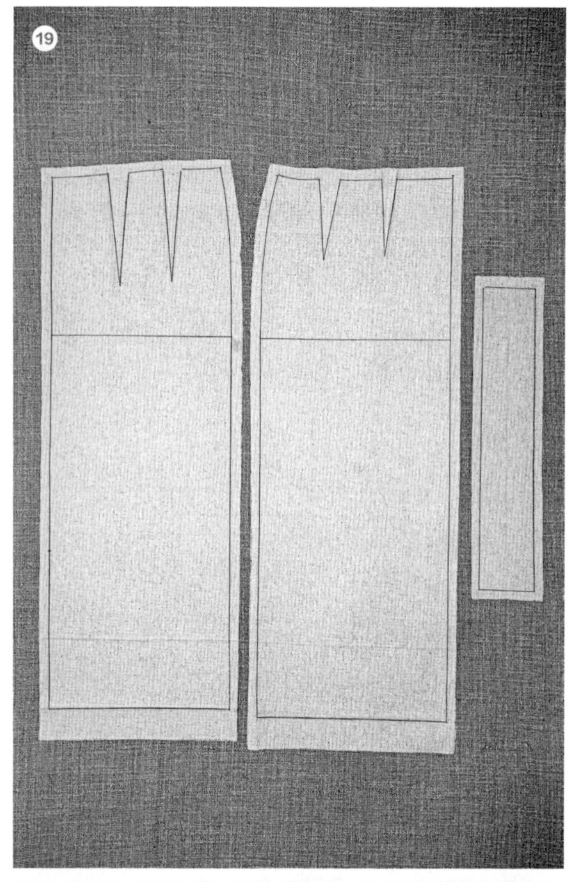

平面结构

⑲ 裙片结构图。

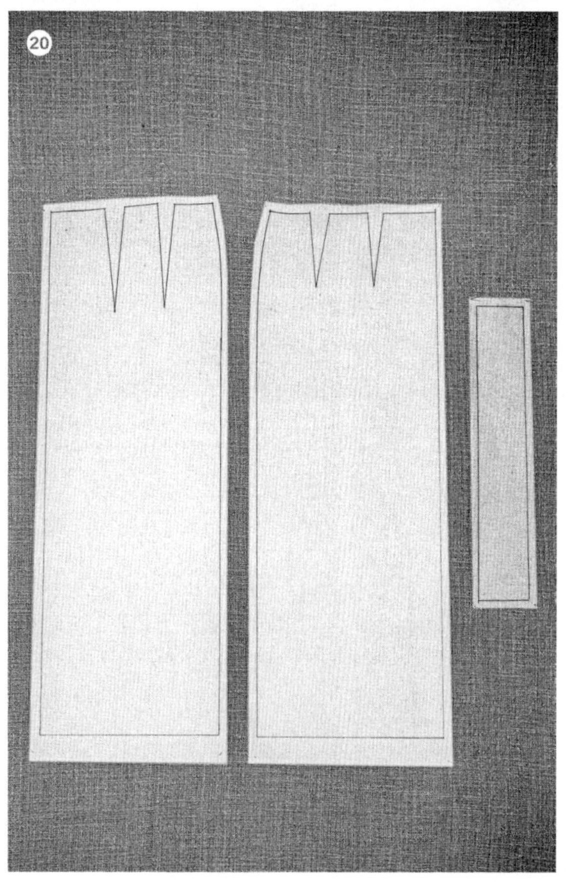

⑳ 纸样拓板。

图2-4　半身裙的立裁制作

第5讲 基础连身裙

连身裙是基础上衣与基础半身裙的结合体。以胸围线、肩胛骨线、腰围线、臀围线和前后中心线为造型基础，通过收省、加放松量和裁剪等技术手段，完成基础整身裙的制作（图2-5、图2-6）。

知识点:
收腰省

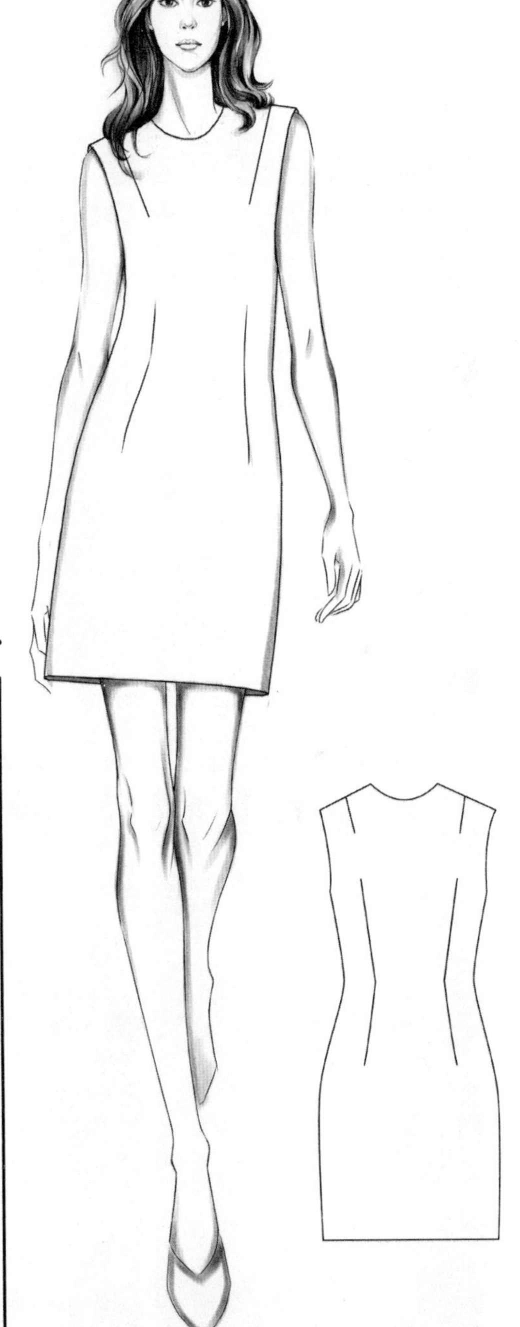

白坯布尺寸

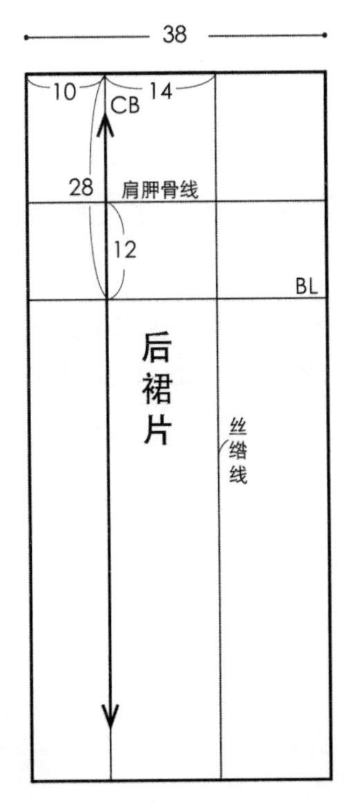

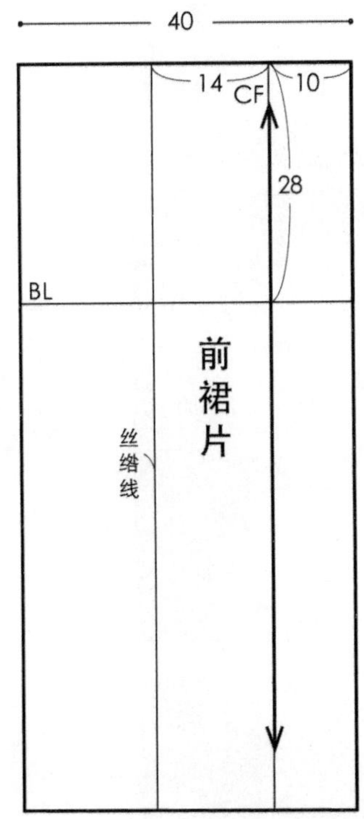

图2-5 白坯布基础尺寸

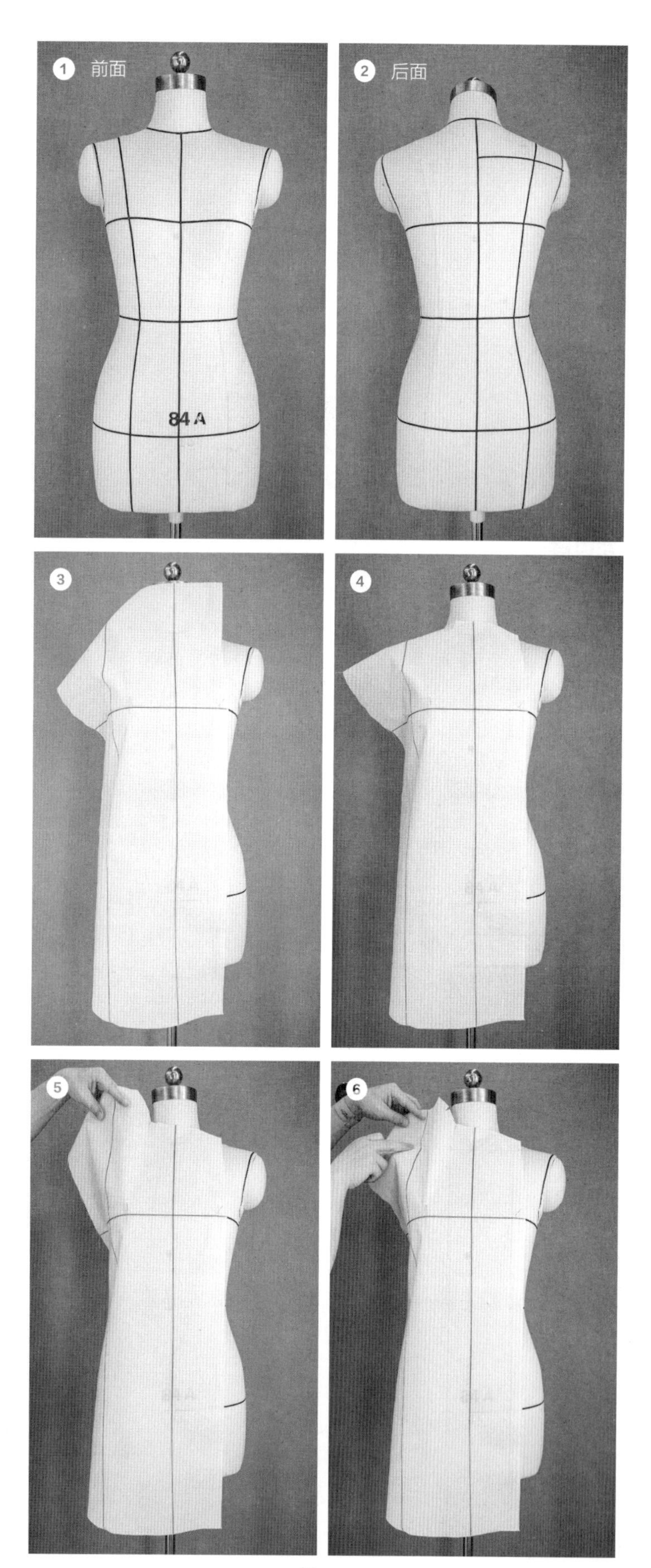

图2-6

贴标识带

①、② 用标识带在人台上贴出前后公主线和肩胛骨线。

前片

③ 将前裙片上所画的胸围线、中心线与人台上相对应的标识带重叠，并固定。

④ 沿领围线粗裁，剪掉多余的布料，并在边缘处打剪口。

⑤ 将肩部面料提起，手势成“人”字状，并保证丝绺顺直。

⑥、⑦ 将面料倒向肩部，根据效果图所示，在相应的位置用余料做出肩省，并用珠针固定。

⑧ 将侧腰处丝绺线帖服于人台，保证丝绺顺直，并用珠针固定。

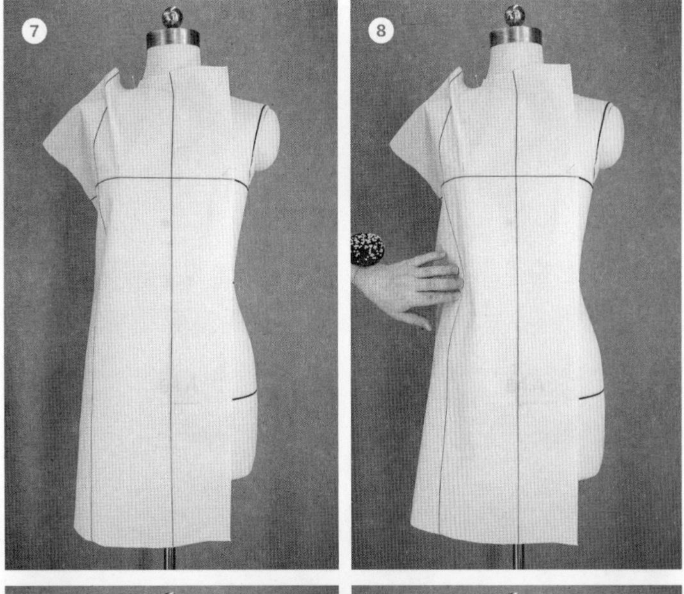

⑨、⑩ 根据标识带做出腰省，并粗裁。

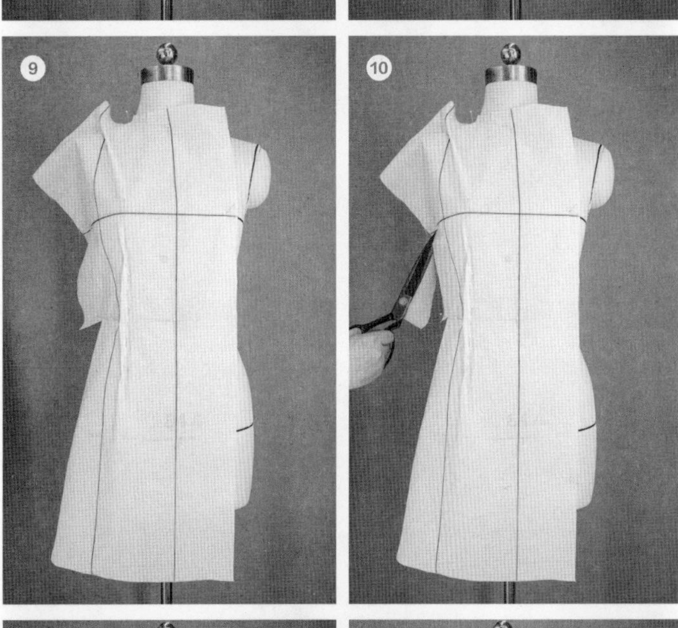

⑪、⑫ 取出腋下胸围线处珠钉，加放出适当松量，并画出标记点。

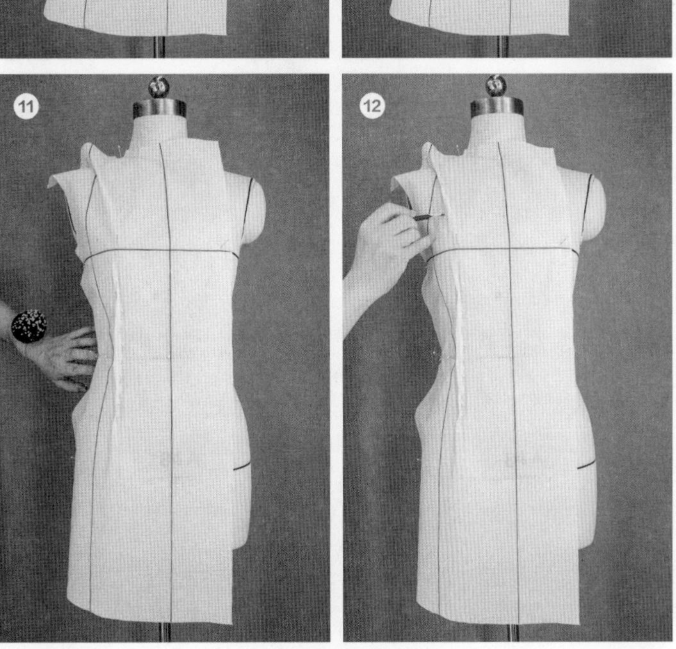

图2-6

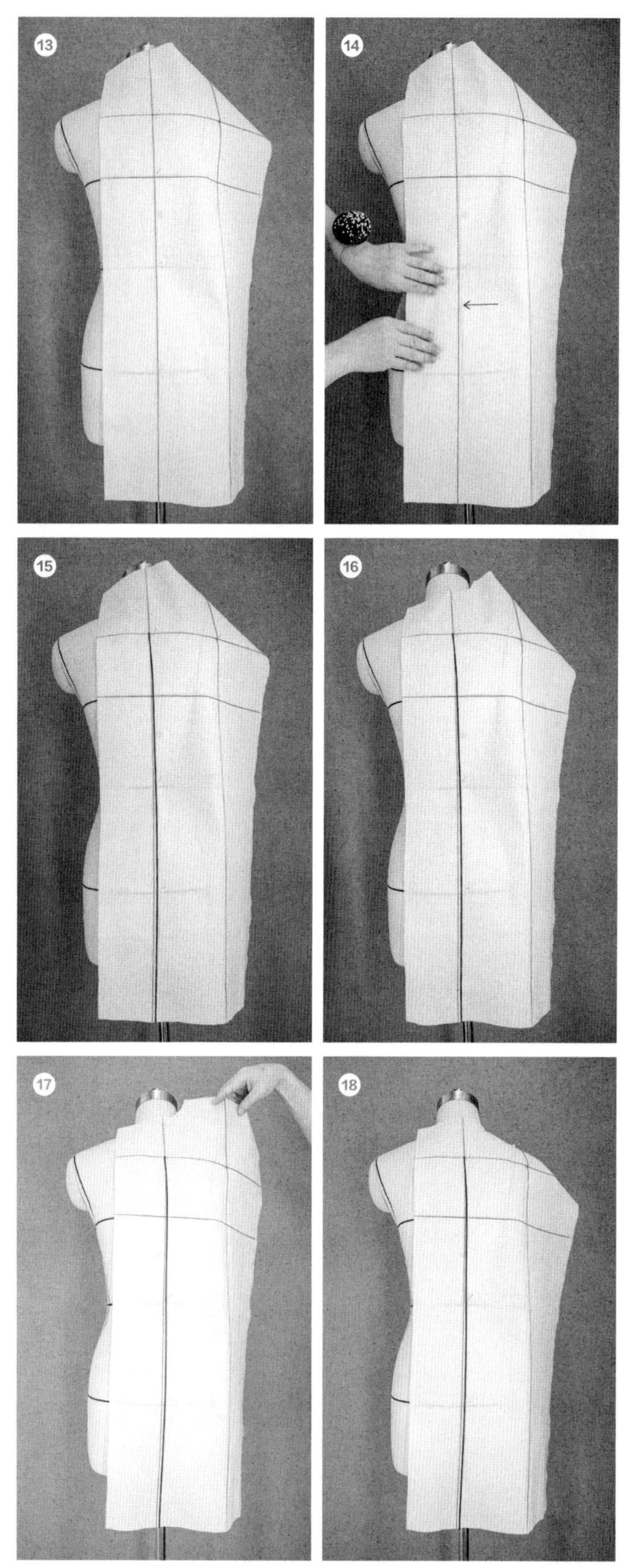

图2-6

后片

⑬ 将后裙片上所画的中心线、肩胛骨线与人台上相对应的标识带重叠，并固定。

⑭ 按箭头所示方向，在腰围线处向外拉出0.5cm，收出中心处腰省。

⑮ 从中心线与肩胛骨线交点处向下在坯布上贴出新的标识带。

⑯ 沿领围线粗裁，剪掉多余的布料，并在领口边缘处打剪口。

⑰、⑱ 将肩部面料提起，使该处丝绺线顺直，根据效果图所示做出肩省。

⑲、⑳ 将侧腰处丝绺线帖服于人台，保证丝绺顺直，并按标识带别出腰省。

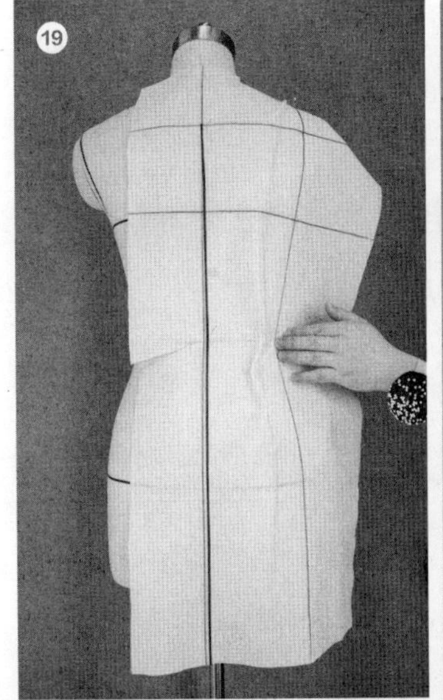

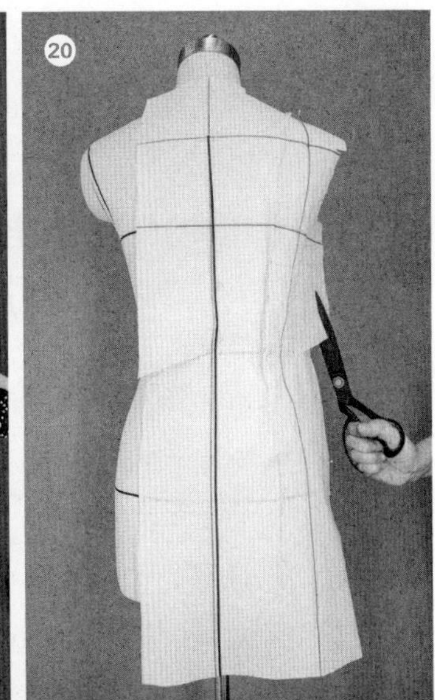

㉑、㉒ 取出腋下胸围线处珠钉，加放出适当松量，并画出标记点。

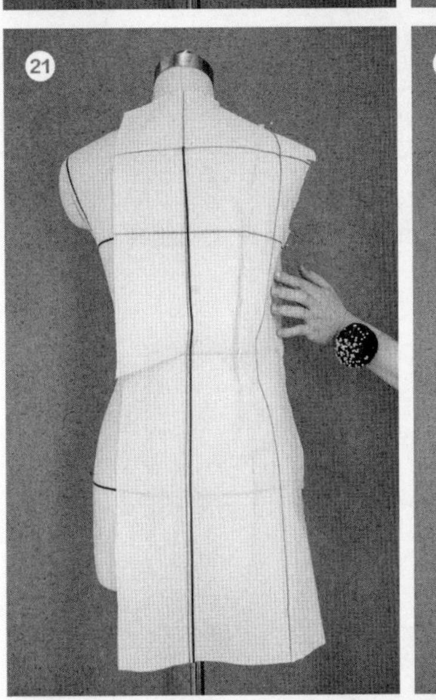

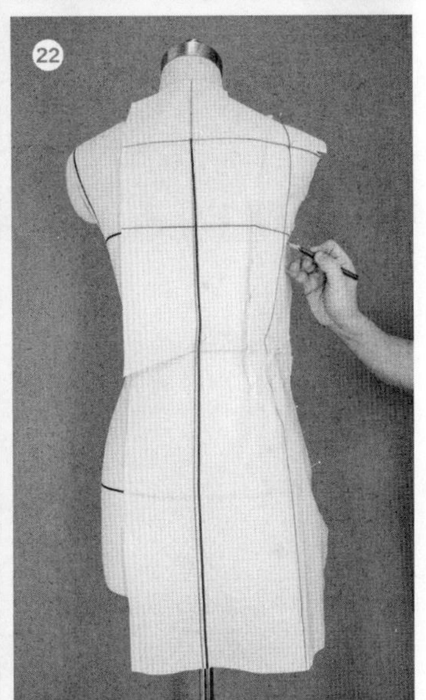

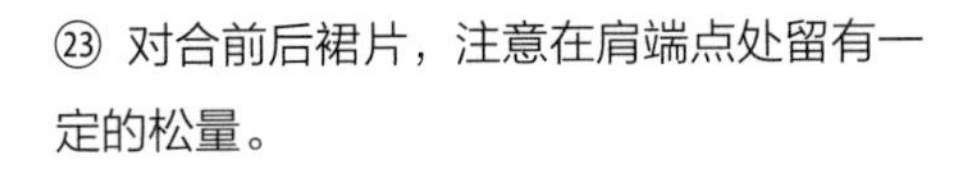

㉓ 对合前后裙片，注意在肩端点处留有一定的松量。

㉔ 画出领围线、袖窿线、侧缝线、省道等处标记点，以及胸、腰、臀、下摆处的对位记号。

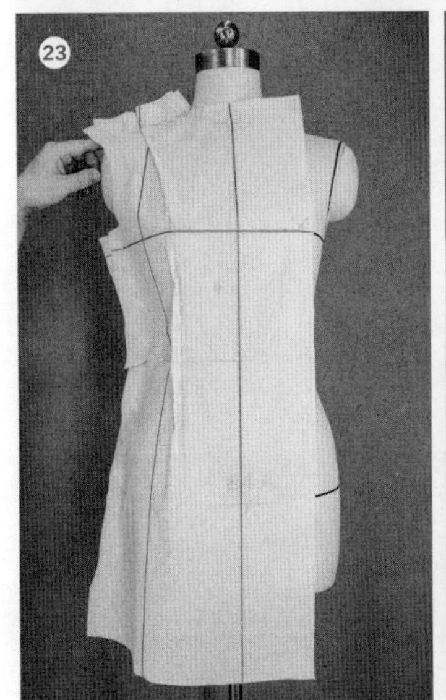

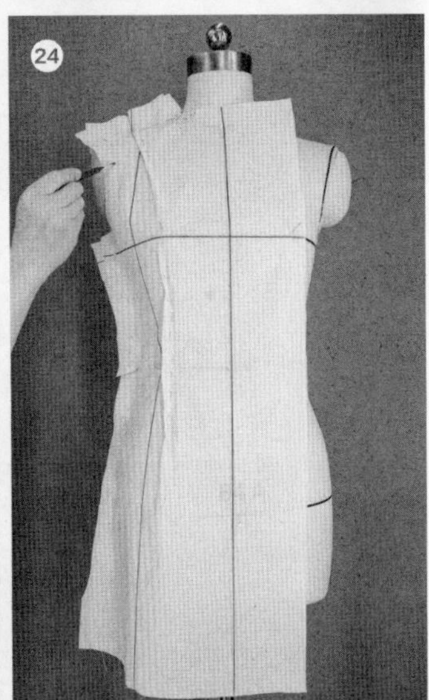

图2-6

立裁效果

㉕、㉖、㉗ 不同角度、不同部位的衣片效果图。

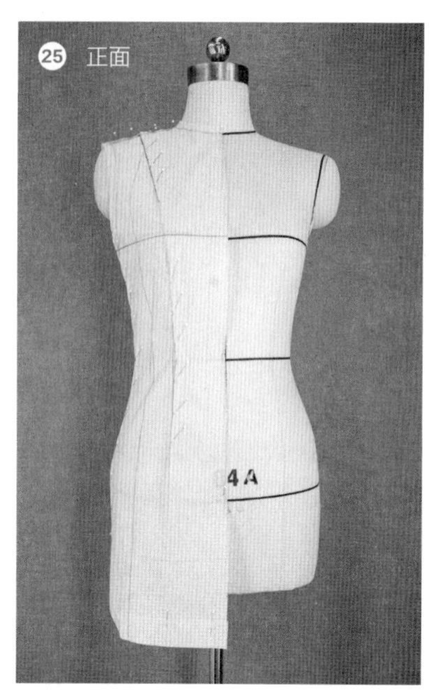

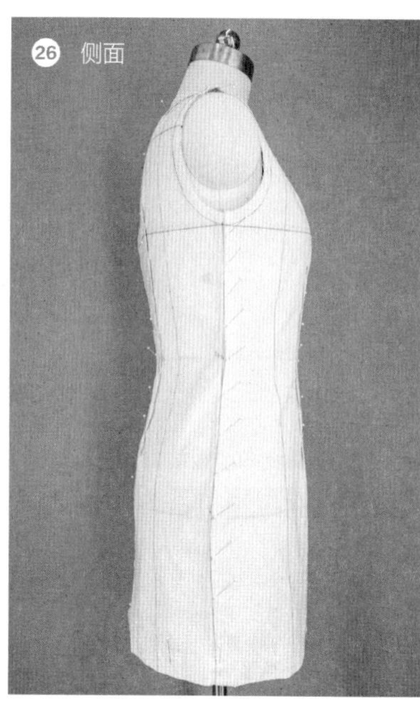

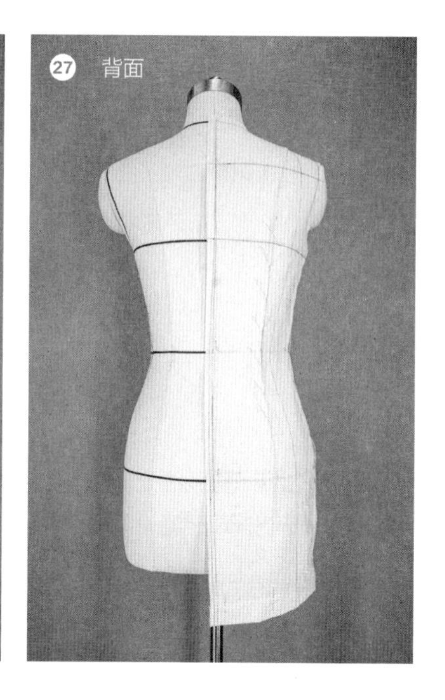

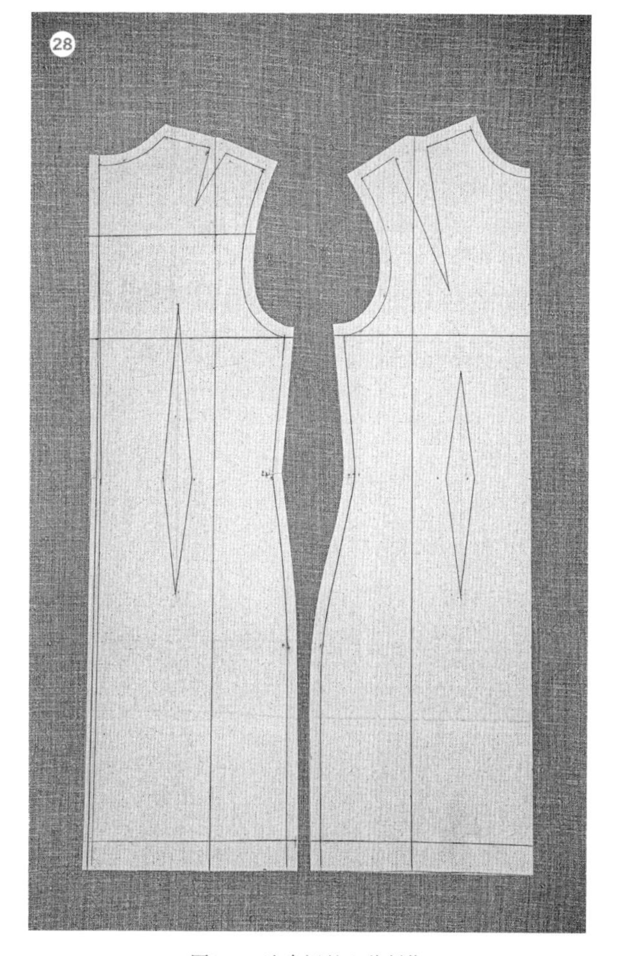

平面结构

㉘ 裙片结构图。

图2-6　连身裙的立裁制作

第三章 基础结构

第6讲 省道转移

3.6.1 肩省与腋下省

省道转移指围绕胸高点展开的省道位移，即将省道移位至肩部与腋下处。省道转移时省尖必须对准胸高点，同时收去省量。省道转移在达到收省塑形的同时，也为服装的精美款式设计提供了更多可能（图3-1、图3-2）。

知识点：
推移省量方法

白坯布尺寸

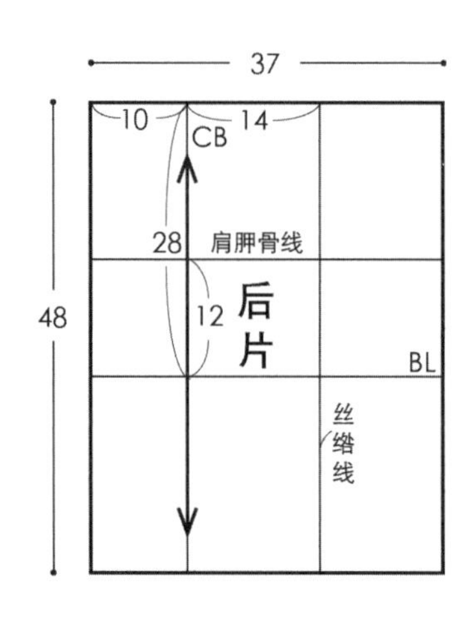

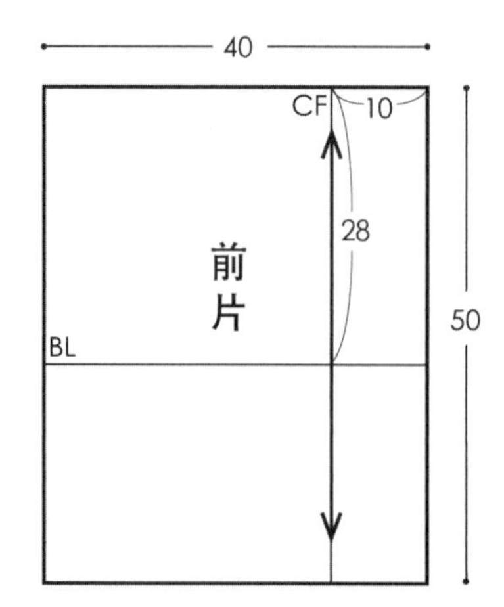

图3-1 白坯布基础尺寸

贴标识带

①、② 根据效果图所示，用标识带在人台上贴出肩省、腋下省、肩胛骨线以及公主线。

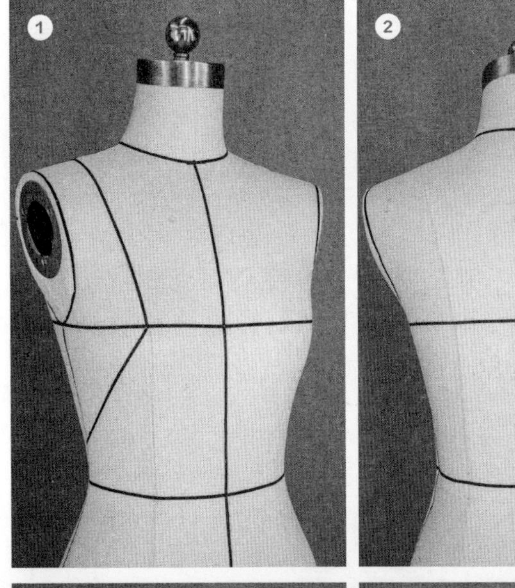

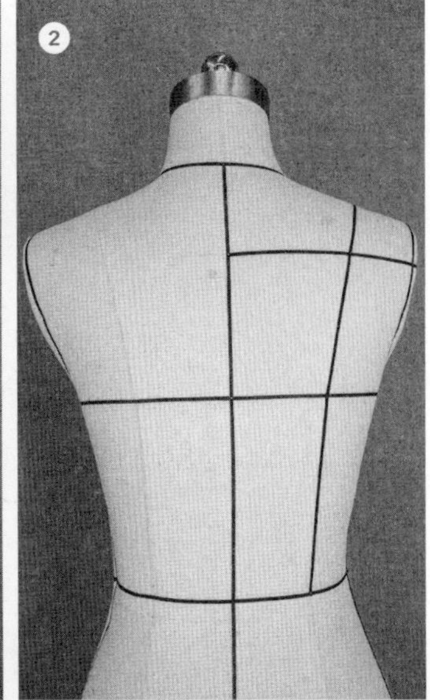

前片

③ 将前衣片上所画的中心线、胸围线与人台上相对应的标识带重叠。用珠针固定前中线、胸高点及胸围线。

前肩省

④ 将胸围线以上省量推向标识带省道所示位置，做出肩省。

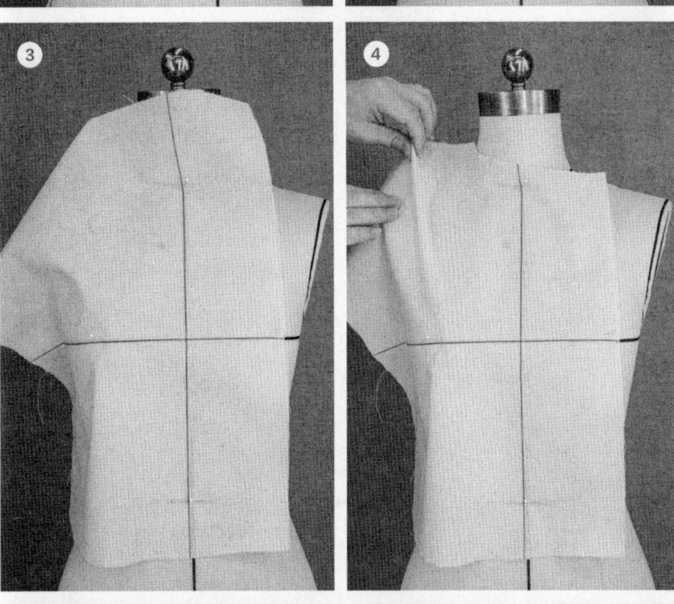

腋下省

⑤ 将胸围线以下省量推向标识带省道所示位置，做出腋下省。

⑥ 打剪口，并粗裁，进一步调整肩省与腋下省。

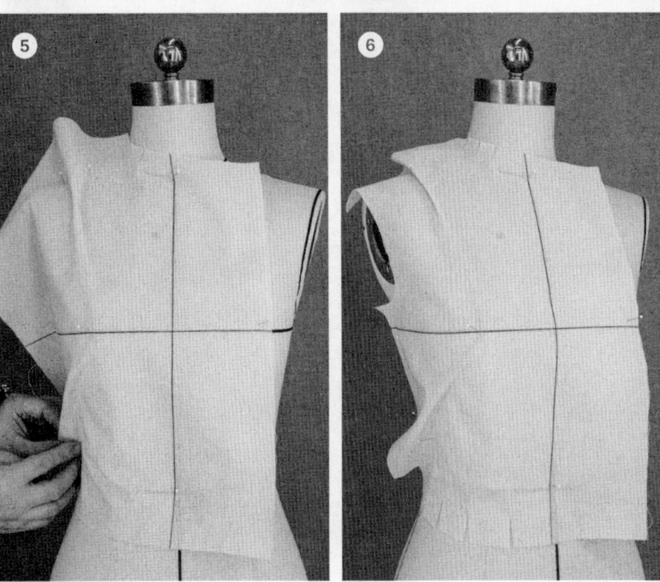

图3-2

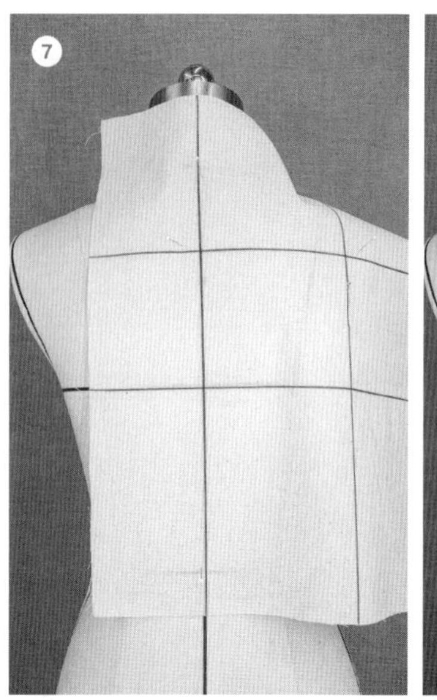

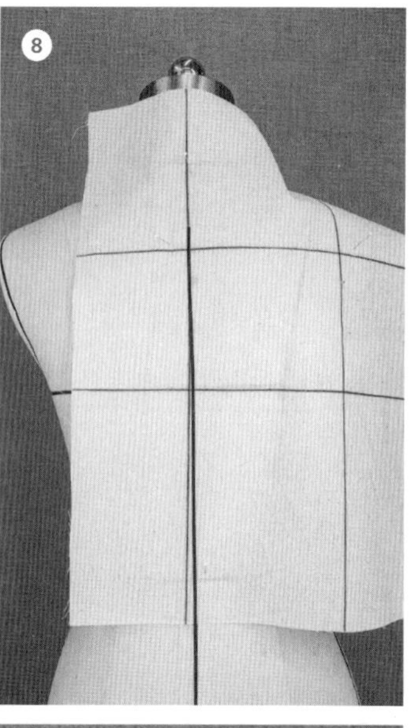

后片

⑦ 将衣片上所画的中心线、肩胛骨线与人台上相对应的标识带重叠，用珠针固定后中心线、肩胛骨线。

⑧ 在腰围线处向外拉出0.5cm，收出中心处腰省。从中心线与肩胛骨线交点处向下在坯布上贴出新的标识带。

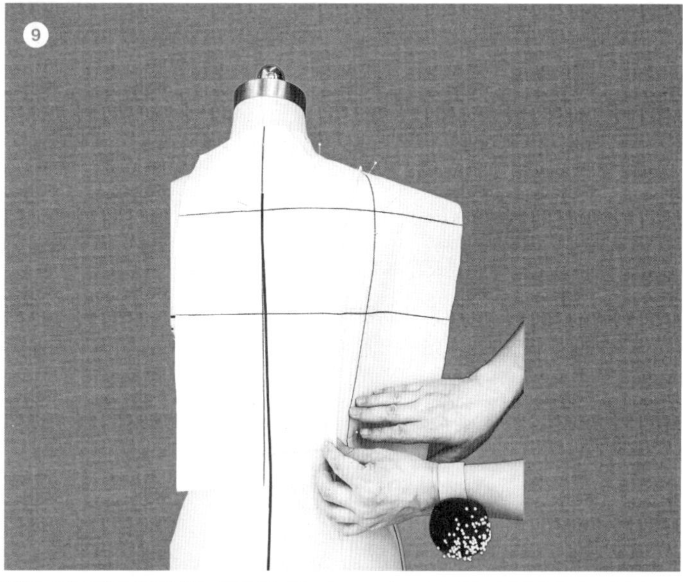

后肩省、腰省

⑨ 保持丝绺线顺直，并根据标识带所示位置分别收出肩省和腰省。

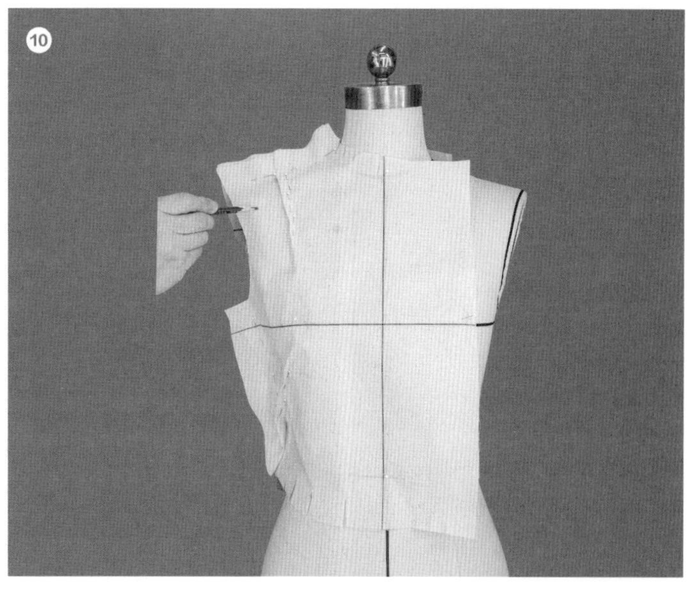

⑩ 合肩缝及侧缝，并画出领围线、袖窿线、侧缝线、腰围线、省道等处标记点，以及胸、腰处的对位记号。

图3-2

平面结构

⑪ 衣片结构图。

立裁效果

⑫、⑬、⑭ 不同角度、不同部位的衣片效果图。

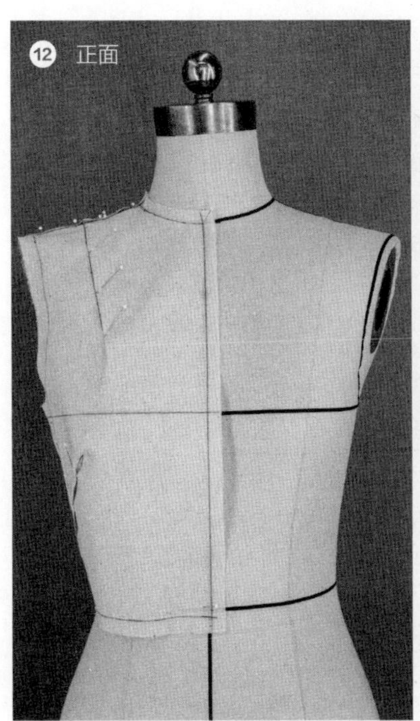

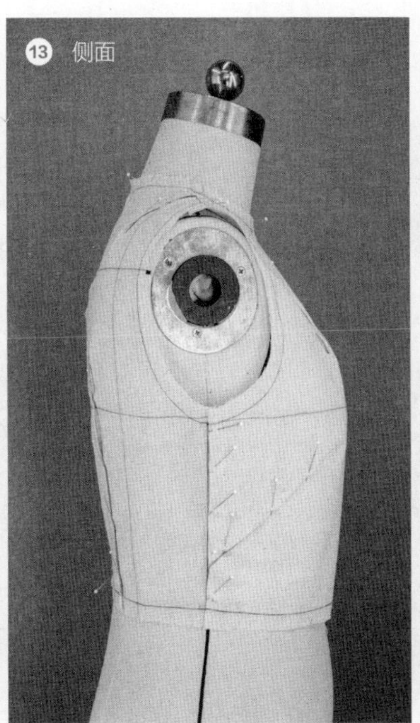

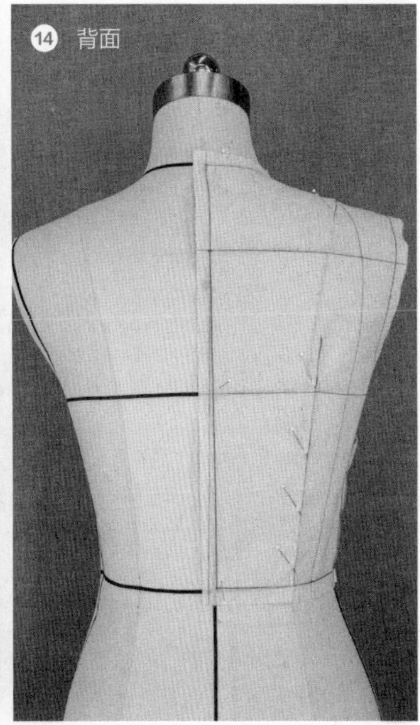

图3-2 肩省与腋下省的立裁制作

3.6.2 袖窿省

将常见的肩省量、腰省量通过位移后合并在袖窿处形成袖窿省（图3-3、图3-4）。

知识点：
合并省量

白坯布尺寸

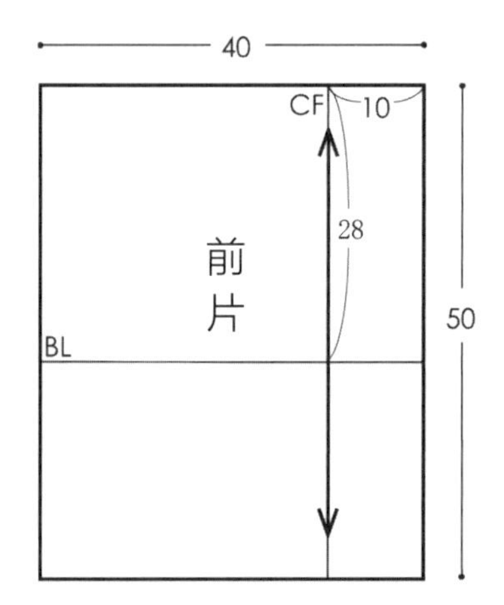

图3-3 白坯布基础尺寸

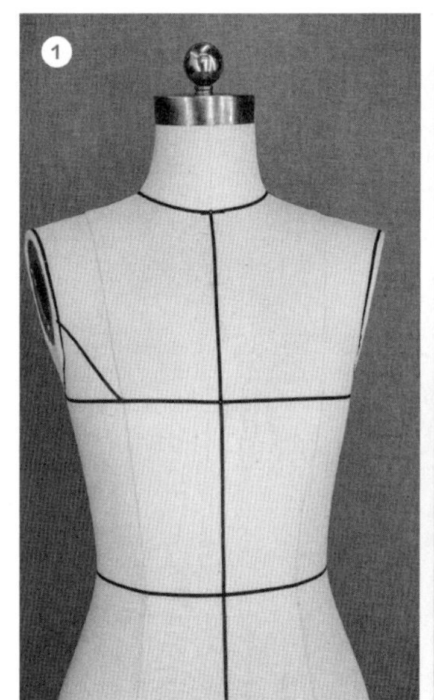

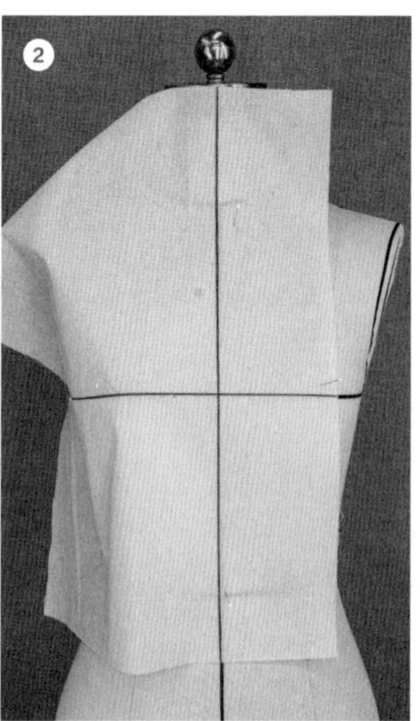

图3-4

贴标识带

① 根据效果图所示，用标识带在人台上贴出袖窿省位置。

前片

② 将前衣片上所画的胸围线、中心线与人台上相对应的标识带重叠，用珠针固定胸围线、胸高点及中心线。

袖窿省

③ 将胸围线以上省量推向标识带所示位置，完成第一个省量的转移。

④ 取下侧缝珠针，将胸围线以下省量推向标识带所示位置，完成省量合并，并固定。

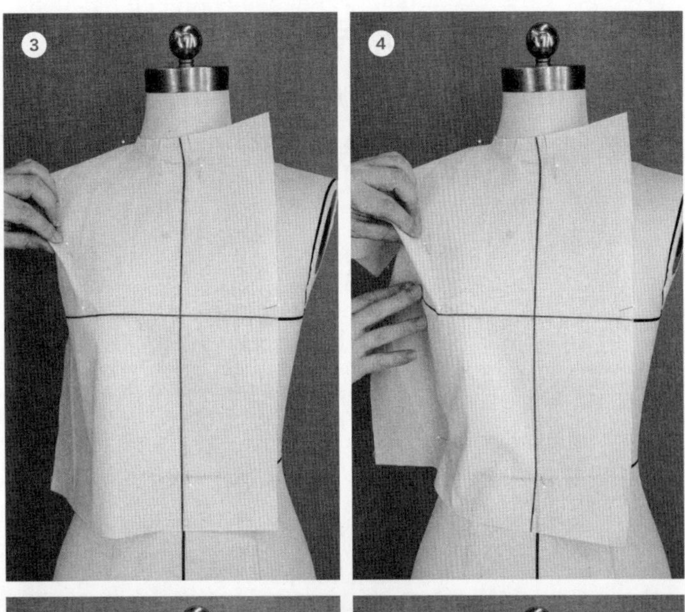

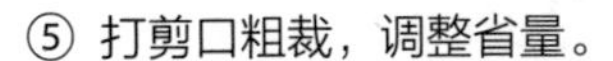

⑤ 打剪口粗裁，调整省量。

⑥ 画出领围线、肩线、袖窿线、侧缝线、腰围线以及省道等处标记点。

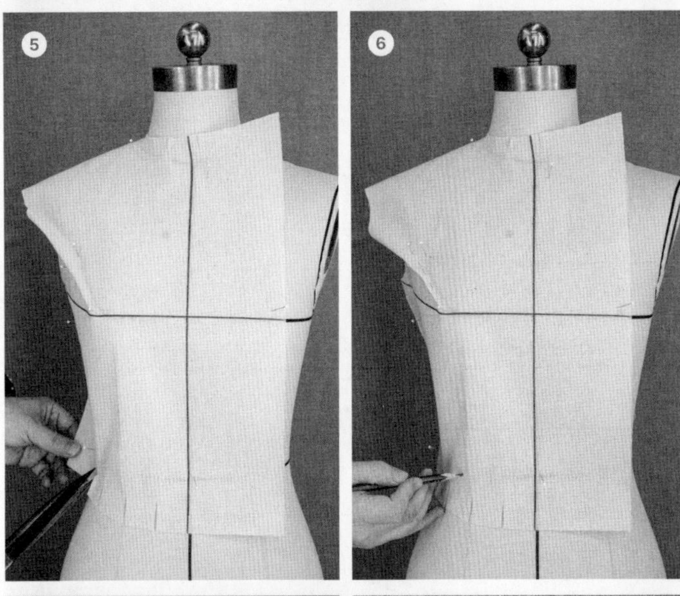

立裁效果

⑦ 衣片效果图。

平面结构

⑧ 衣片结构图。

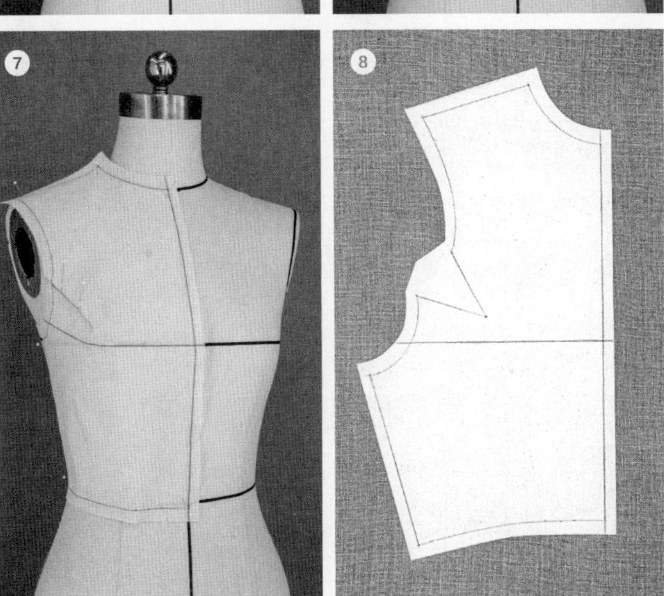

图3-4 袖窿省的立裁制作

3.6.3 肩省、腰省与胸省

将余料通过位移，分解在肩部、腰部与胸部等处形成肩省、腰省及胸省（图3-5、图3-6）。

知识点：
省量的配比

白坯布尺寸

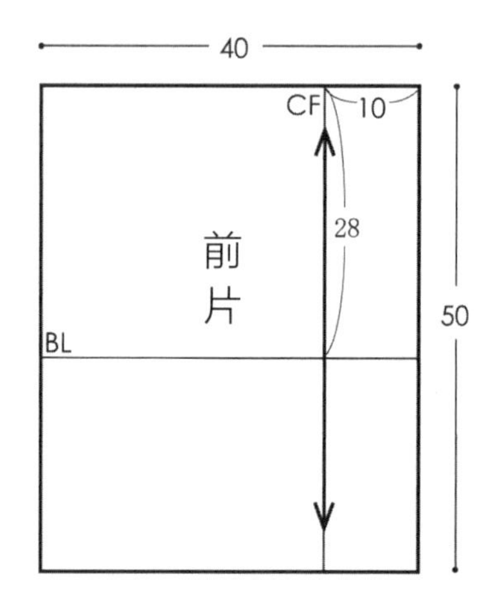

图3-5 白坯布基础尺寸

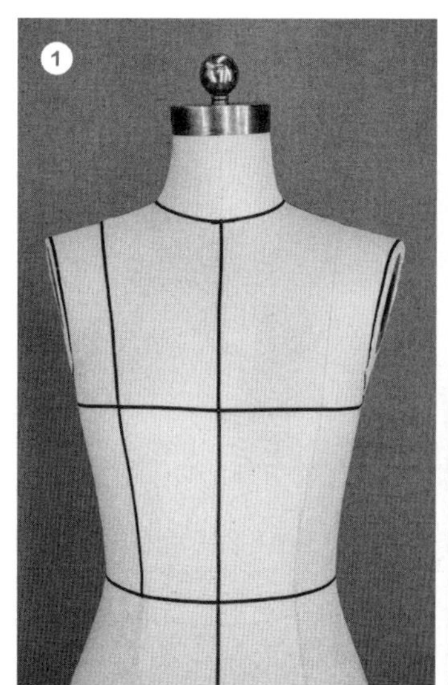

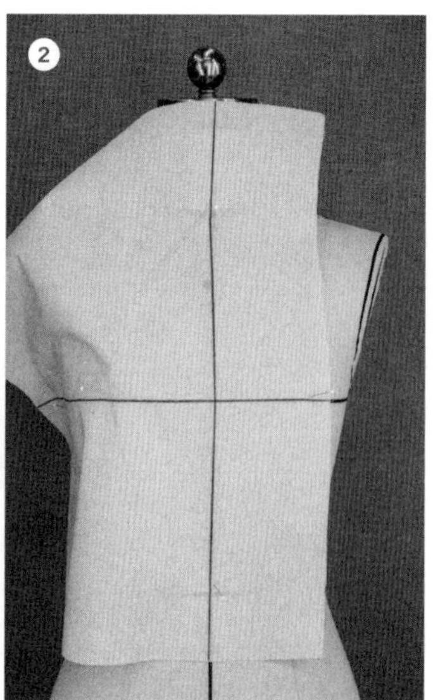

图3-6

贴标识带

① 根据效果图所示，用标识带在人台上贴出肩省、腰省及胸省位置。

前片

② 将前衣片上所画的胸围线、中心线与人台上相对应的标识带重叠，用珠针固定胸围线、胸高点及中心线。

胸省、肩省、腰省

③ 保持胸围线上部的中心线位置固定不动，围绕胸高点均匀分布省量。先确定肩省，并将多余的量向下转移至腰省，然后均匀分配腰省量和胸省量。

④、⑤ 打剪口粗裁，并调整省量。

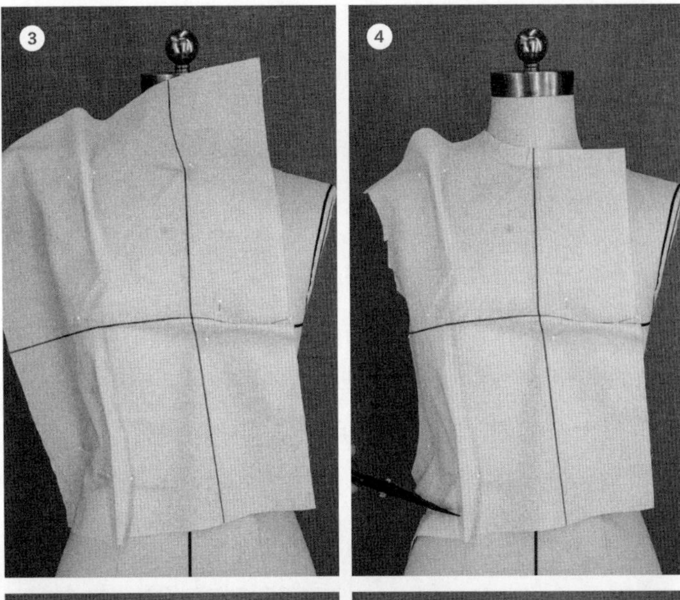

⑥ 贴出新的中心线标识带，并画出标记点。

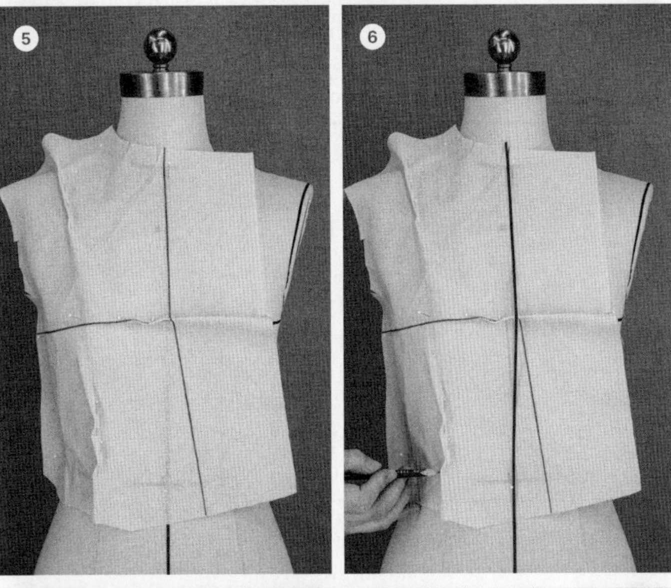

立裁效果

⑦ 衣片效果图。

平面结构

⑧ 衣片结构图。

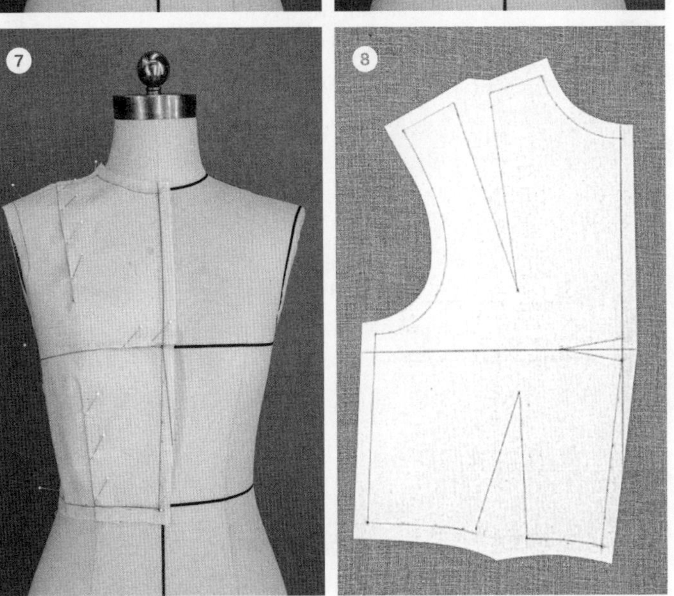

图3-6 肩省、腰省与胸省

第7讲 省道变化

3.7.1 领型省

通过省道转移、合并，使其成为衣领造型中的一部分，丰富了省道的应用方法和使用路径（图3-7、图3-8）。

白坯布尺寸

知识点：
省道与衣身设计

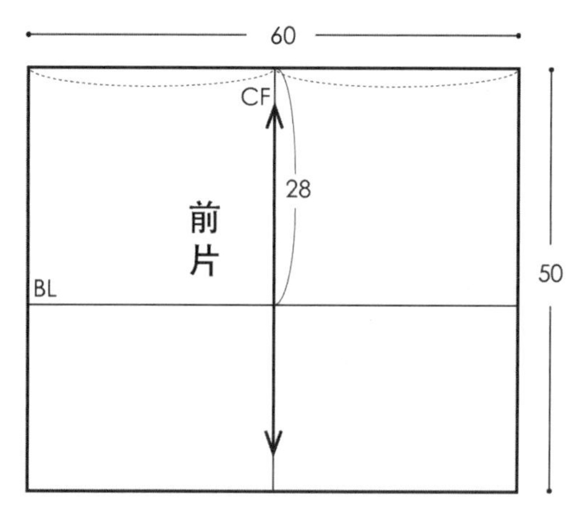

图3-7 白坯布基础尺寸

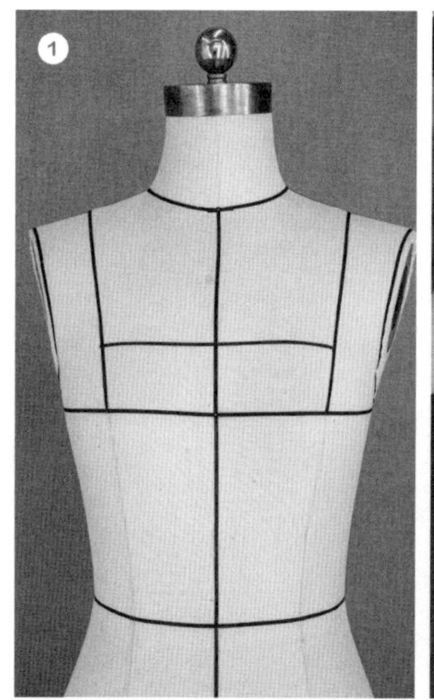
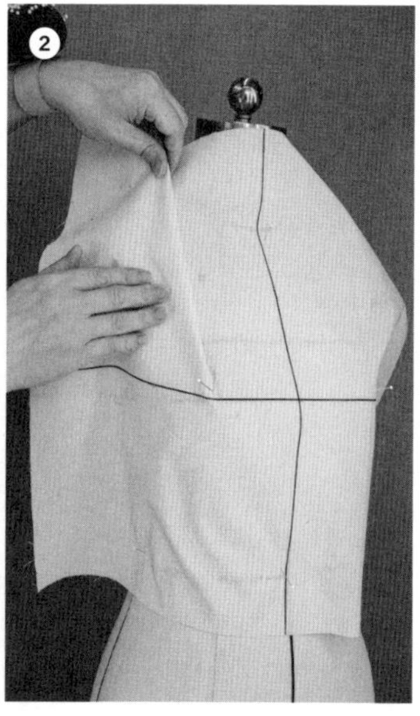

图3-8

贴标识带

① 根据效果图所示，在人台上贴出标识带位置。

前片

② 将前衣片上所画的胸围线、中心线与人台上相对应的标识带重叠，用珠针固定胸高点和中心线。

肩省

② 将右侧腰省和胸省合并后推向标识带所示位置，做出右肩省。

③ 操作方法同步骤②，做出左肩省。

领型省

④ 衣身打剪口粗裁，调整省量。

⑤ 做出省道及衣身标记点，在白坯布上贴出领口造型线。

⑥ 完成领口裁剪。

⑦ 衣片效果图。

平面结构

⑧ 衣片结构图。

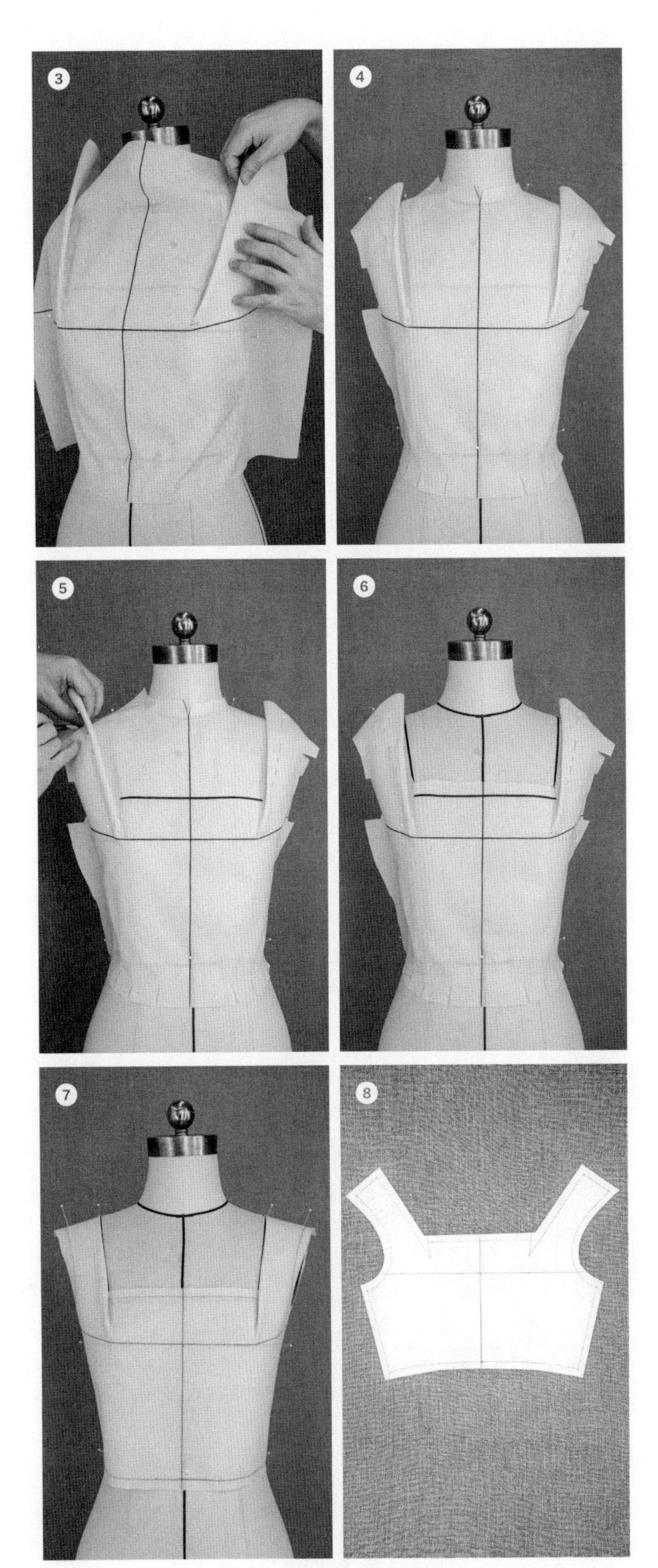

图3-8 领型省的立裁制作

3.7.2 人型省

根据“人”型省位进行省道转移，按照先做“母省”，再做“子省”的步骤，完成“人”型省的制作。“母子省”的设计增加了难度，是省道转移中常见的训练内容（图3-9、图3-10）。

知识点:
省的制作步骤

白坯布尺寸

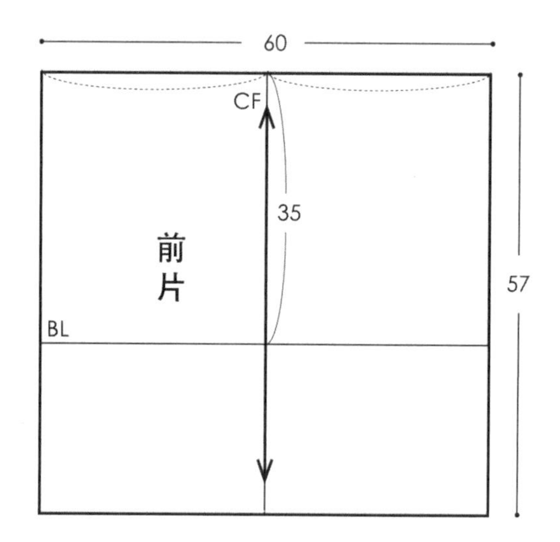

图3-9 白坯布基础尺寸

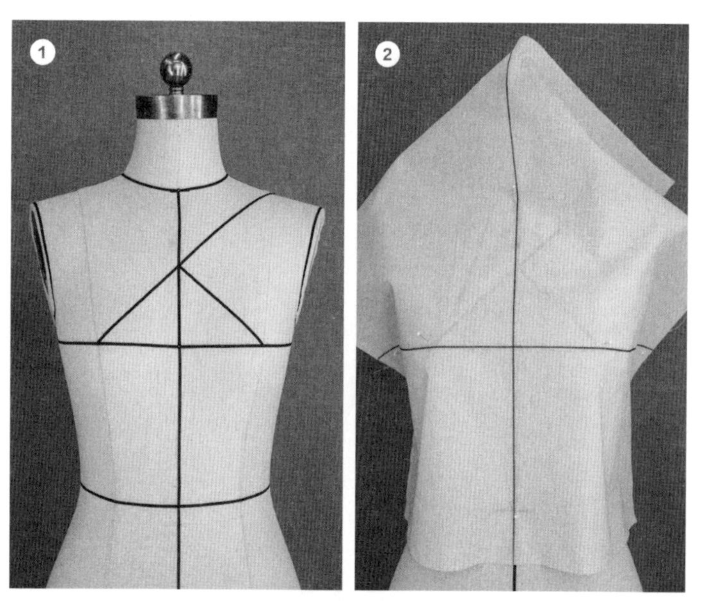

图3-10

贴标识带

① 根据效果图所示，用标识带在人台上贴出“人”型省，并保证造型的对称性。

前片

② 将前衣片上所画的胸围线、前中心线与人台上相对应的标识带重叠，用珠针固定胸高点及前中心线。

"人"型省"母省"的制作

③ 保持胸高点以及中心线固定不动，将右侧腰省和胸省量合并后推向标识带所示位置并固定。

④ 对右侧衣身进行粗裁，并调整省量。

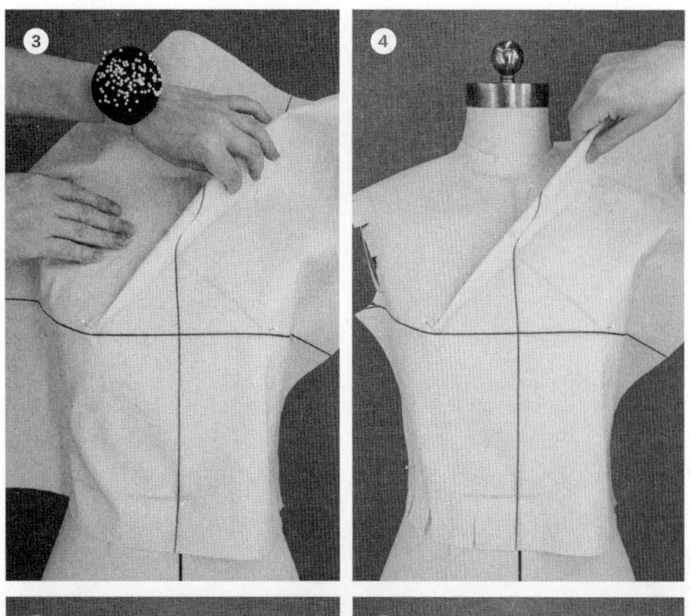

⑤、⑥ 在离省尖点5cm处开始粗裁，剪掉多余省量。

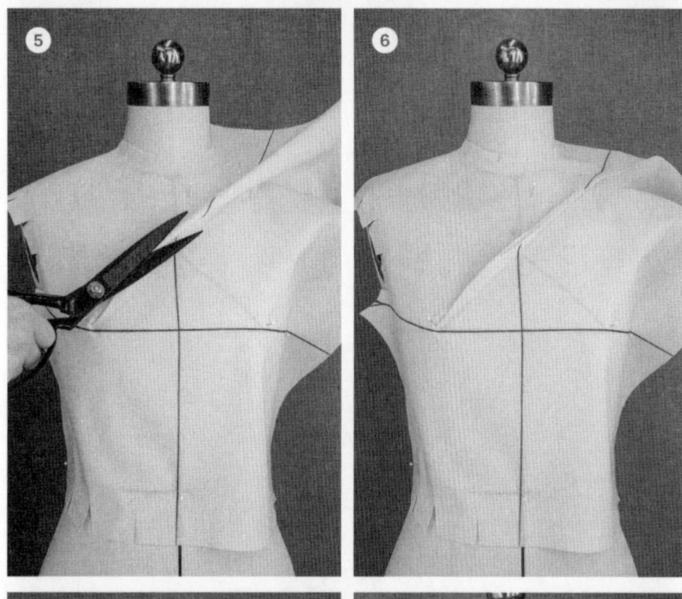

"人型"省"子省"的制作

⑦、⑧ 打开母省，并将左侧衣身的腰省和胸省量转向标识带位置。

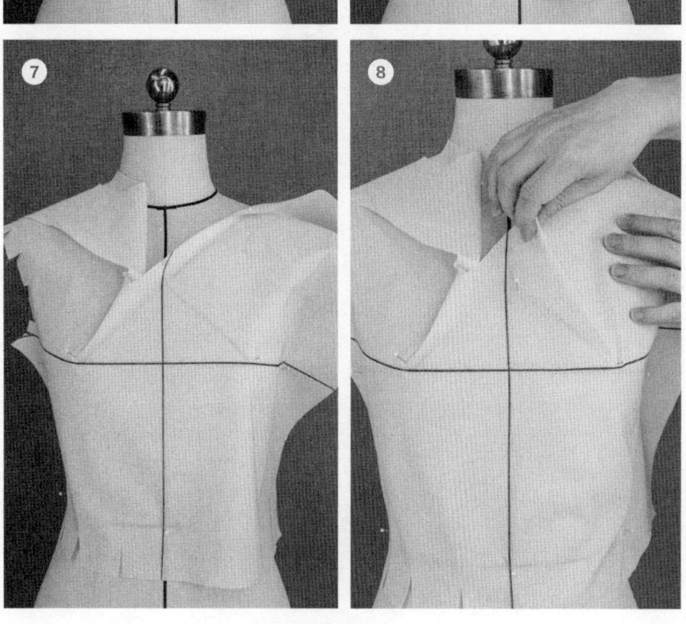

图3-10

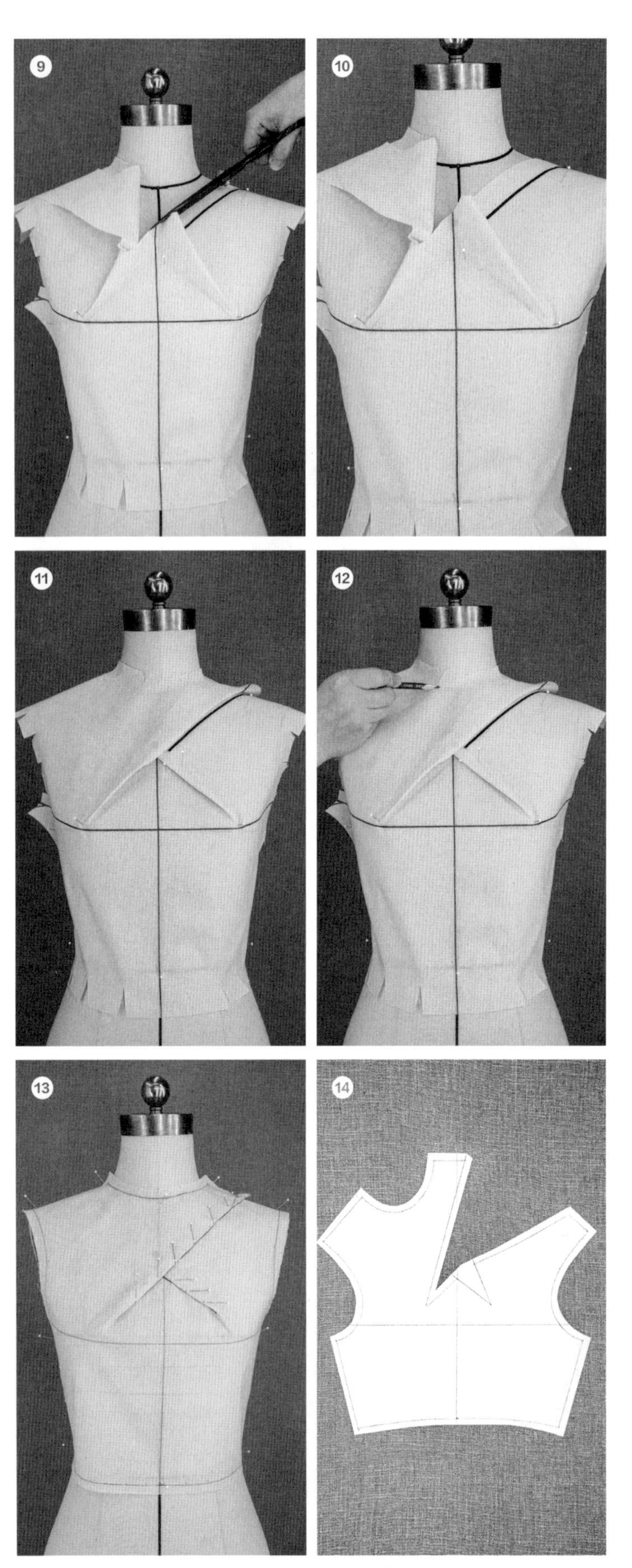

图3-10 人型省的立裁制作

⑨、⑩ 在白坯布上贴出“人”型省标识带并粗裁左侧衣身、调整省量。

⑪、⑫ 将母省还原，画出领围线及省道等处并做好标记点。

立裁效果

⑬ 衣片效果图。

平面结构

⑭ 衣片结构图。

第8讲 分割

3.8.1 单次分割

通过胸高点，延长省道线至衣片外，形成分割线，并将省量向分割线处推移的造型。在衣身上出现一条分割线的为单次分割（图3-11、图3-12）。

知识点：
通过胸高点的单次分割线

白坯布尺寸

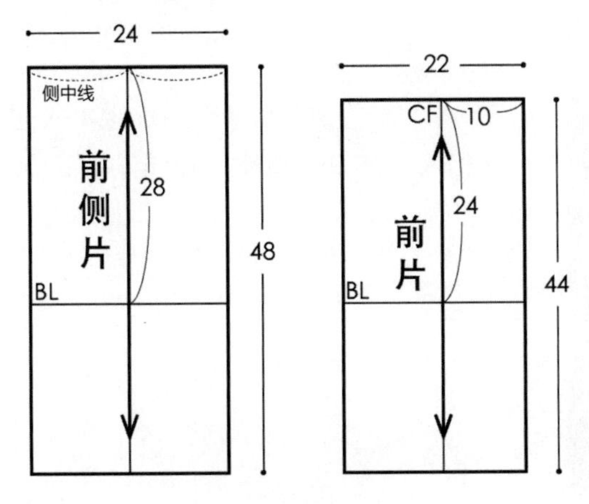

图3-11 白坯布基础尺寸

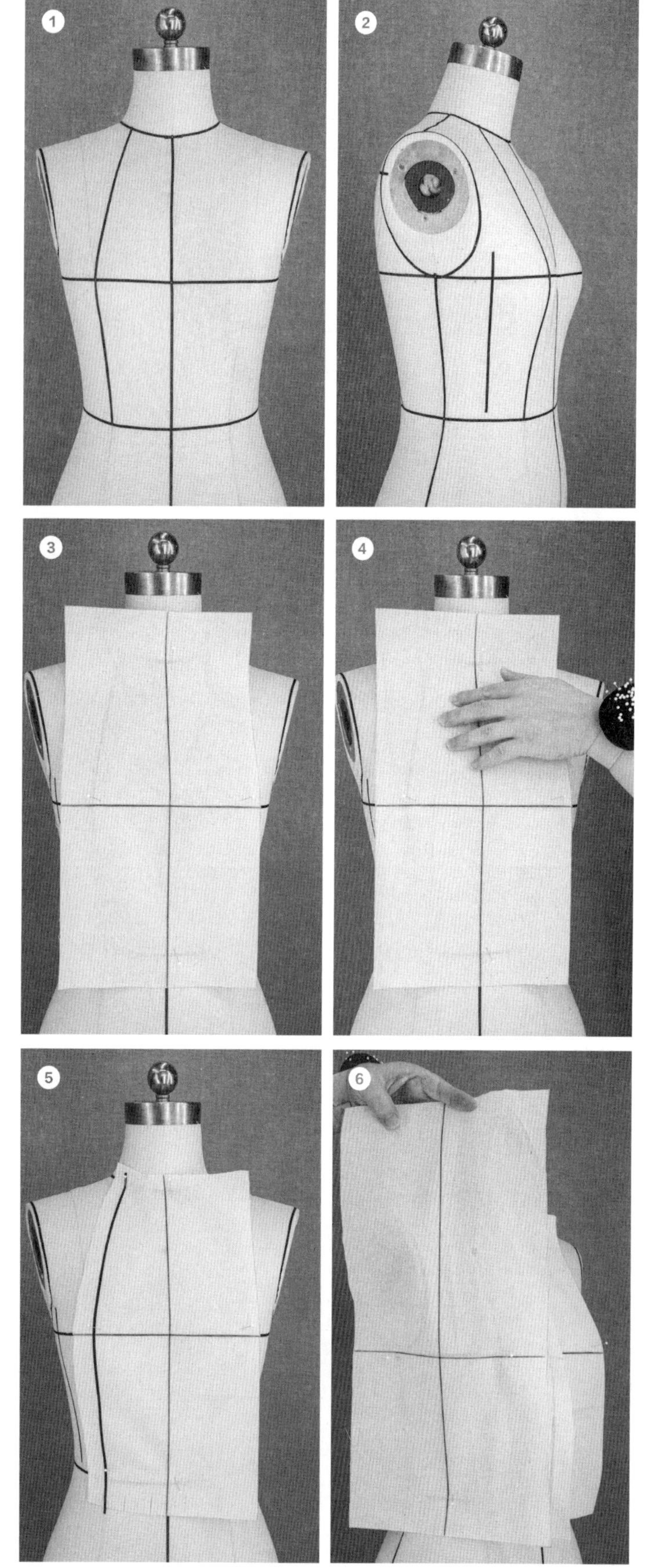

图3-12

贴标识带

①、② 根据效果图所示在人台上贴出分割线标识带，并贴出侧中线（从公主线到侧缝线的二等分线）。

前片

③ 将前片上所画的胸围线、前中心线与人台上相对应的标识带重叠，用珠针固定胸高点及前中心线。

④ 保持胸围线及前中心线固定不动，将上半部分的省量向分割线上部的标识带所示位置推出并固定，再将下半部分的省量向分割线下部的标识带所示位置推出并固定。

⑤ 对前片进行粗裁，并在白坯布上贴出分割线标识带。

前侧片

⑥ 将前侧片上所画胸围线、侧中线与人台上相对应的标识带重叠，并固定。

⑦、⑧ 将肩部面料提起，手势成“人”字状，并保证丝绺顺直。面料倒向肩部并固定。

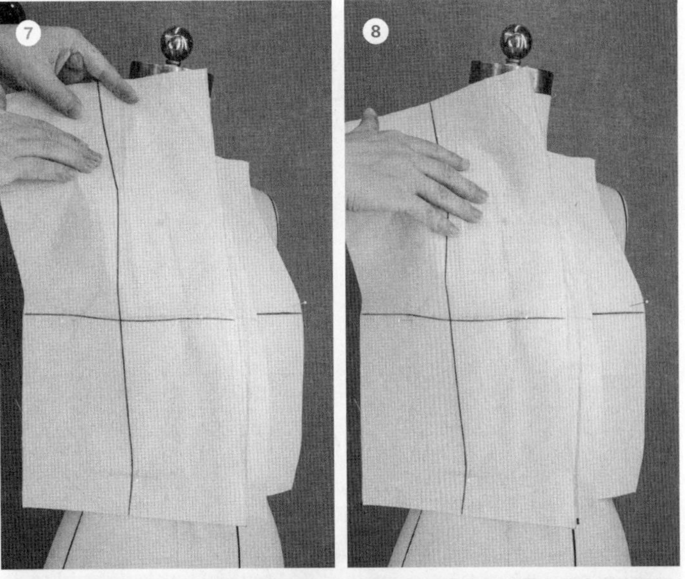

⑨、⑩ 保持胸围线和侧中线固定不动，将省量分别推向分割线和侧缝线处。

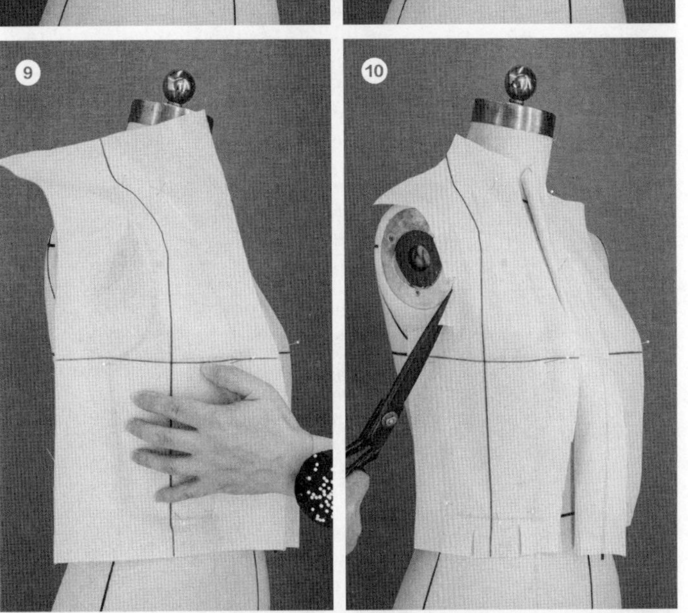

⑪ 对前侧片进行粗裁，并在白坯布上贴出分割线标识带，做出标记点。

⑫ 分别在前片、前侧片上画出领围线、肩线并标记。

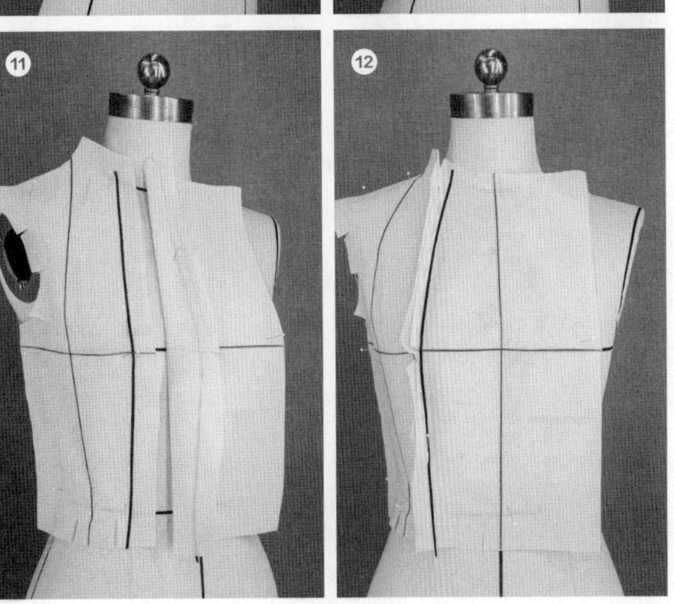

图3-12

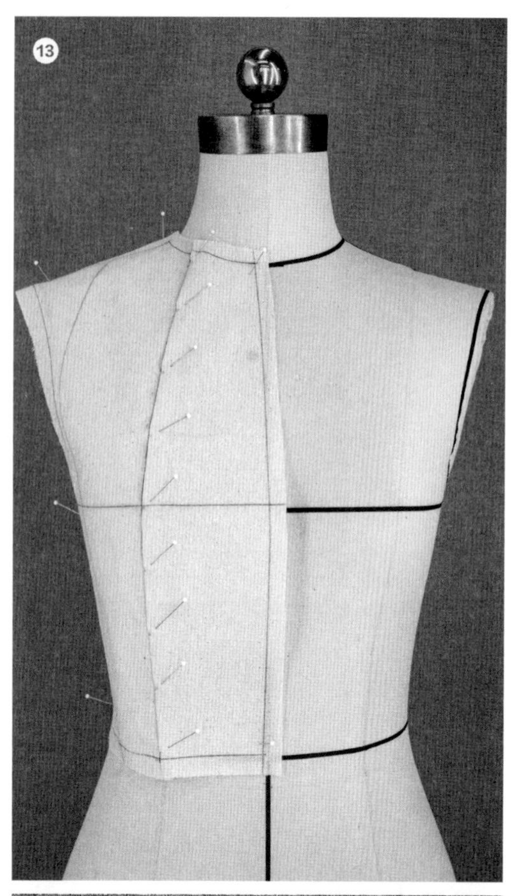

立裁效果

⑬ 衣片效果图。

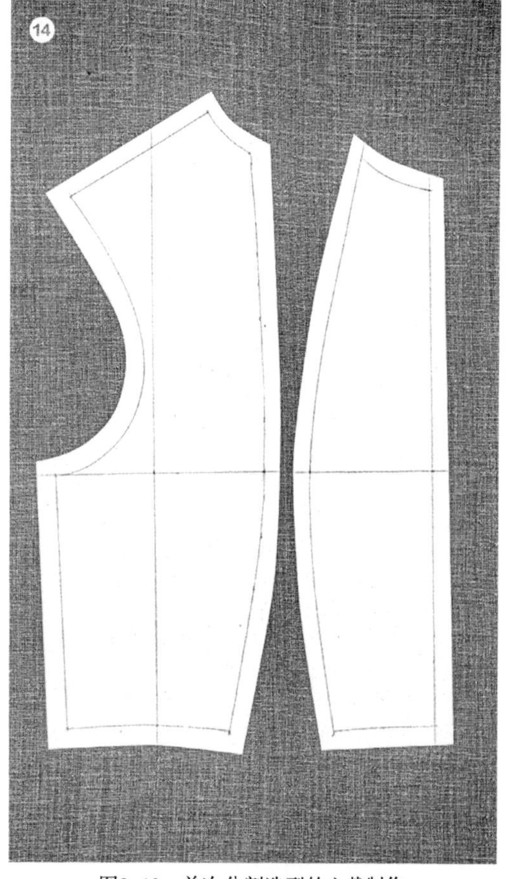

平面结构

⑭ 衣片结构图。

图3-12 单次分割造型的立裁制作

3.8.2 多次分割

对衣片采取一次以上的分割为多次分割（图3-13、图3-14）。

知识点:
多次分割线位置

白坯布尺寸

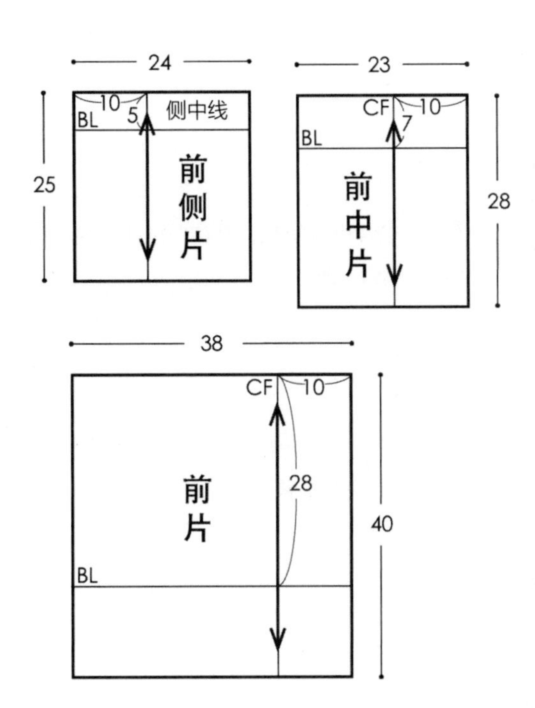

图3-13 白坯布基础尺寸

贴标识带

① 根据效果图所示分别在人台上贴出竖向、斜向分割线标识带。

② 贴出侧中线。

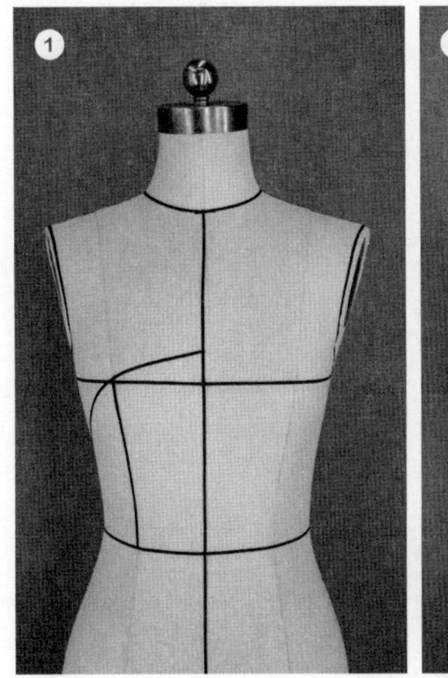

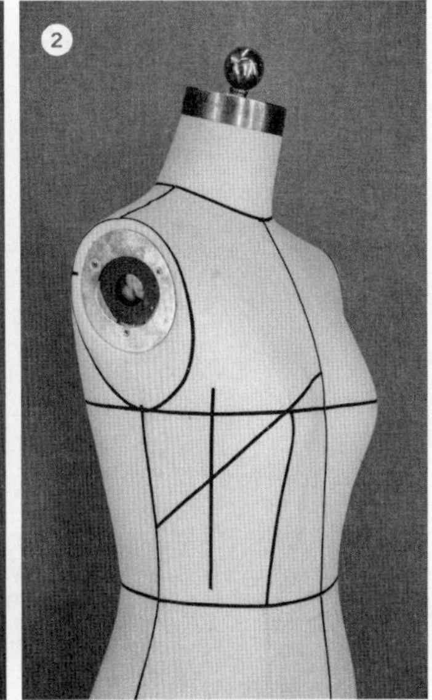

图3-14

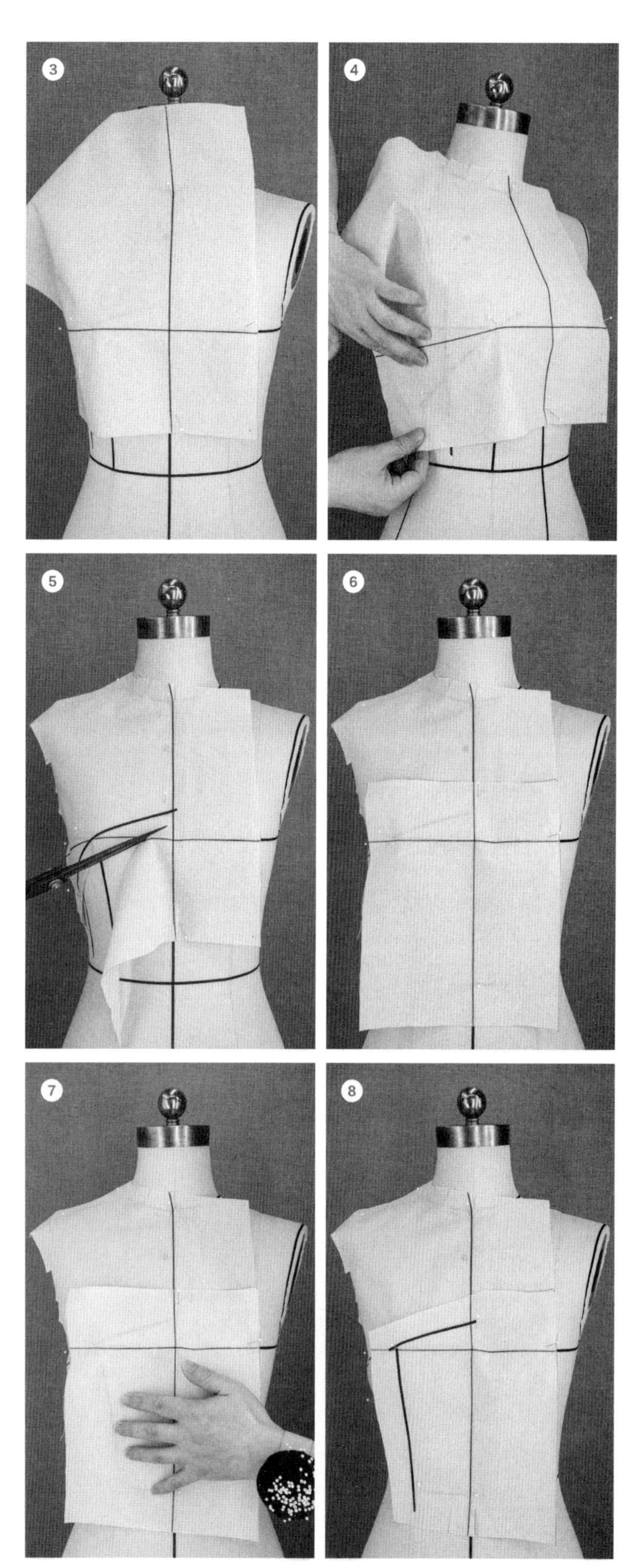

图3-14

前片

③ 将前片上所画的胸围线、前中心线与人台上相对应的标识带重叠，用珠针固定胸高点及前中心线。

④ 对领口进行粗裁。保持胸高点以及中心线固定不动，将肩部省量推向斜向分割线标识带所示位置。

⑤ 对前片进行粗裁，并在白坯布上贴出斜向分割线标识带。

前中片

⑥ 将前中片上所画胸围线、前中心线与人台相应标识带重叠，并固定。

⑦ 保持前中心线以及胸高点固定不动，将腰省量推向竖向分割线标识带所示位置。

⑧ 对前中片进行粗裁，并在白坯布上贴出竖向分割线标识带。

前侧片

⑨ 将前侧片上所画的胸围线、侧中线与人台上相对应的标识带重叠，并固定。

⑩ 保持侧中线固定不动。将省量分别推向竖向、斜向分割线标识带所示位置并固定。

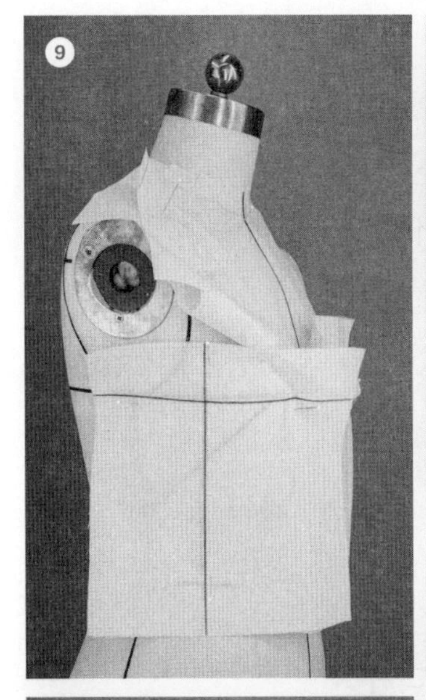

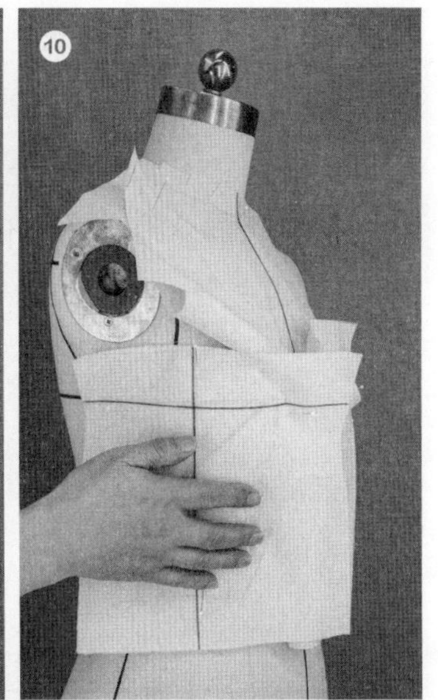

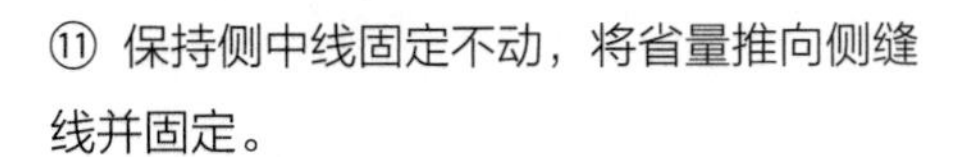

⑪ 保持侧中线固定不动，将省量推向侧缝线并固定。

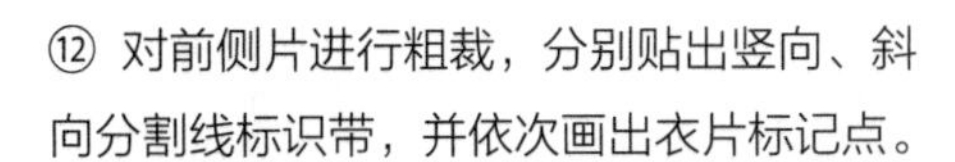

⑫ 对前侧片进行粗裁，分别贴出竖向、斜向分割线标识带，并依次画出衣片标记点。

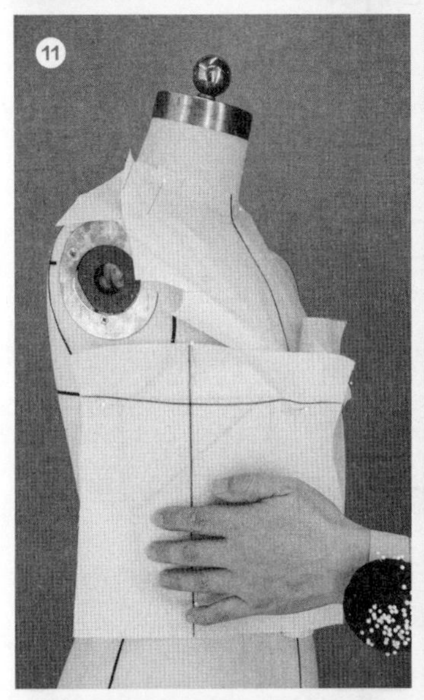

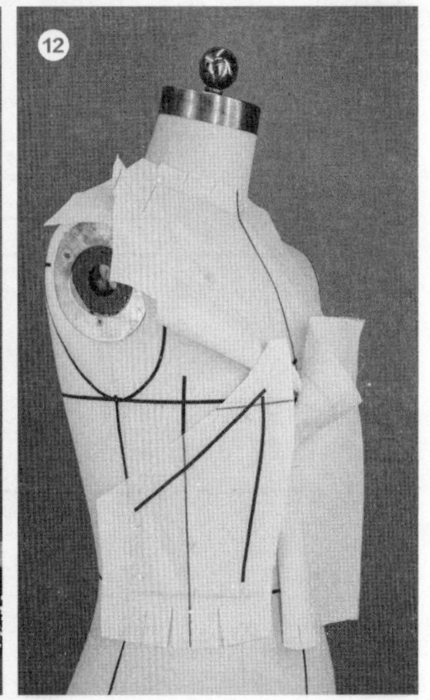

立裁效果

⑬ 衣片效果图。

平面结构

⑭ 衣片结构图。

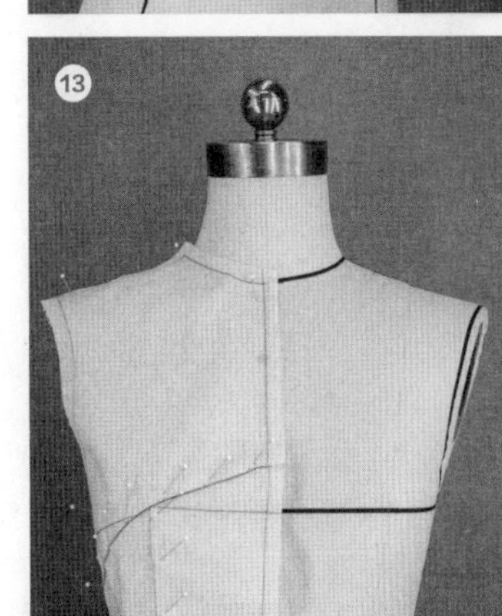

图3-14 多次分割造型的立裁制作

3.8.3 异形线分割

异形线分割是一种无规律线的分割，强调服装的视觉效果和表现力。在分割线的设计过程中需注意满足分割的基本要求和条件（图3-15、图3-16）。

知识点:
异形线分割线设计

白坯布尺寸

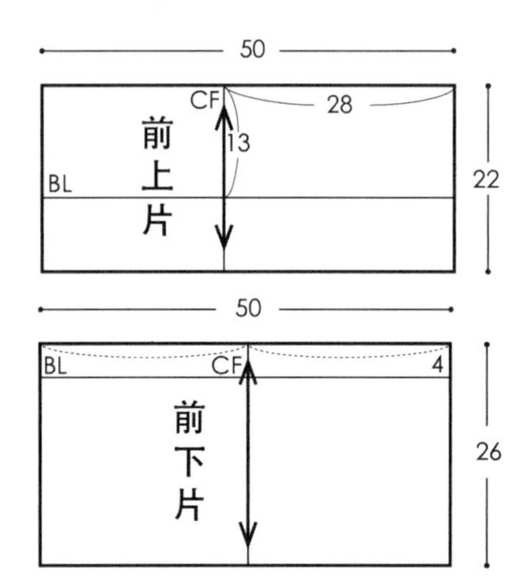

图3-15　白坯布基础尺寸

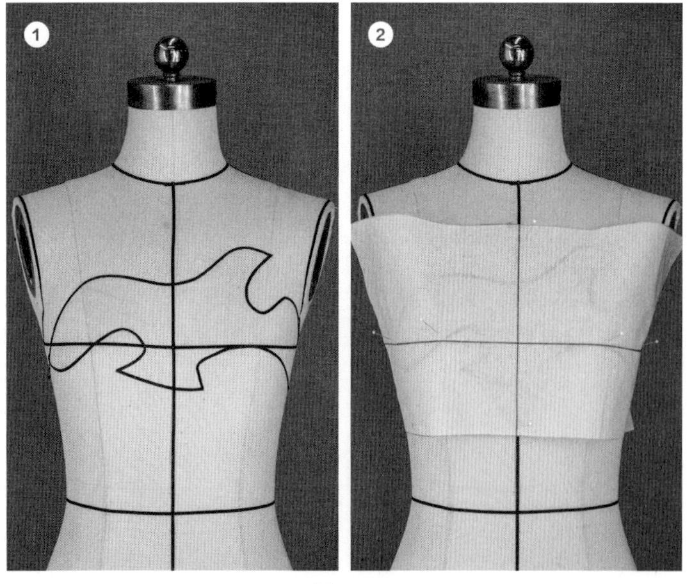

图3-16

贴标识带

① 根据效果图所示在人台上贴出异形分割线标识带。

前上片

② 将前上片所画胸围线、前中心线与人台相应标识带重叠，用珠针固定胸高点及前中心线。

③ 保持前中心线不动，将右侧前上片省量推向异形分割线标识带所示位置。

④ 将左侧前上片省量推向异形分割线标识带所示位置，将上片省量处理干净。

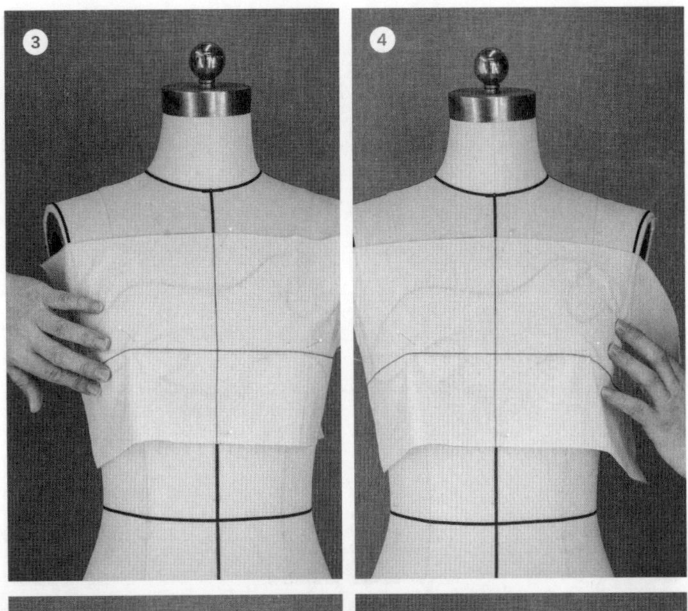

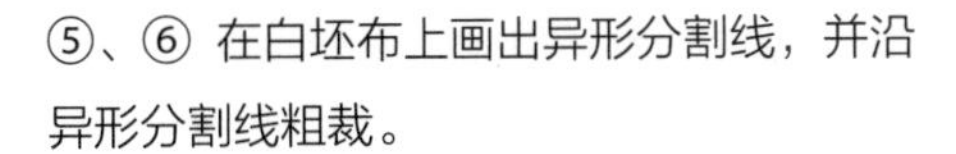

⑤、⑥ 在白坯布上画出异形分割线，并沿异形分割线粗裁。

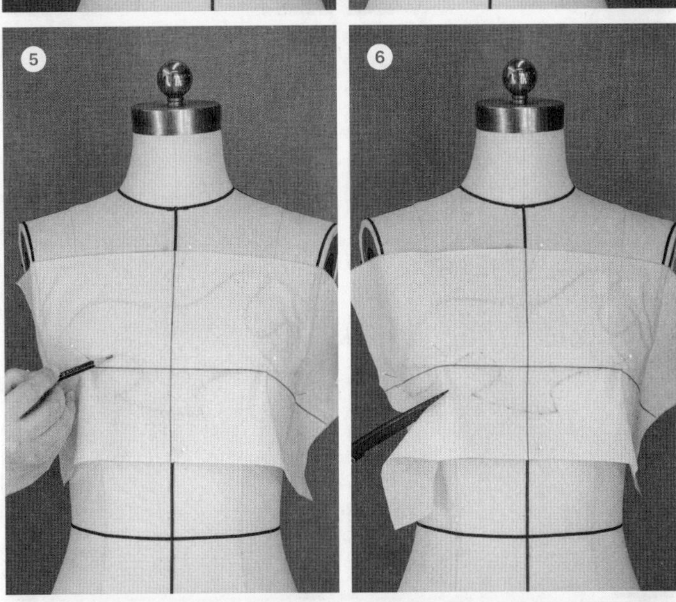

前下片

⑦ 将前下片上所画的胸围线、前中心线与人台上相对应的标识带重叠，用珠针固定胸高点及中心线。

⑧ 保持前中心线不动，将前下片的底边均匀打剪口，方便推省。将右侧前下片省量推向下侧异形分割线标识带所示位置。

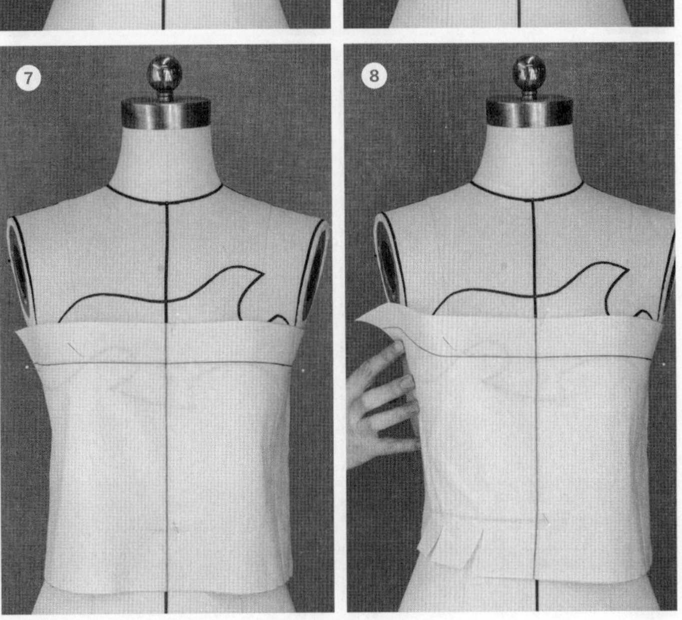

图3-16

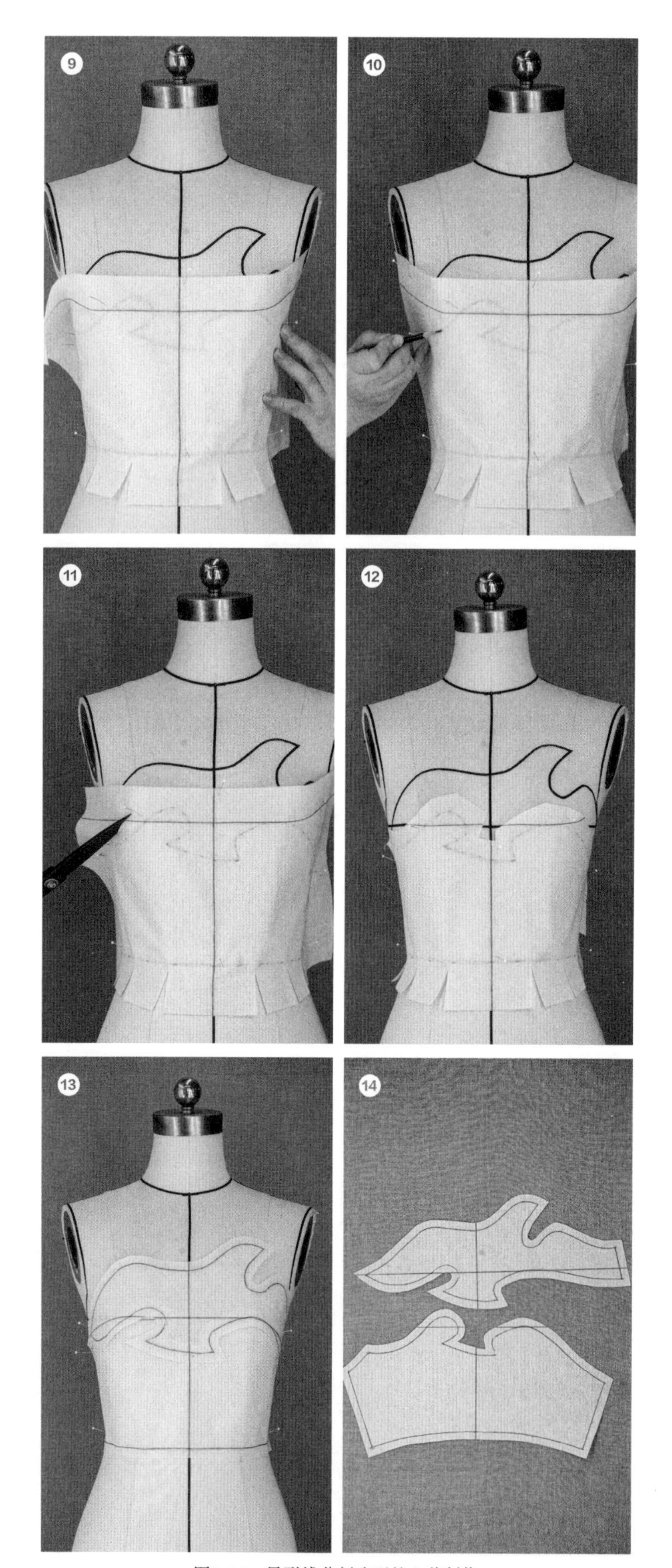

图3-16 异形线分割造型的立裁制作

⑨ 保持前中心固定不动，将左侧前下片省量推向下侧异形分割线标识带所示位置，将下片省量处理干净。

⑩ 在白坯布上画出下侧异形分割线。

⑪ 沿异形分割线粗裁。

⑫ 对边缘进行裁剪，并将前下片取下。

立裁效果

⑬ 衣片效果图。

平面结构

⑭ 衣片结构图。

第9讲 褶

3.9.1 省量转褶

将衣片中的省量转换为褶，以褶的形式出现，丰富了服装的表现语言和造型手法（图3-17、图3-18）。

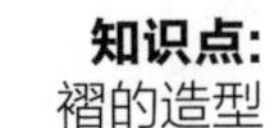

白坯布尺寸

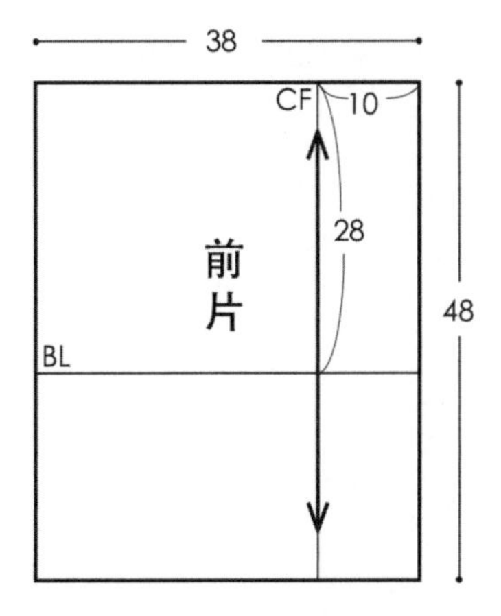

图3-17 白坯布基础尺寸

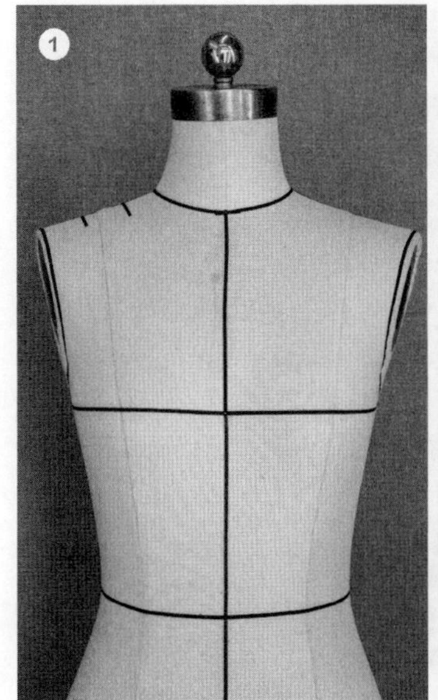

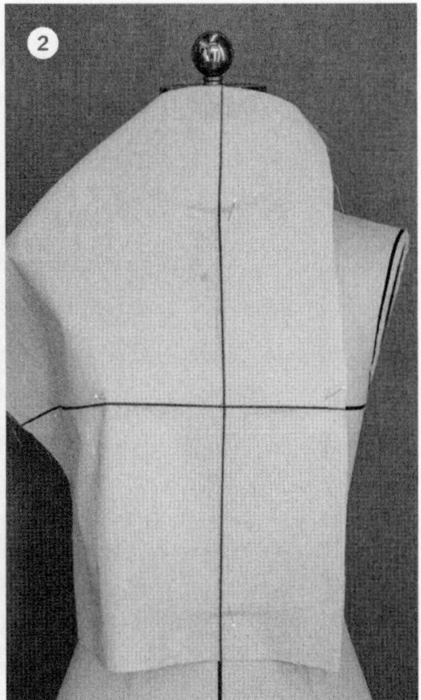

图3-18

贴标识带

① 根据效果图所示，用标识带在人台上贴出肩褶的位置。

前片

② 将前片上所画的胸围线、中心线与人台上相对应的标识带重叠，并固定。

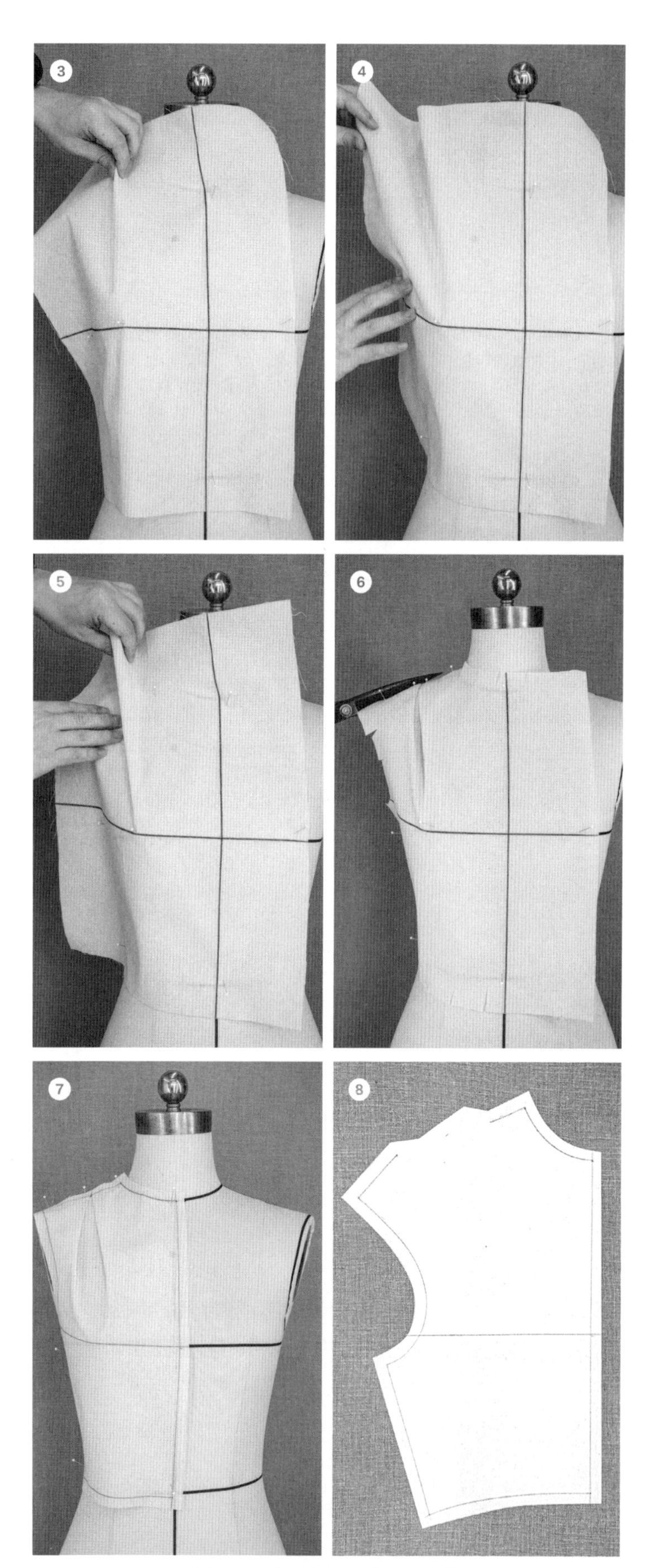

图3-18　省量转褶造型的立裁制作

褶

③ 将胸省量转向褶的标识带处。

④ 将腰省转向褶的标识带处。

⑤ 将腰省量与胸省量合并。

⑥ 将合并后的省量捏出褶形，并固定。画标记点，粗裁。

立裁效果

⑦ 衣片效果图。

平面结构

⑧ 衣片结构图。

3.9.2 借量转褶

当全部省量转换为褶量，仍不能满足需求时，可通过借取的方式完成褶的设计制作（图3-19、图3-20）。

知识点:
借省量与衣身造型

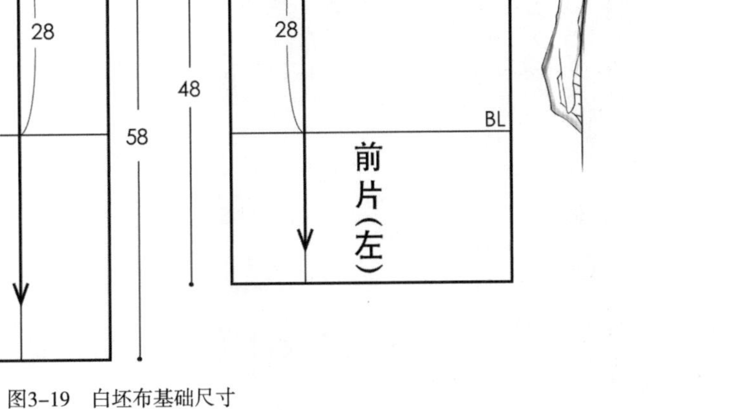

白坯布尺寸

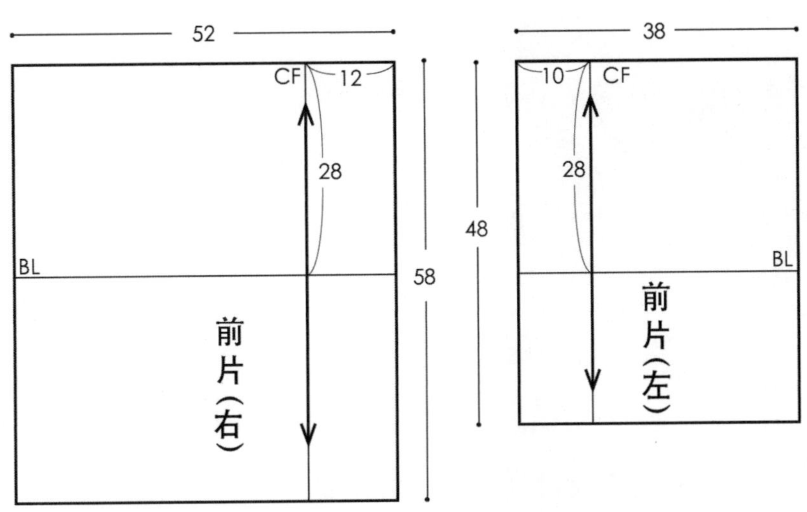

图3-19 白坯布基础尺寸

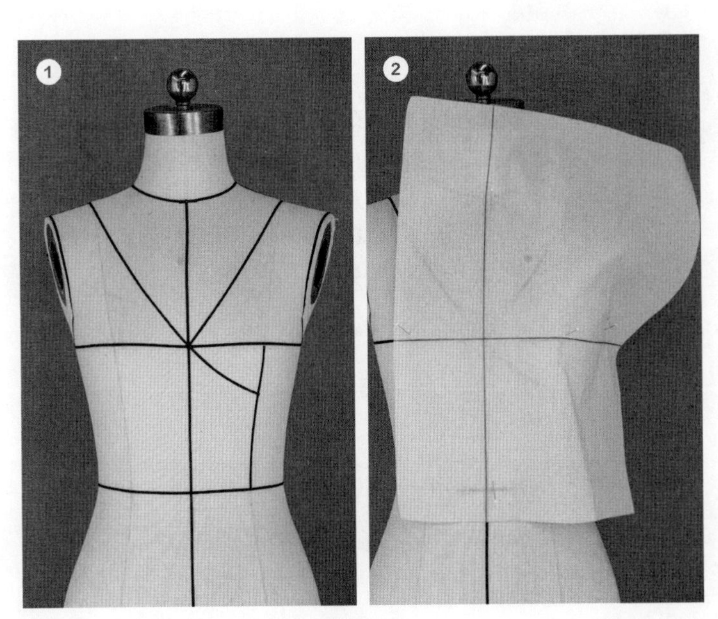

图3-20

贴标识带

① 根据效果图所示在人台上贴出两条领口斜向、一条腰部竖向标识带。

前片（左）

② 将左前片上所画的胸围线、前中心线与人台上相对应的标识带重叠，并固定。

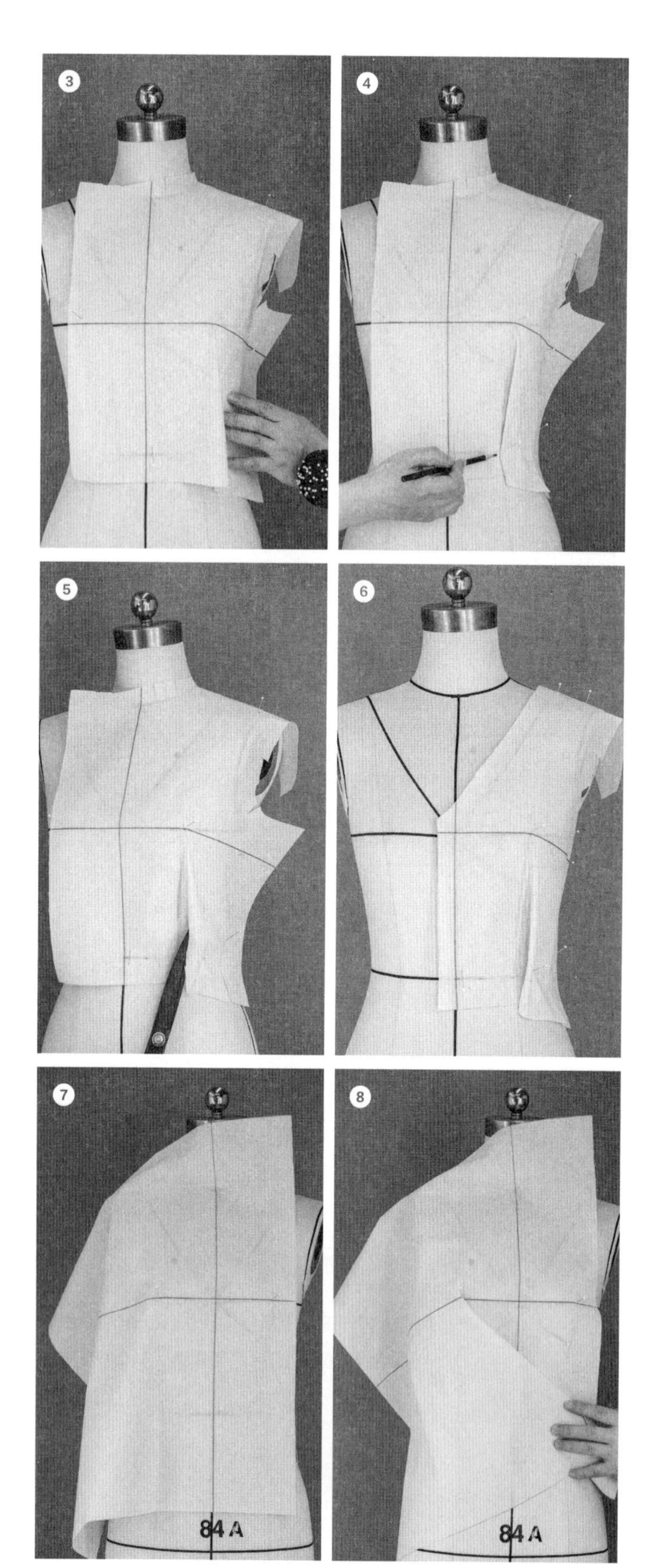

图3-20

③ 粗裁袖窿，将省量转移至腰部标识带处。固定侧缝线。

④ 画出省位并标记。

⑤ 裁开省道。

⑥ 按标识带所示裁剪，领口完成左衣片的制作。

前片（右）

⑦ 将右前片上所画胸围线、前中心线与人台上相对应标识带重叠，并固定。

⑧ 将省量沿斜向标识带方向逐步转移至腰部标识带处。

⑨ 按标识带所示裁剪领口，并粗裁袖窿及衣片，转移省量并固定。

⑩ 胸围线处及以下打剪口，借取一定的省量，完成腰部标识带处所示褶皱，并分别固定。

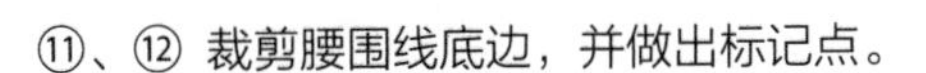

⑪、⑫ 裁剪腰围线底边，并做出标记点。

立裁效果

⑬ 衣片效果图。

平面结构

⑭ 衣片结构图。

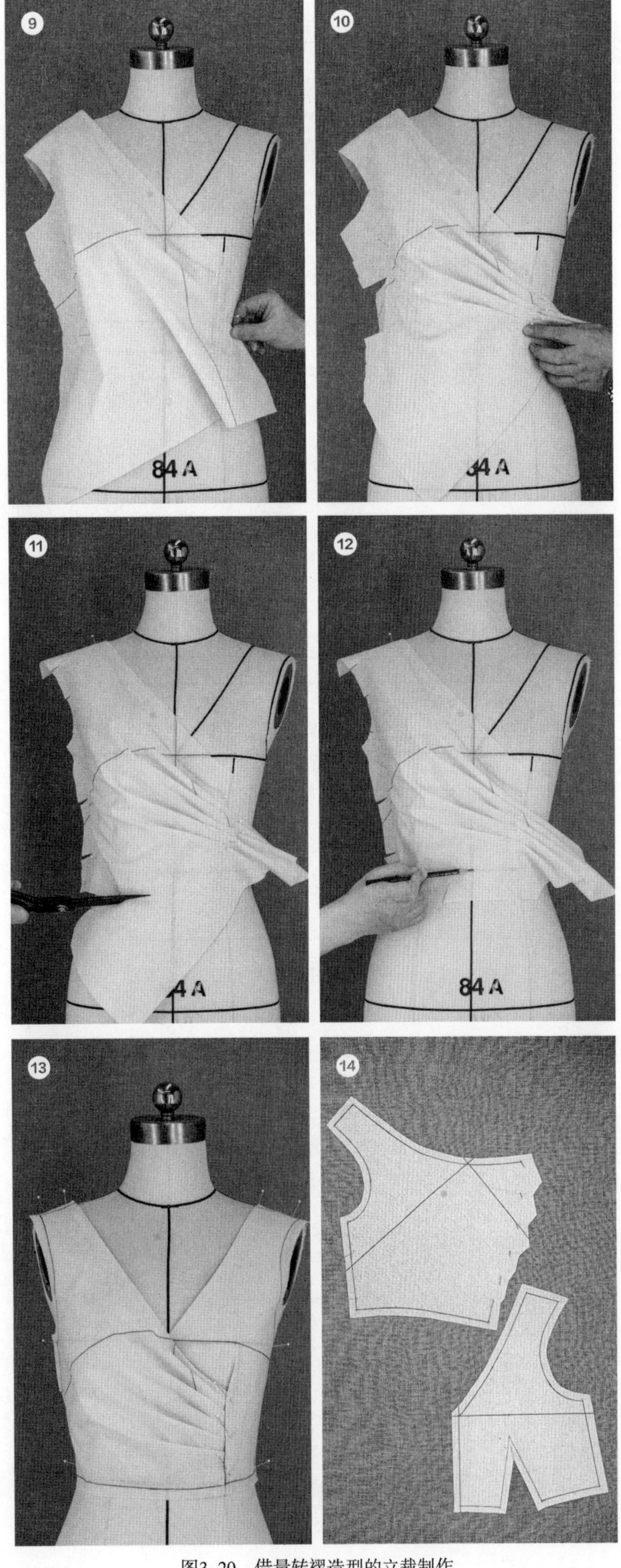

图3-20 借量转褶造型的立裁制作

第10讲　变化褶

3.10.1 蝴蝶结褶

蝴蝶结褶是将省量转换为褶量的一种表现方式。为达到造型要求，可适当借取一定的褶量（图3-21、图3-22）。

知识点：
褶皱交接处的处理

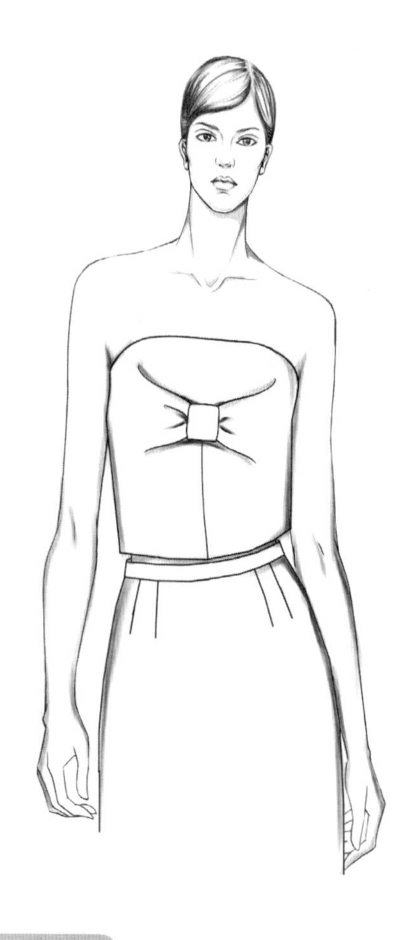

白坯布尺寸

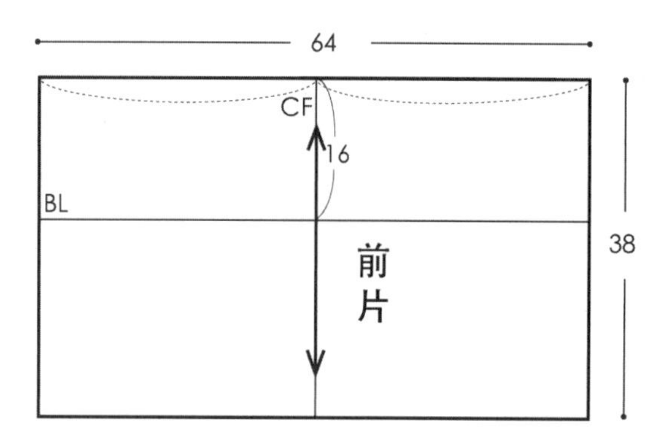

图3-21　白坯布基础尺寸

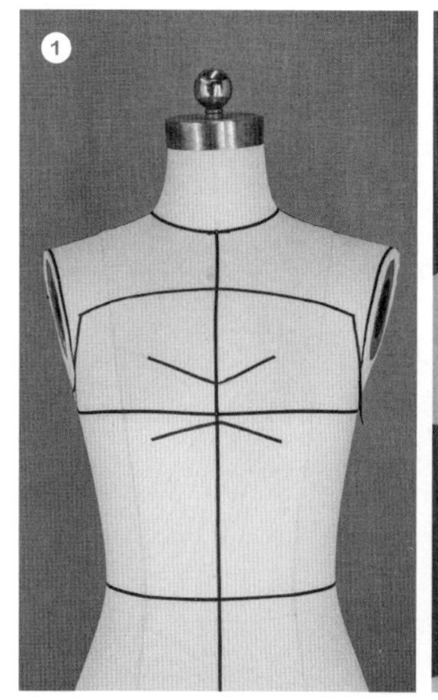

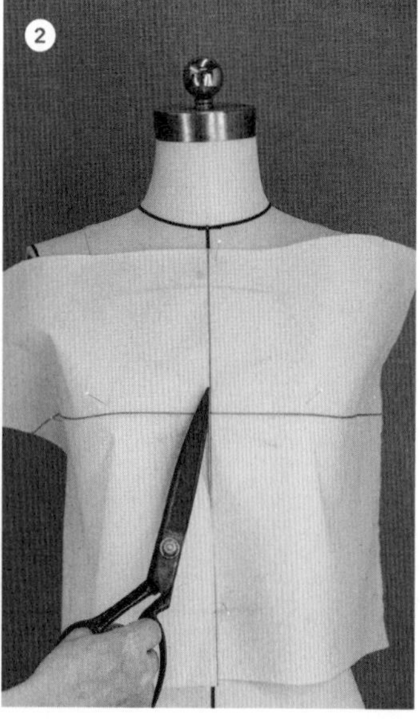

图3-22

贴标识带

① 根据效果图所示在人台上贴出抹胸衣边、蝴蝶结处三条标识带。

前片

② 将前衣片上所画的胸围线、前中心线与人台上相对应的标识带重叠并固定，沿中心线方向在胸围线附近剪开至蝴蝶结上、下两标识带处。

蝴蝶结褶

③ 向右前片一侧打剪口，留出做蝴蝶结中心环襻的空间。

④ 将省量转移至蝴蝶结上标识带处，形成一个上蝴蝶结省。

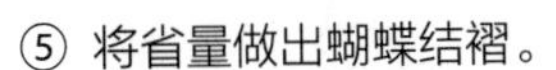

⑤ 将省量做出蝴蝶结褶。

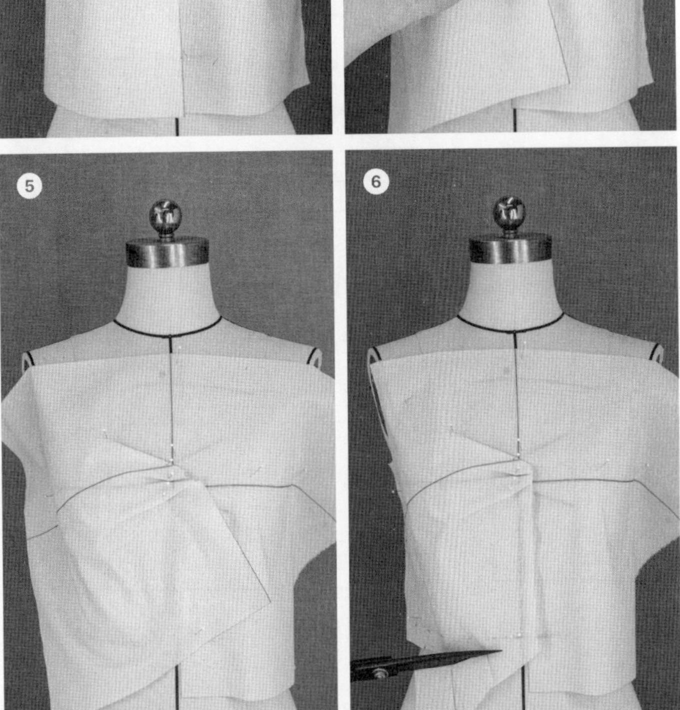

⑥ 同理沿下标识带形成一个下蝴蝶结省，完成一半的蝴蝶结造型，固定侧缝和底边做出标记并裁剪。

同理完成左前片的另一半蝴蝶结造型。

立裁效果

⑦ 衣片效果图。

平面结构

⑧ 衣片结构图。

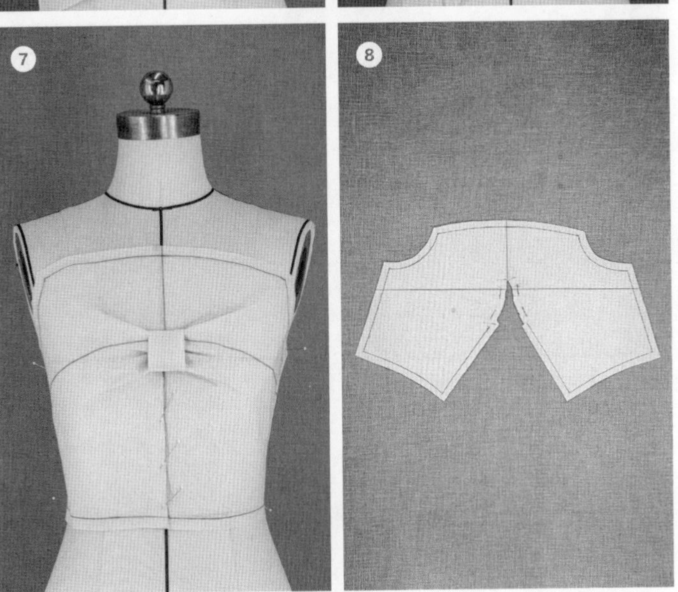

图3-22 蝴蝶结褶造型的立裁制作

3.10.2 分割与褶

分割与褶在表现手法及呈现的效果上各有千秋，通过综合运用，进一步丰富服装造型，为创新设计提供可能（图3-23、图3-24）。

知识点：
表现手法的综合运用

白坯布尺寸

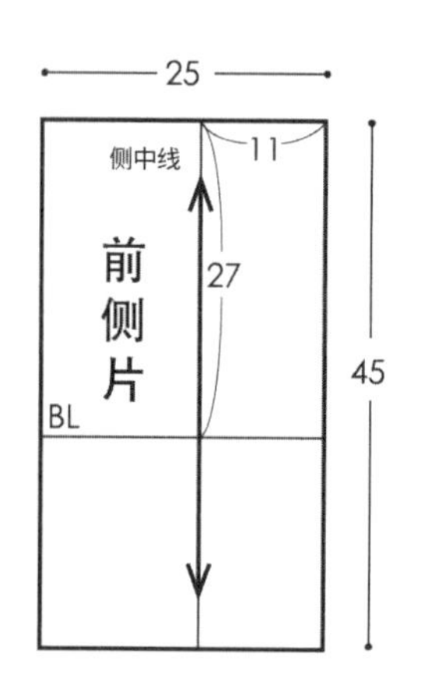

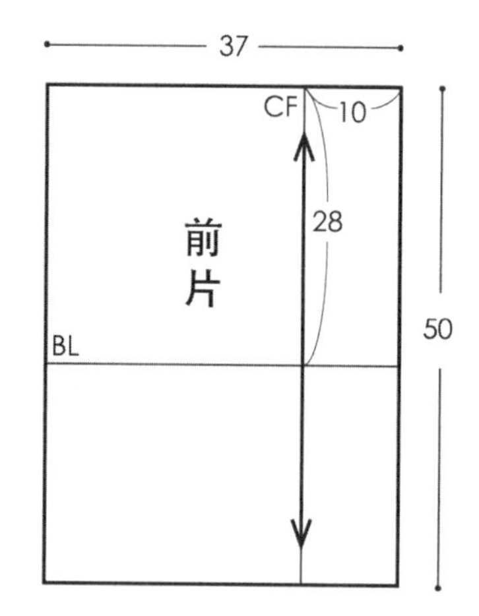

图3-23 白坯布基础尺寸

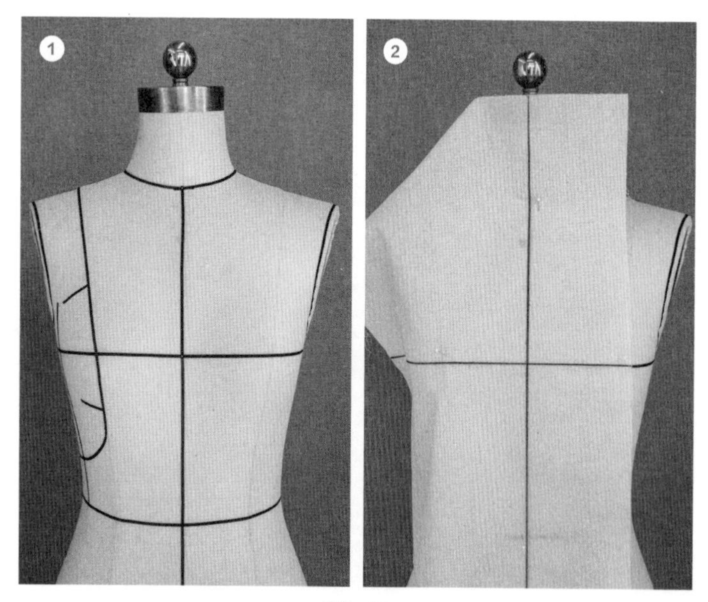

图3-24

贴标识带

① 根据效果图所示，用标识带在人台上贴出弧形分割线以及褶量分布的两端位置。

前片

② 将前片上所画的胸围线、前中心线与人台上相对应的标识带重叠，并固定。

分割

③、④ 粗裁领口，均匀打几个剪口，并把省量分别推向弧形分割线处。

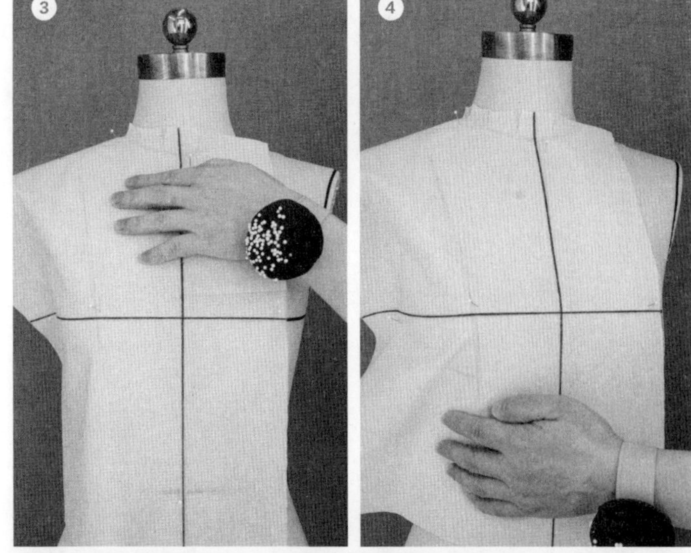

⑤ 对衣身打剪口并粗裁，在前片上贴出弧形分割线标识带。

⑥ 画出衣身标记点，完成前片的分割线制作，取下衣片。

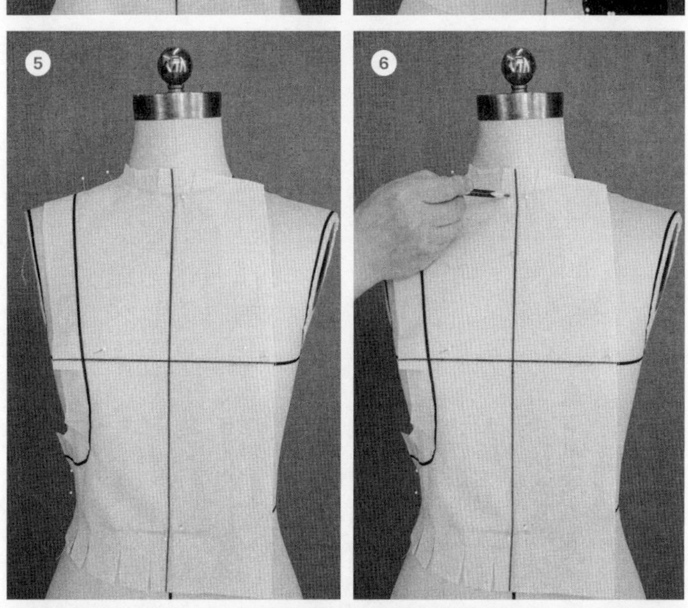

前侧片

⑦ 将前侧片上所画的胸围线、侧中线与人台上相对应的标识带重叠，并固定。

褶

⑧ 保持胸围线固定不动，将腰省转化为褶量并推向分割线处。调整褶的形状，用珠针固定。

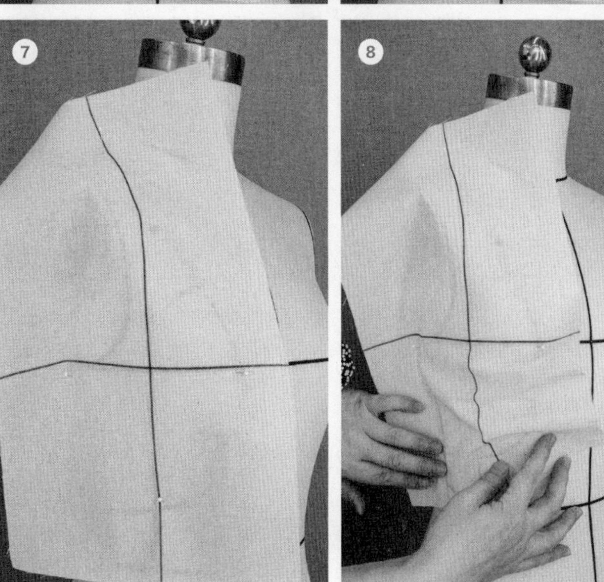

图3–24

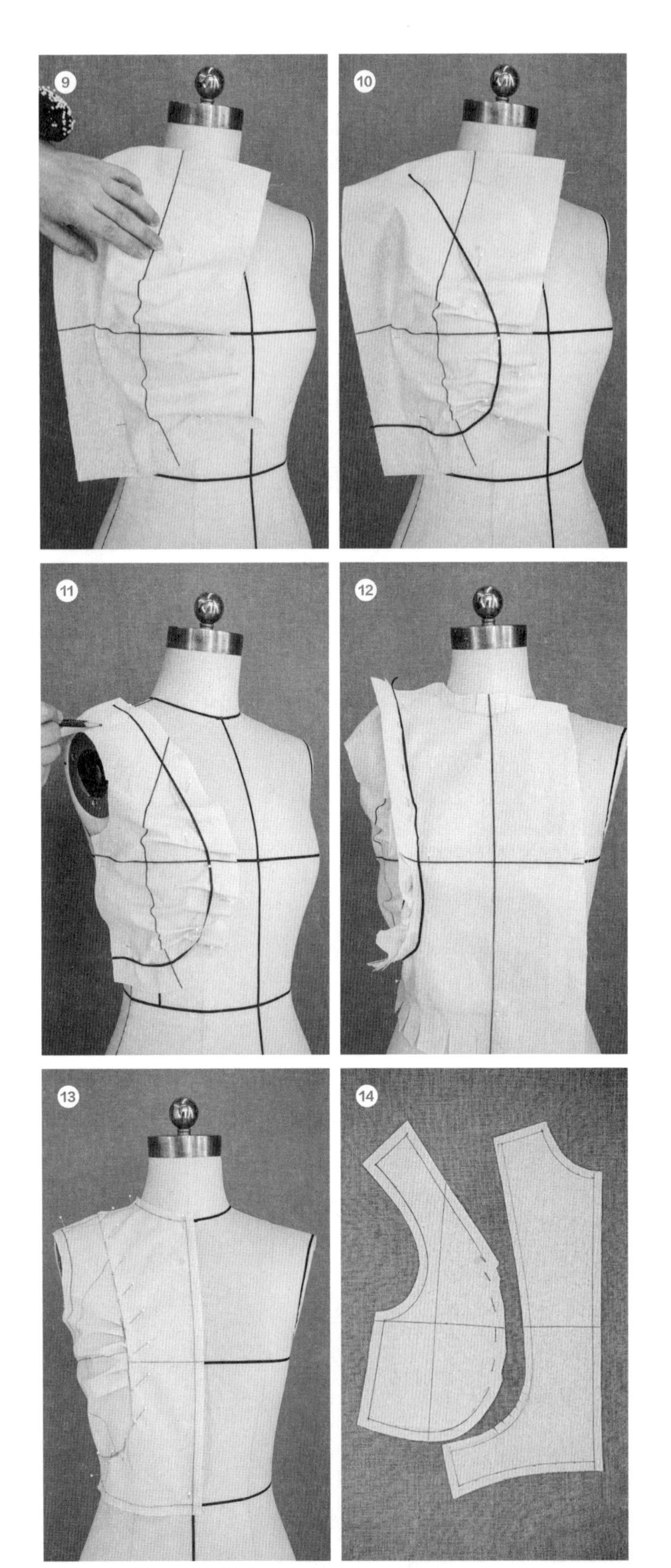

图3-24 分割与褶组合造型的立裁制作

⑨ 保持胸围线固定不动，将胸省转化为褶量并推向分割线处。调整褶的形状，用珠针固定。

⑩ 在前侧片上贴出弧形分割线标识带，并粗裁。

⑪ 画出衣身标记点，完成前侧片的褶制作。

⑫ 顺着弧形分割线，拼合前片、前侧片，并画出对位记号。

立裁效果

⑬ 衣片效果图。

平面结构

⑭ 衣片结构图。

第四章 基础领、袖案例

第11讲 领

4.11.1 立领

立领是依据人体颈部结构，设计制作的一种立式衣领造型。它帖服于人体颈部，能清晰地反映出人体结构特征。立领领型向上立起，领围线长于领口线（图4-1、图4-2）。

知识点:
衣领造型

白坯布尺寸

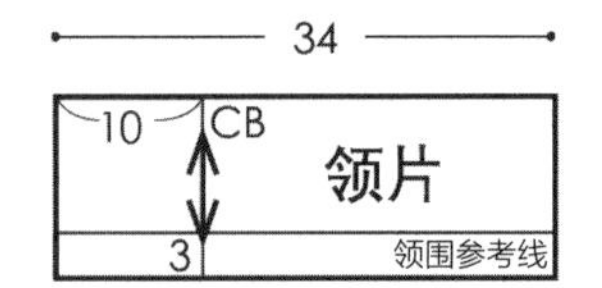

图4-1 白坯布基础尺寸

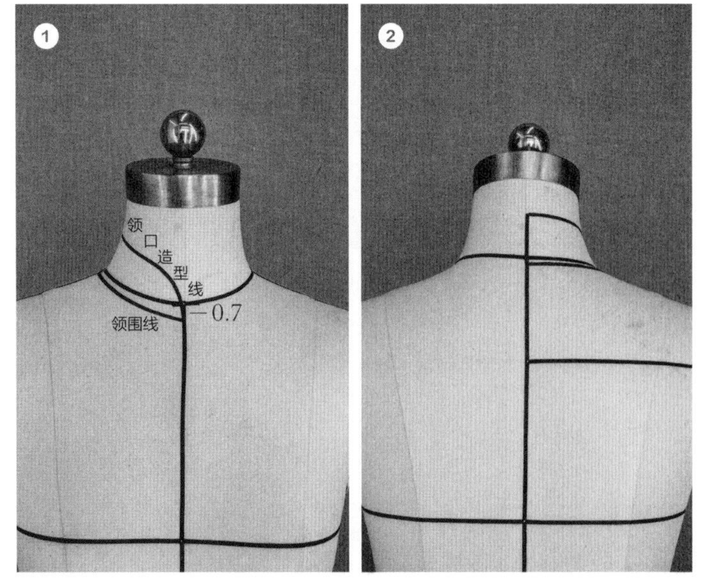

图4-2

贴标识带

①、② 根据效果图所示，用标识带在人台上贴出领围线（颈根围向下0.7cm，给颈部一定的松量）以及领口造型线。

领片

③ 将领片上所画的领围参考线、后中心线与人台上相对应的标识带重叠，并固定。

领围线

④ 在离后中心线3cm处的领围线标识带处钉珠针，并打剪口。

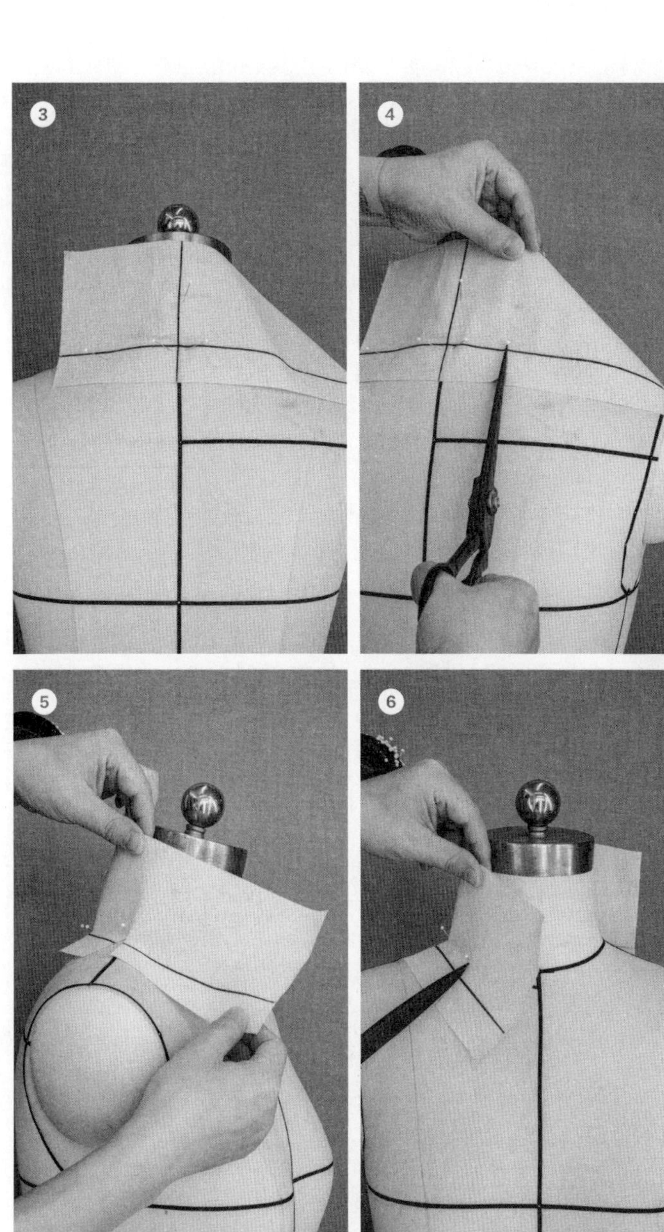

⑤ 提起领片，保证留出领子与颈部的空隙。以空隙为基准，将领片沿人台领围线向前绕，并在领片上对应人台领围线标识带处钉下第二颗珠针，打剪口。（领片上的领围参考线不再作为参考。）

⑥ 保证空隙的一致，将领片继续沿人台领围线向前绕，在领片上钉下第三颗珠针，打剪口。

领口造型线

⑦ 调整领片与颈部空隙匀称，调顺领围线，并贴出领口造型线。

⑧ 沿珠针画出领围线及标记点，打剪口、粗裁，完成立领制作。

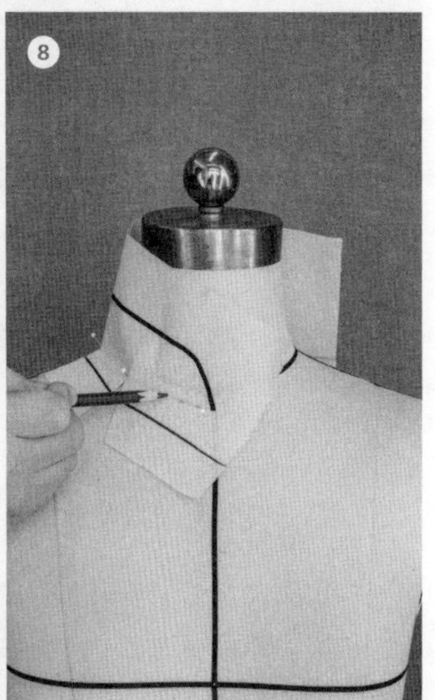

图4-2

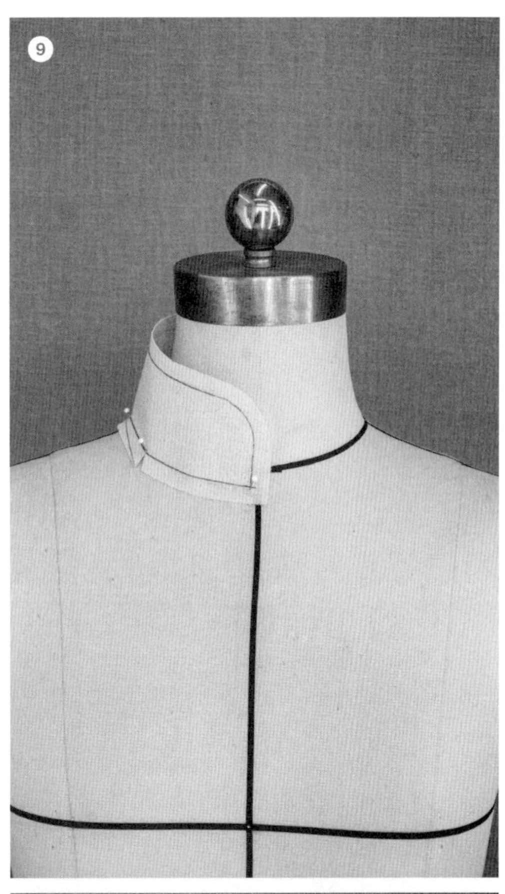

立裁效果

⑨ 立领效果图。

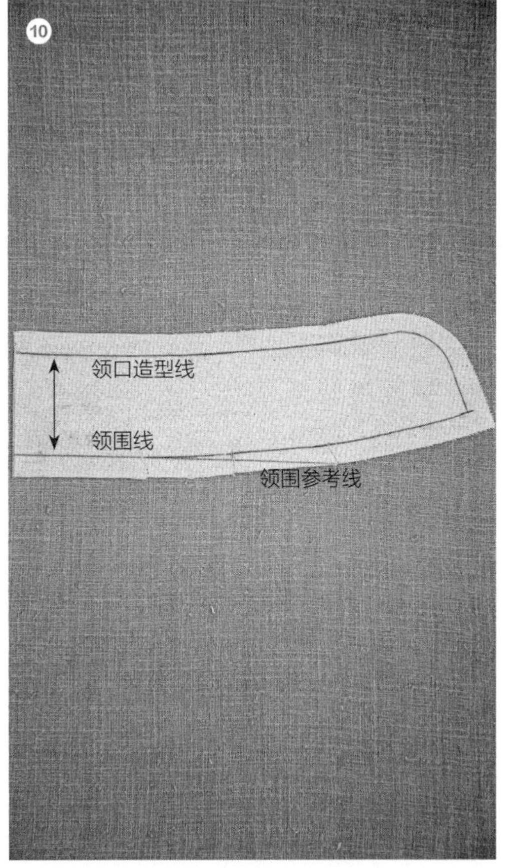

平面结构

⑩ 立领结构图。

图4-2　立领的立裁制作

4.11.2 翻领

翻领是领围线以人体颈根围为基础，领口线以肩、胸、背为依据而设计制作的一种衣领造型。翻领领型向下弯曲，即领口线长于领围线（图4-3、图4-4）。

知识点:
翻领中的立领

白坯布尺寸

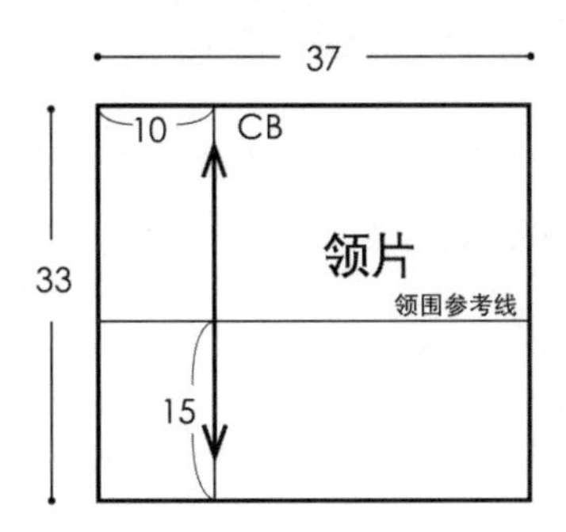

图4-3　白坯布基础尺寸

贴标识带

①、② 根据效果图所示，用标识带在人台上贴出领围线（后颈根围向下0.7cm，前颈根围向下3cm）以及领口造型线。

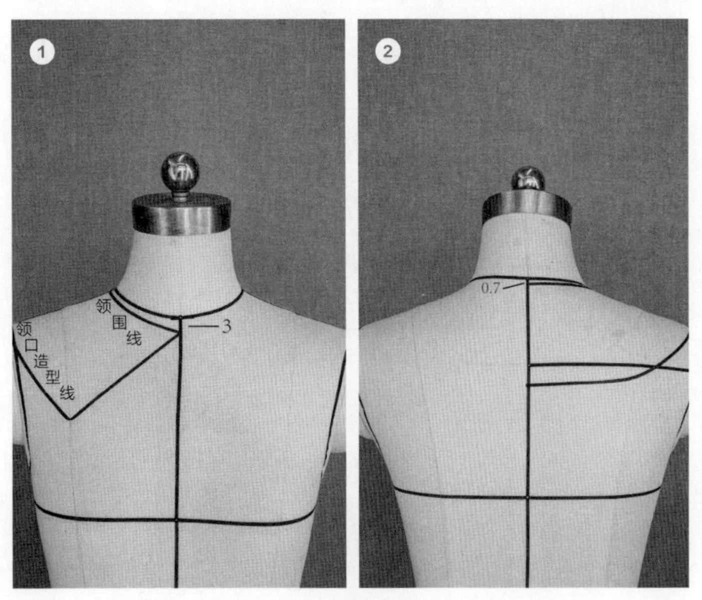

图4-4

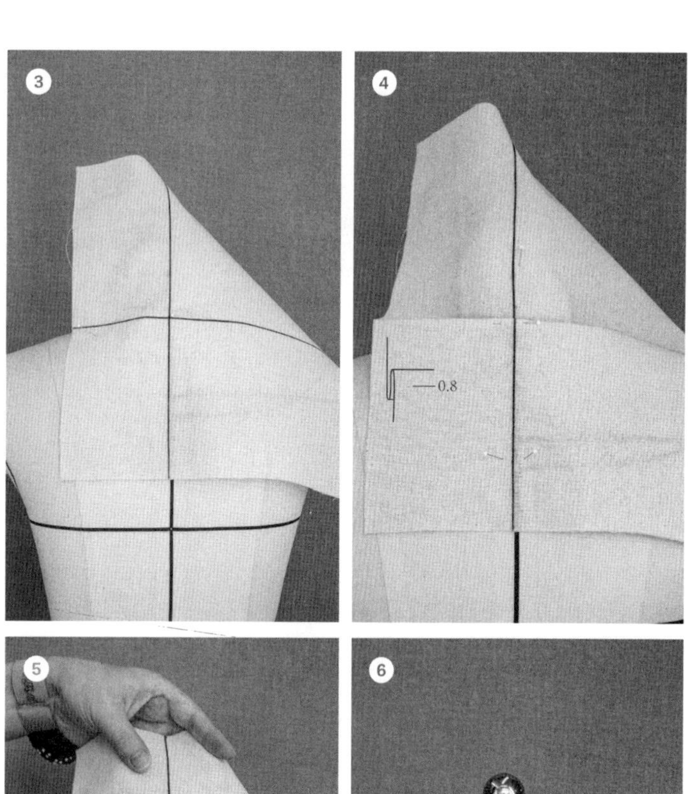

领片

③ 将领片上所画的领围参考线、后中心线与人台上相对应的标识带重叠，用珠针固定中心点。

领围线

④ 沿领围参考线由下半部分向上捏出0.8cm的小领座的量，并固定。

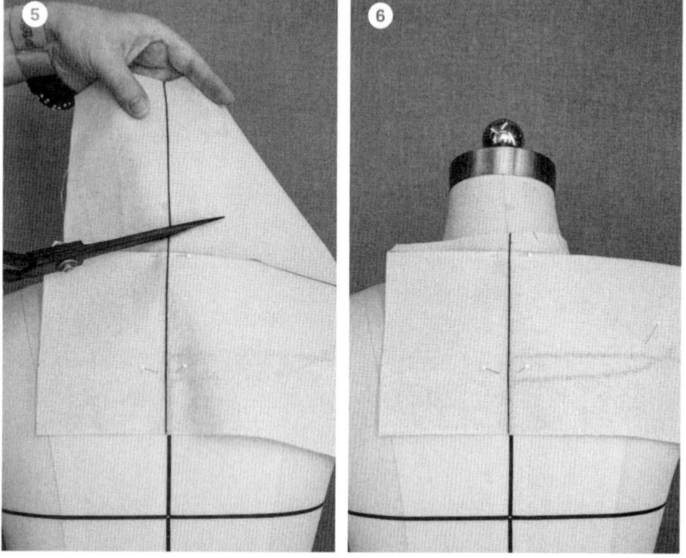

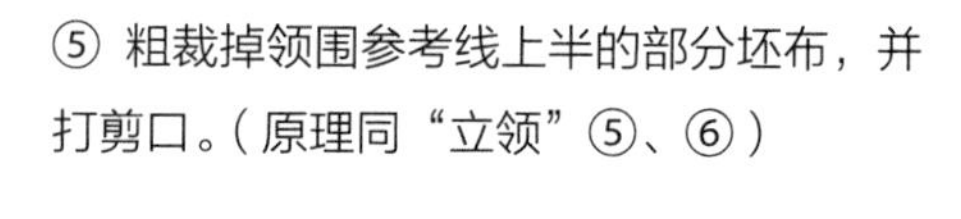

⑤ 粗裁掉领围参考线上半的部分坯布，并打剪口。（原理同“立领”⑤、⑥）

⑥ 在领片上半部分，调整坯布使空隙均匀，调顺领围线，并固定。

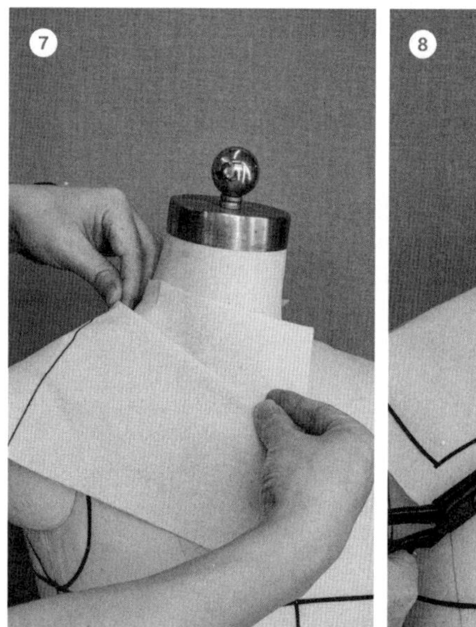

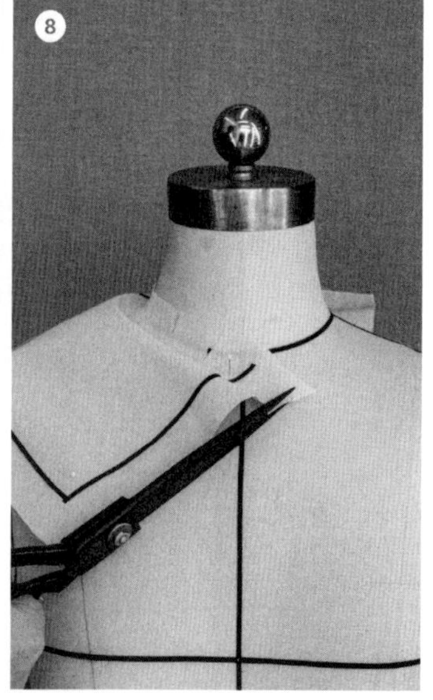

图4–4

⑦ 移动领片下半部分坯布，沿人台上的领围线标识带钉珠针、打剪口。

领口造型线

⑧ 将领片圆顺地沿着人台上的领口造型线标识带向前绕。用标识带在领片上贴出领口造型线，并粗裁。

立裁效果

⑨ 翻领效果图。

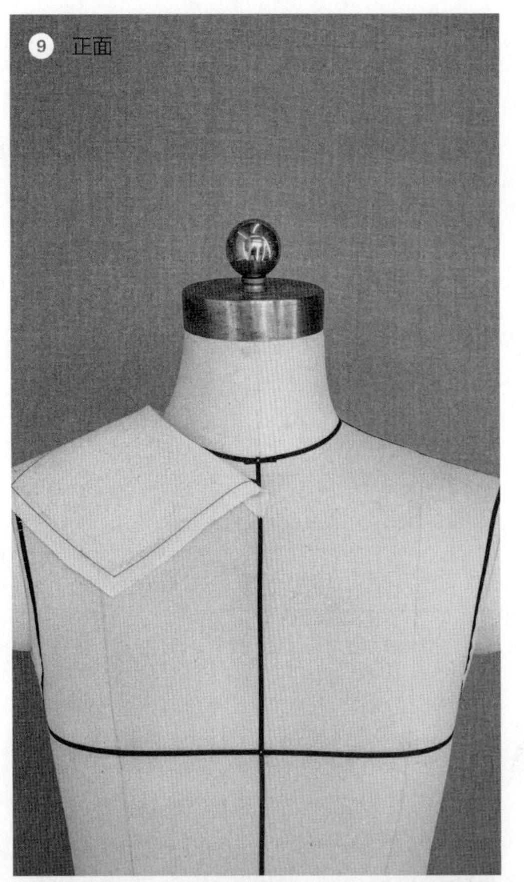

平面结构

⑩ 翻领结构图。

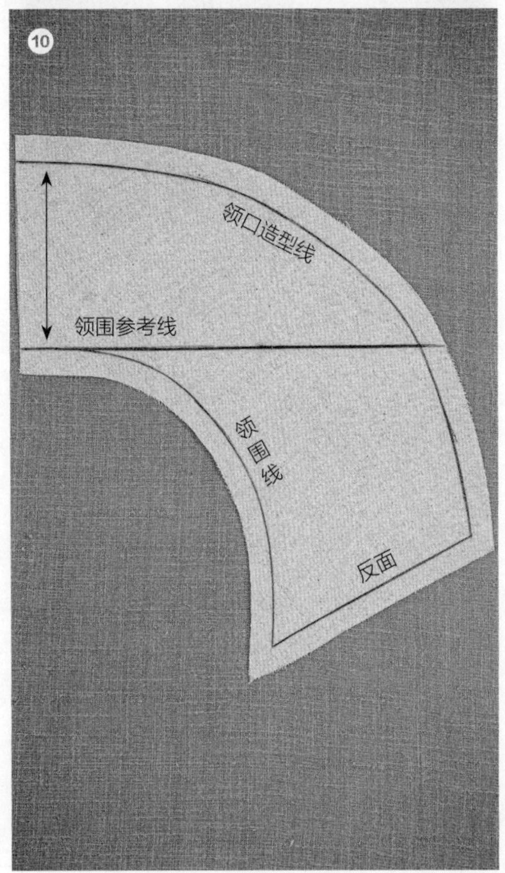

图4-4　翻领的立裁制作

4.11.3 翻立领

翻立领是立领与翻领的结合，同时具备立领与翻领的属性。领口线、领围线、翻折线是构成翻立领的三条主要结构线。制作过程相对复杂，需认真掌握具体的操作步骤（图4-5、图4-6）。

知识点:
领围线的确定

白坯布尺寸

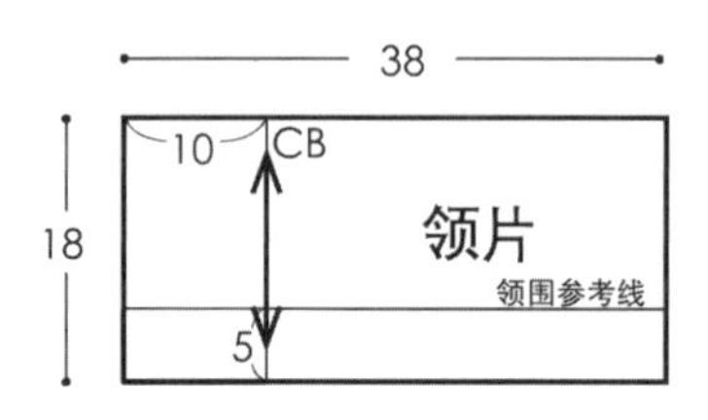

图4-5 白坯布基础尺寸

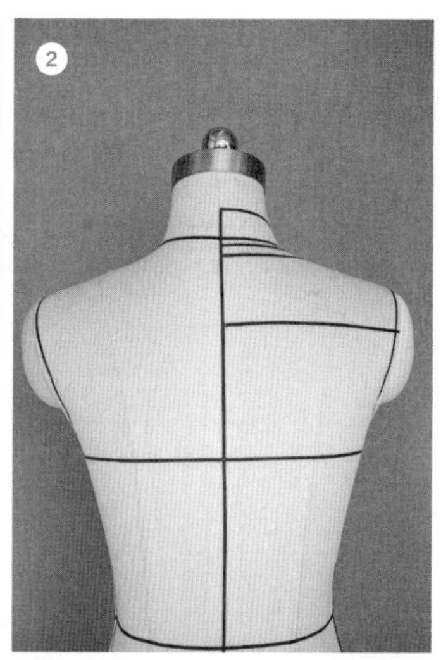

贴标识带

①、② 根据效果图所示，用标识带贴出领围线、领口造型线及翻折线。

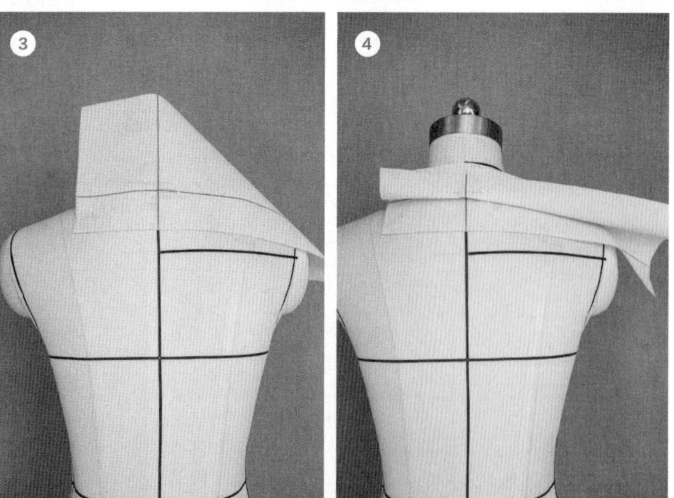

领片

③ 将领片上所画的领围参考线、后中心线与人台上相对应的标识带重叠，并固定。

④ 确定立领高度后，将领片向下翻折。为了操作方便，翻领边缘可向上翻折出一定的量。

图4-6

⑤ 在领片上对应于离后中心线右侧3cm处的标识带处钉珠针，并打剪口。

⑥ 领片继续沿领围线向前绕，在标识带上钉上第二颗珠针，并打剪口向前弯转。

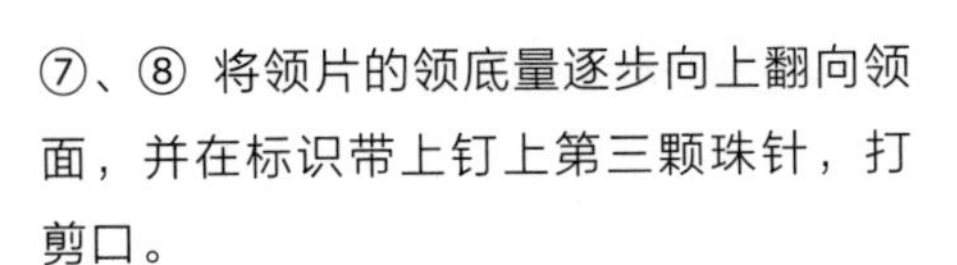

⑦、⑧ 将领片的领底量逐步向上翻向领面，并在标识带上钉上第三颗珠针，打剪口。

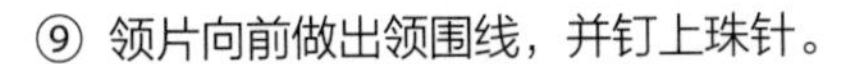

⑨ 领片向前做出领围线，并钉上珠针。

⑩ 将领子翻下，调整弧度。

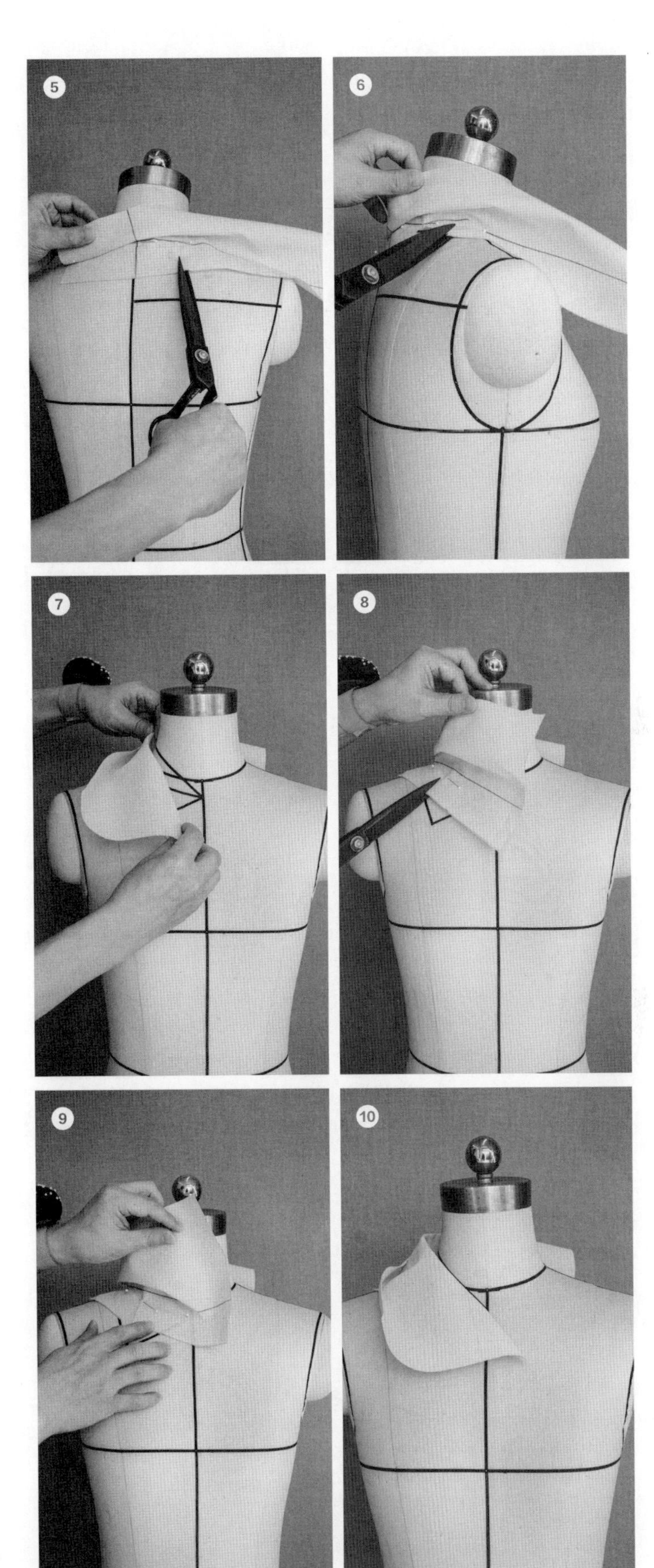

图4-6

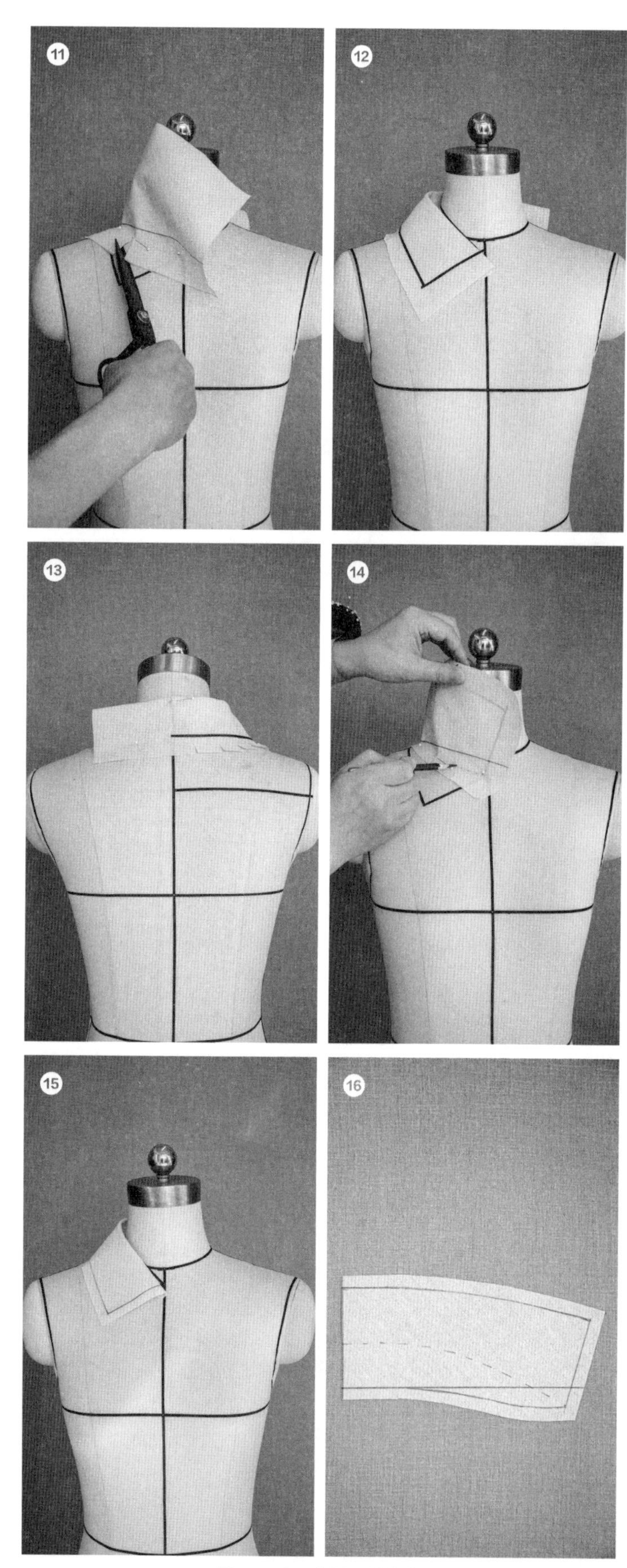

图4-6　翻立领的立裁制作

⑪ 粗裁领围线及领口线。

⑫、⑬ 用标识带贴出领口造型线。

⑭ 画出领围线标记点。

立裁效果

⑮ 翻立领效果图。

平面结构

⑯ 翻立领结构图。

4.11.4 波浪领

波浪领在衣领结构上属于翻领范畴，是翻领的具体应用。通过打剪口、拉伸等技术手段，使领口边缘成波浪状，丰富衣领外形（图4-7、图4-8）。

知识点:
剪切、拉伸

白坯布尺寸

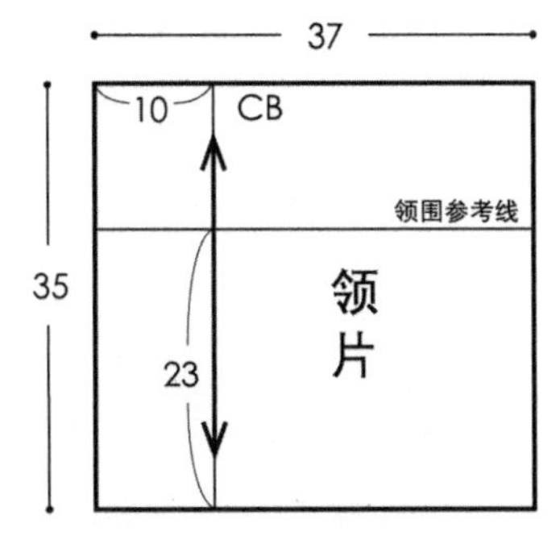

图4-7 白坯布基础尺寸

贴标识带

①、② 根据效果图所示，用标识带贴出领围线、领口线以及波浪点。

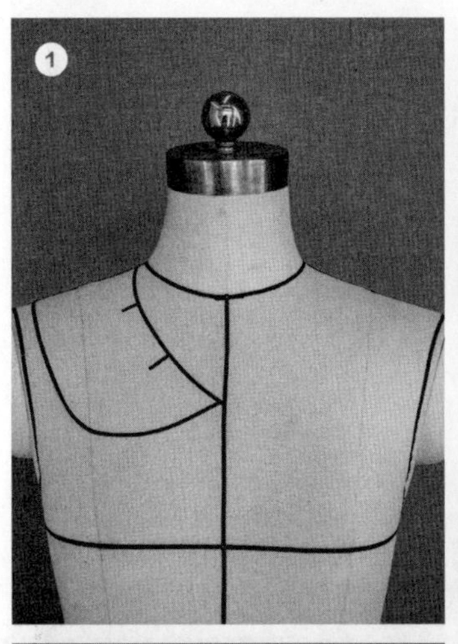

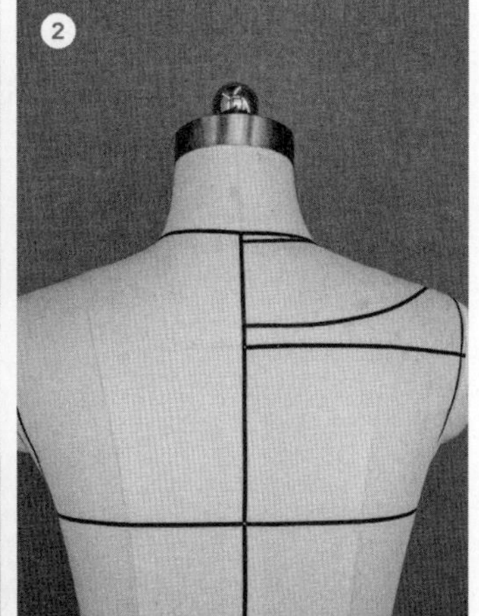

领片

③ 将领片上所画的领围参考线、后中心线与人台上相对应的标识带重叠，并固定。

④ 距后中心线右侧3cm处标识带上钉珠针，打剪口。

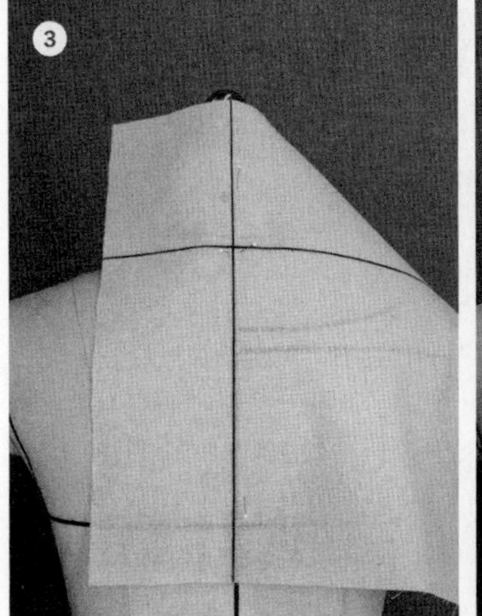

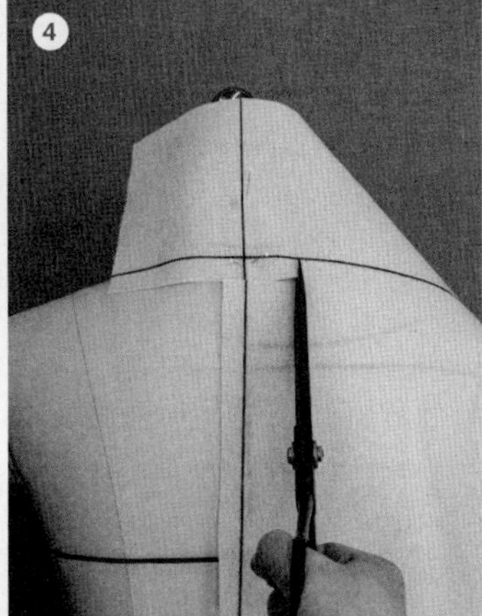

图4-8

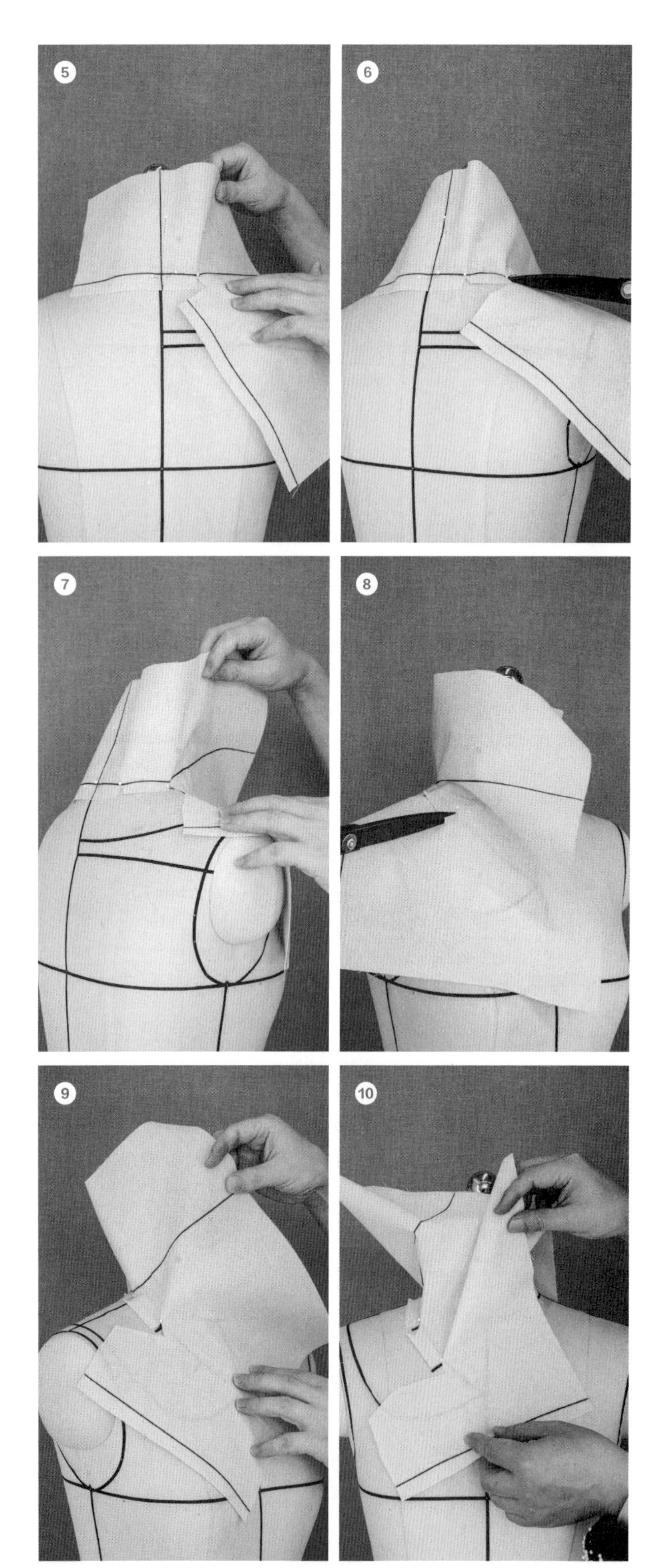

图4-8

⑤ 拉出第一个波浪。

⑥ 继续向前绕，在标识带上钉珠针，打剪口。

⑦ 拉出第二个波浪。

⑧ 依据标识带上所示波浪点位置打剪口。

⑨ 拉出波浪，并保证波浪量的大小均匀。

⑩ 将领面翻下，调整波浪，并用珠针固定。

⑪ 对领口边缘粗裁。

⑫ 在坯布上贴出领口的造型线标识带。

⑬ 画出领围线标记点。

立裁效果

⑭、⑮ 不同角度的波浪领效果图。

平面结构

⑯ 波浪领结构图。

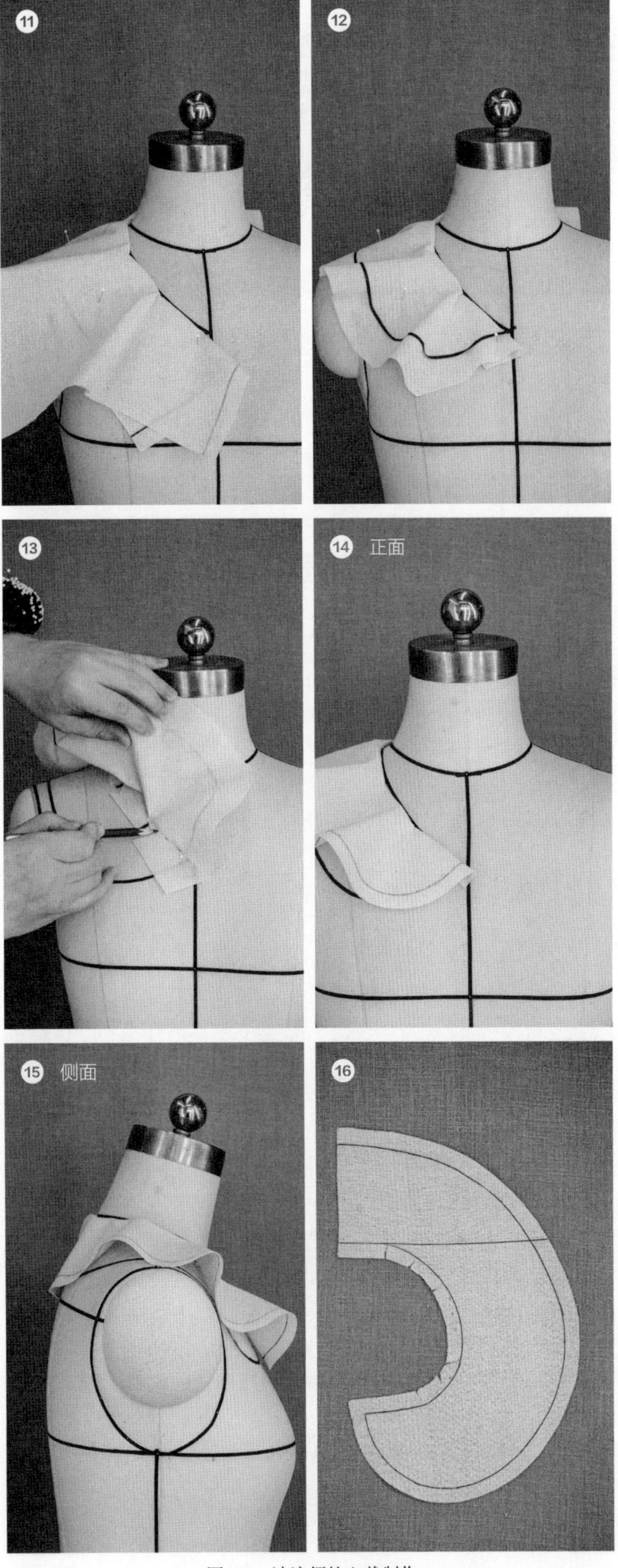

图4-8 波浪领的立裁制作

4.11.5 海军领

海军领在衣领结构上仍属于翻领范畴，固定的外观造型使其具有鲜明的特点。立领的操作方法以及领围线的获取是海军领的技术要点（图4-9、图4-10）。

白坯布尺寸

知识点:
立领、外观造型

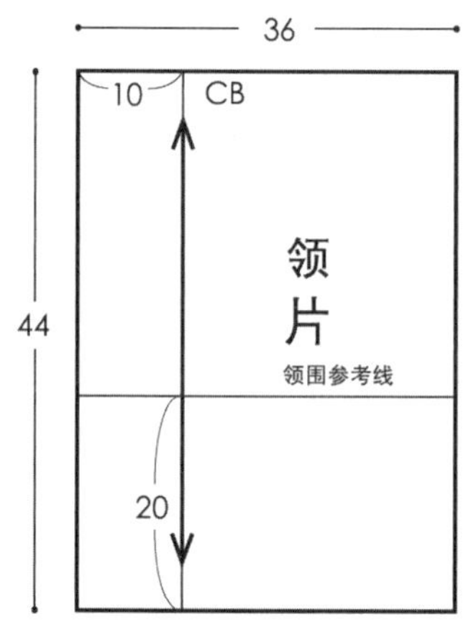

图4-9 白坯布基础尺寸

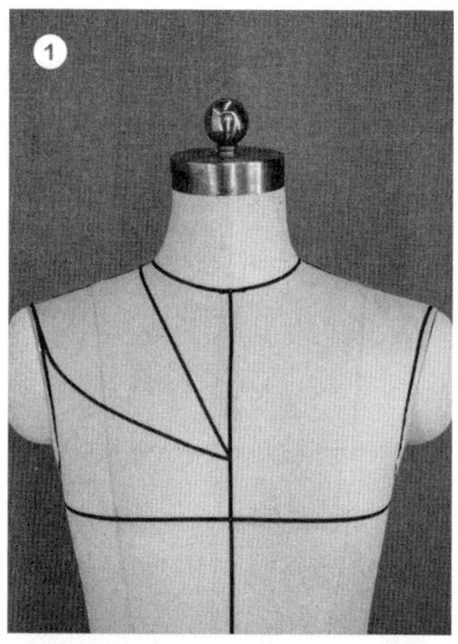

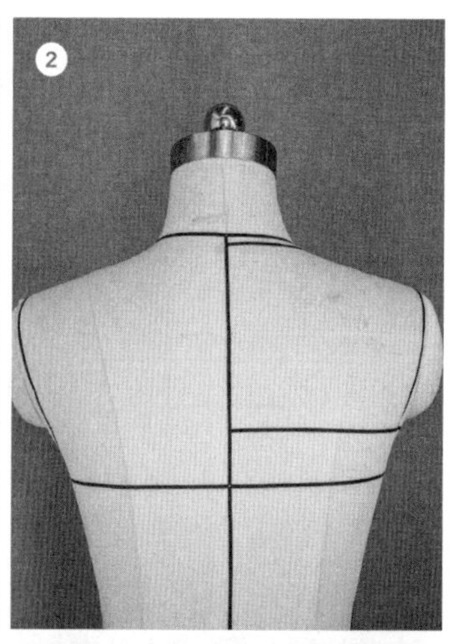

贴标识带

①、② 根据效果图所示，用标识带贴出领围线、领口造型线。

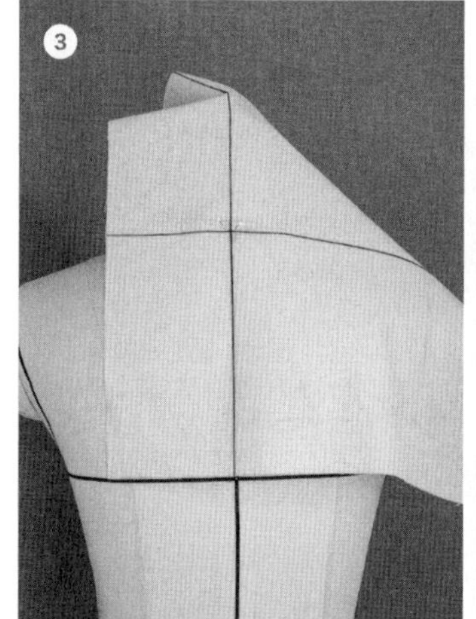

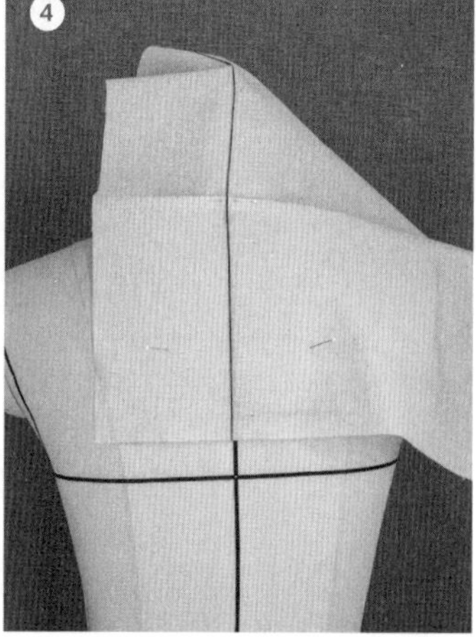

图4-10

领片

③ 将领片上所画的领围参考线、后中心线与人台上相对应的标识带重叠，用珠钉固定后中心点。

④ 将领围线下半部分向上捏出0.8cm的立领量，并固定。

⑤ 粗裁掉领围线上半部分，并打剪口。

⑥ 沿标识带钉珠钉、打剪口，将领片圆顺地沿着标识带向前绕，并粗裁领围线。

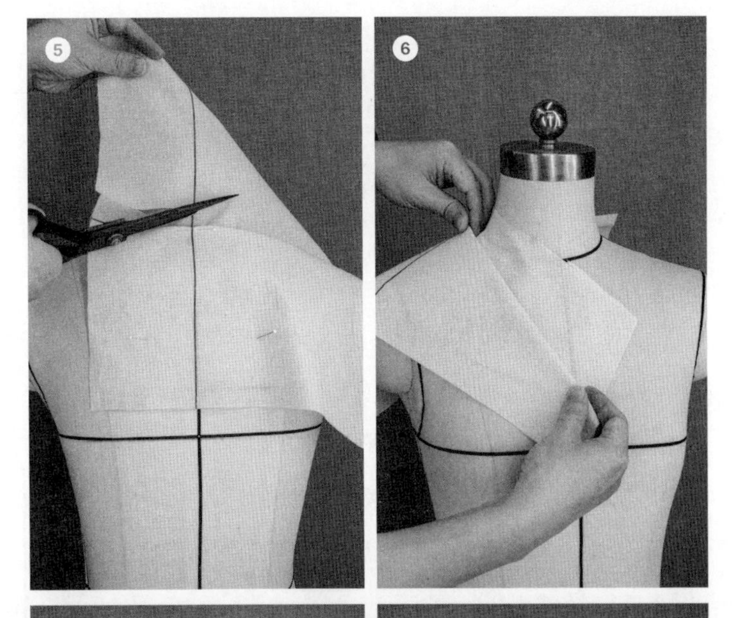

⑦ 用标识带在领片坯布上贴出衣领造型线并裁剪。

立裁效果

⑧、⑨ 不同角度的海军领效果图。

平面结构

⑩ 海军领结构图。

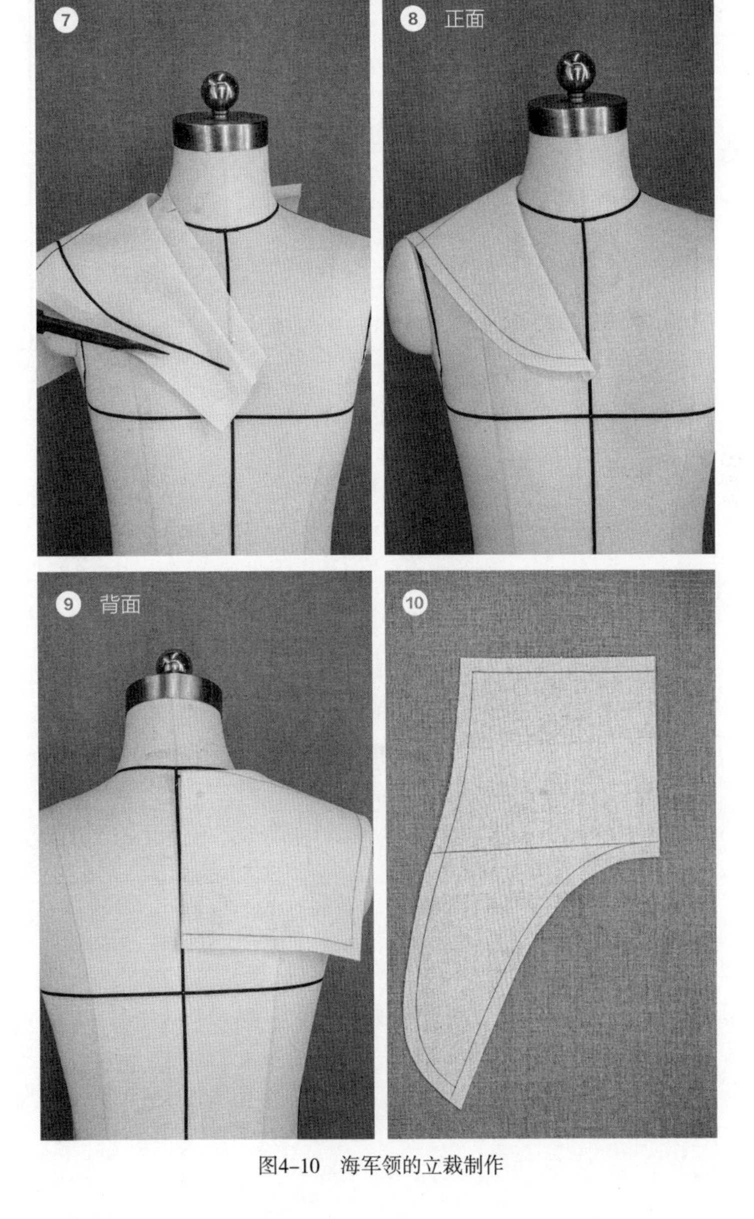

图4-10 海军领的立裁制作

第12讲 平面袖

4.12.1 基础袖

通过对测量、计算、制图等平面知识的学习，提升专业教学中的严谨性、科学性，加深对平面裁剪与立体裁剪之间的了解。基础袖具有造型简单、实用性强等特点（图4-11、图4-12）。

知识点:
袖子的基础认知

白坯布尺寸

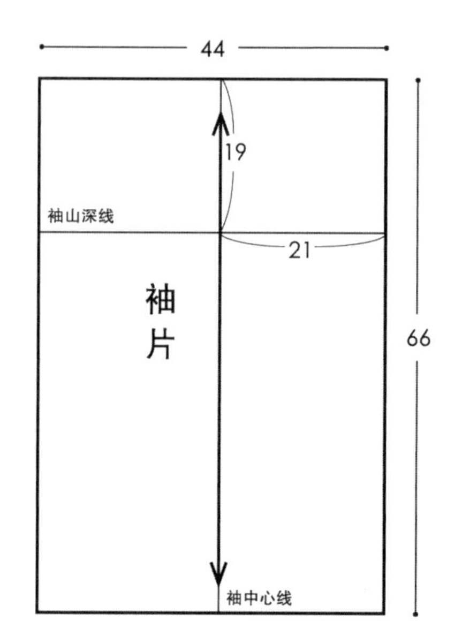

图4-11 白坯布基础尺寸

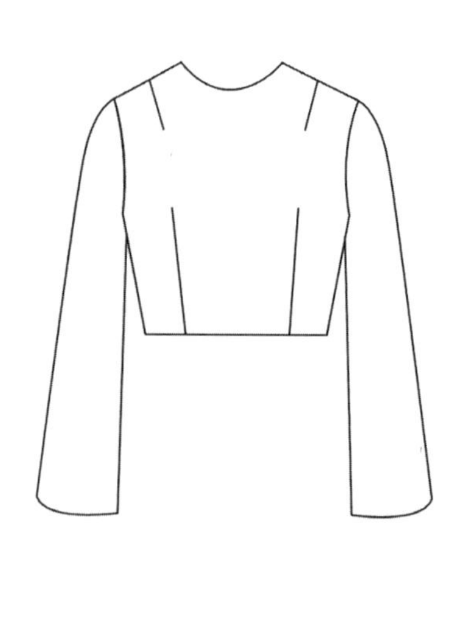

人台袖窿尺寸

①、② 服装袖山的制作须以袖窿尺寸为依据，而袖窿尺寸的获得，则以人台尺寸为基础。本节以第1章第2节人台所示袖窿弧标识带为测量依据，测量人台袖窿弧长分别为：前袖窿21.5cm，后袖窿22cm。

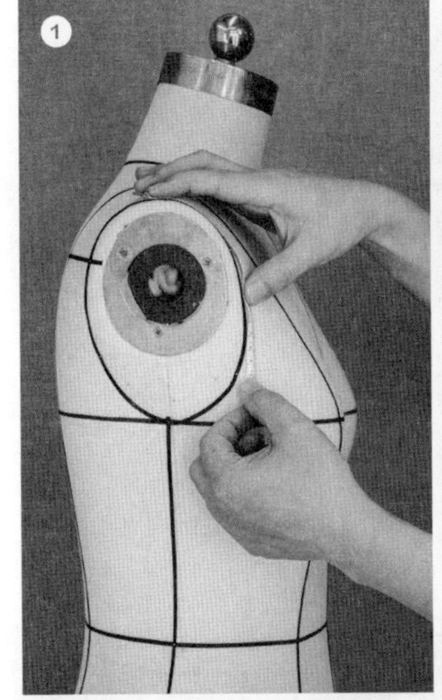

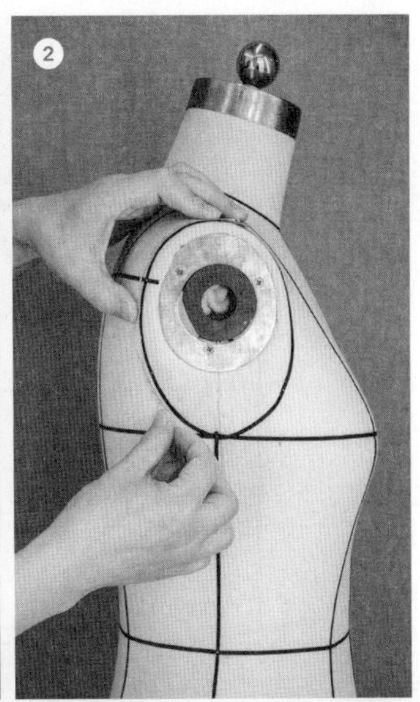

衣片袖窿尺寸

③ 根据所学知识，完成前后衣片裁制（衣片已加入适当放松量）。

④ 在衣片上贴出袖窿标识带。

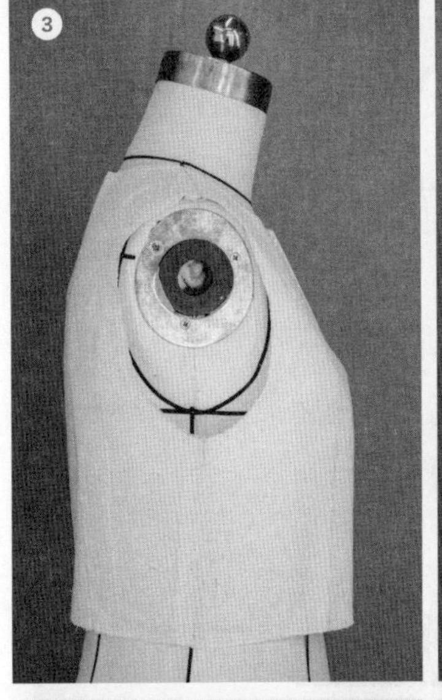

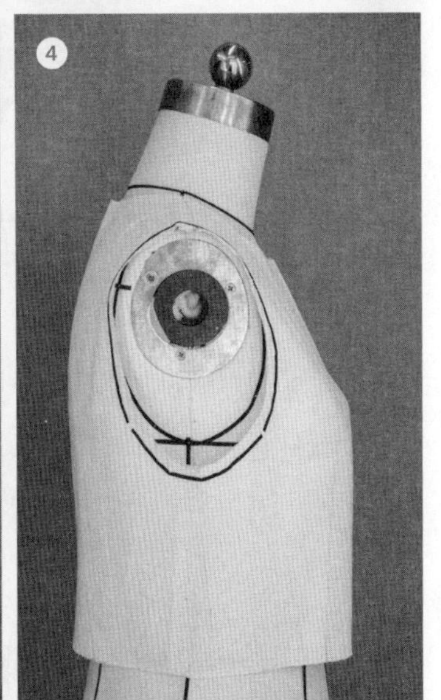

⑤、⑥ 分别测量衣片袖窿弧长为：前袖窿23cm，后袖窿24cm（该尺寸将作为本书袖山造型的基础尺寸）。

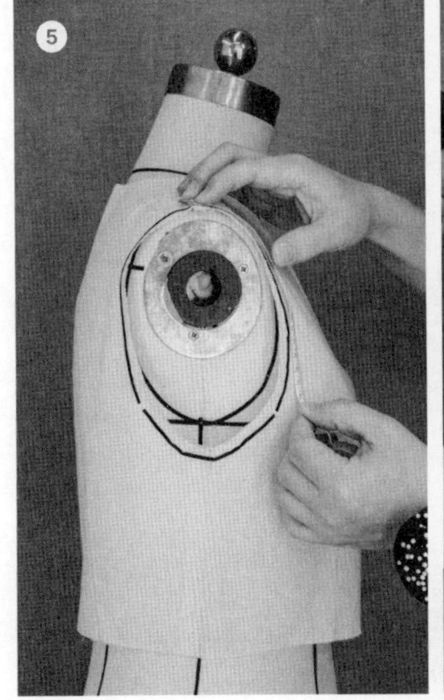

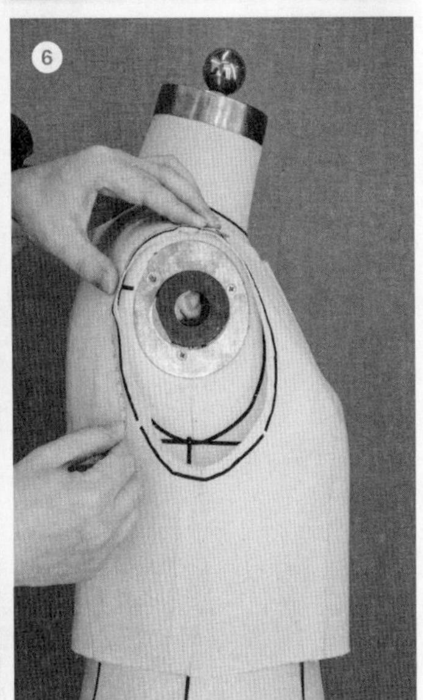

图4-12

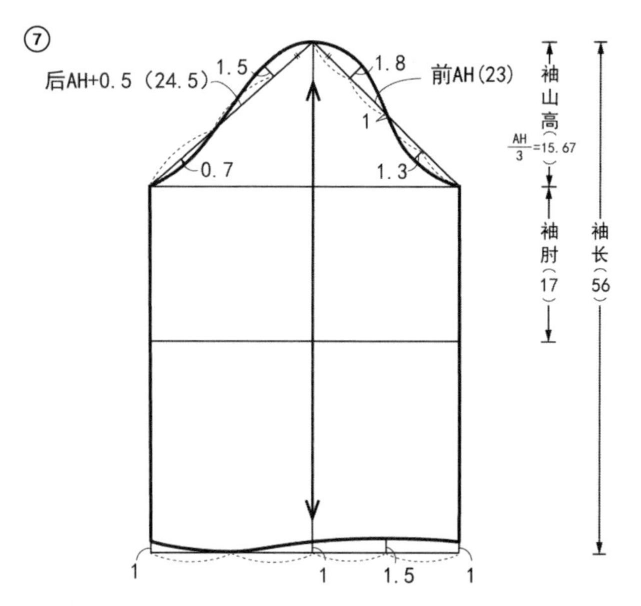

基础袖

⑦ 根据测量出的衣片前后袖窿弧长，算出袖山高AH/3=[前AH+(后AH+0.5)]/3=[23+24.5/3]≈15.67cm。

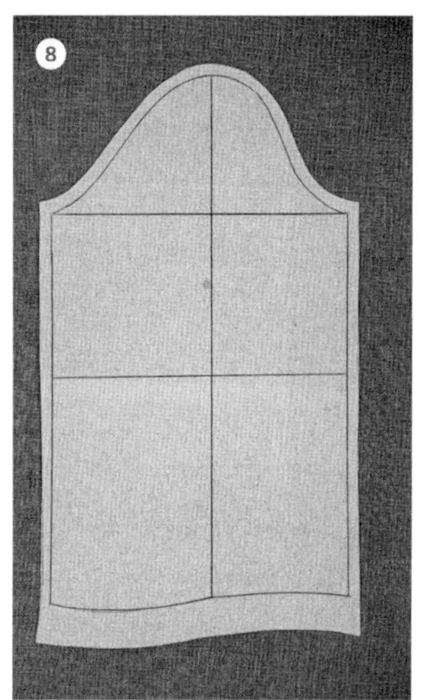

⑧ 根据袖山高及前后袖山长画出袖山弧线，完成基础袖的平面结构图。

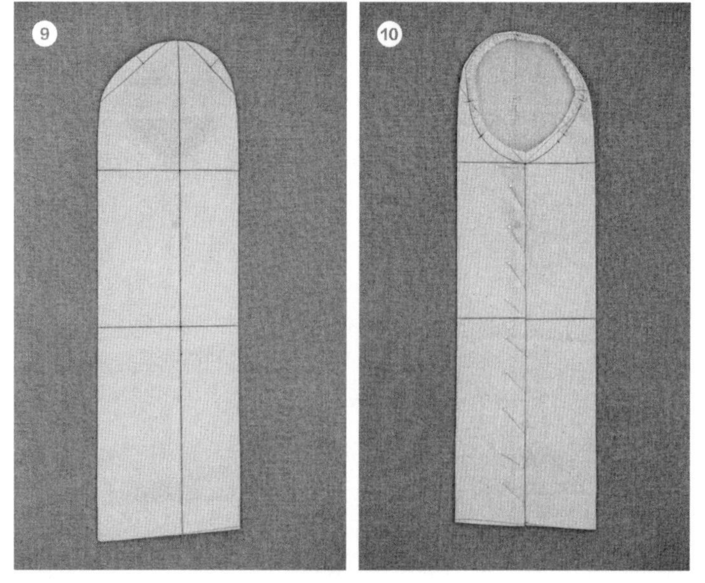

图4-12

⑨、⑩ 沿袖山弧线均匀抽褶，使袖山弧长与袖窿弧长相吻合。拼合袖缝线，完成基础袖制作。

人台效果

⑪、⑫、⑬ 不同角度的基础袖效果图。

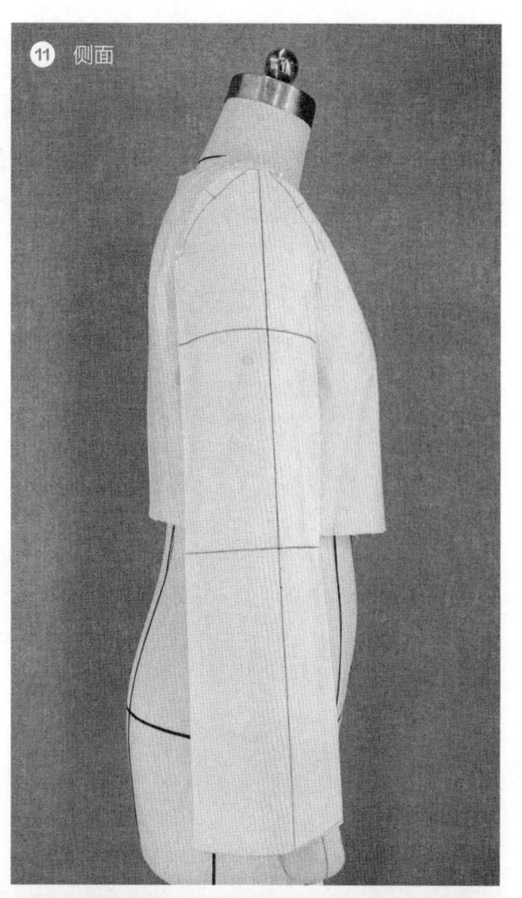

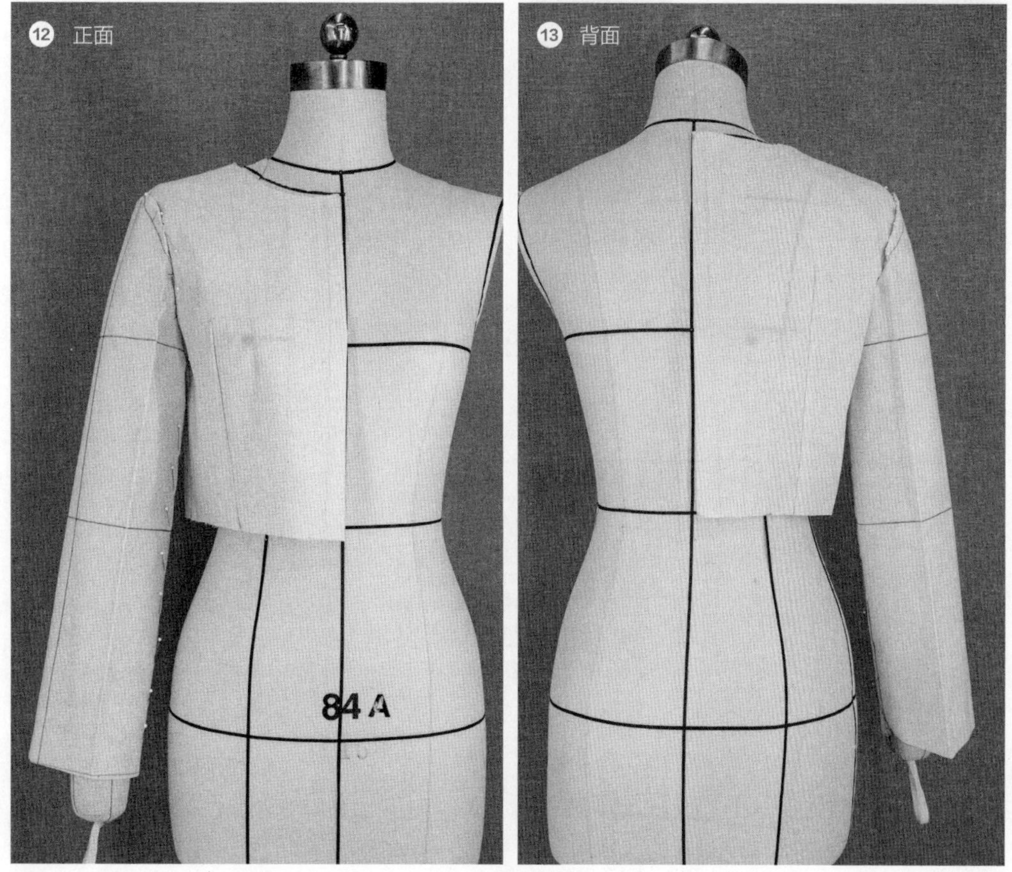

图4-12　基础袖制作

4.12.2 肘省袖

根据手臂结构特征，在袖肘处收取省量，获得肘省袖。肘省袖能使袖子符合手臂自然弯曲的状态，使袖型更加适体自然（图4-13、图4-14）。

知识点:
袖缝线归拔

白坯布尺寸

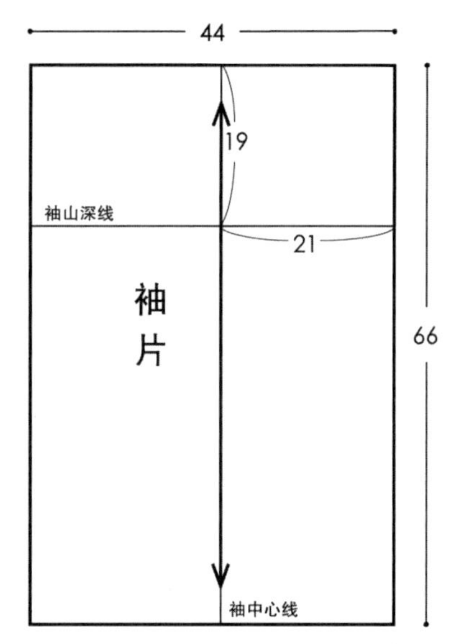

图4-13 白坯布基础尺寸

①

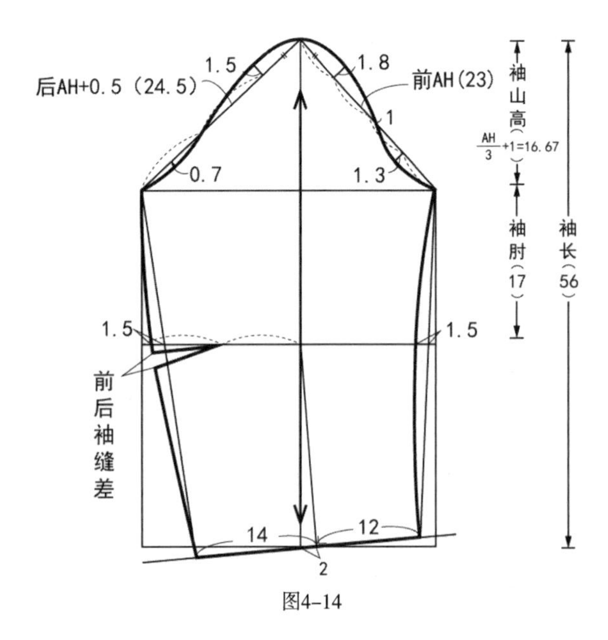

图4-14

肘省袖

① 为使袖型外观更加美观，在基础型袖山高的基础上增加了1cm。

② 参照基础袖制作方法，做出肘省袖平面结构图。

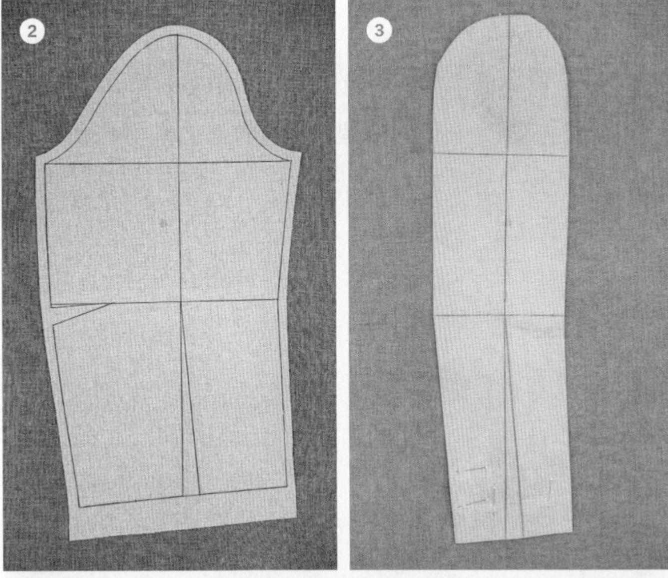

③、④ 对袖山弧均匀抽褶，并保证袖山弧长与袖窿弧长相吻合。拼合肘省及袖缝线，完成肘省袖制作。

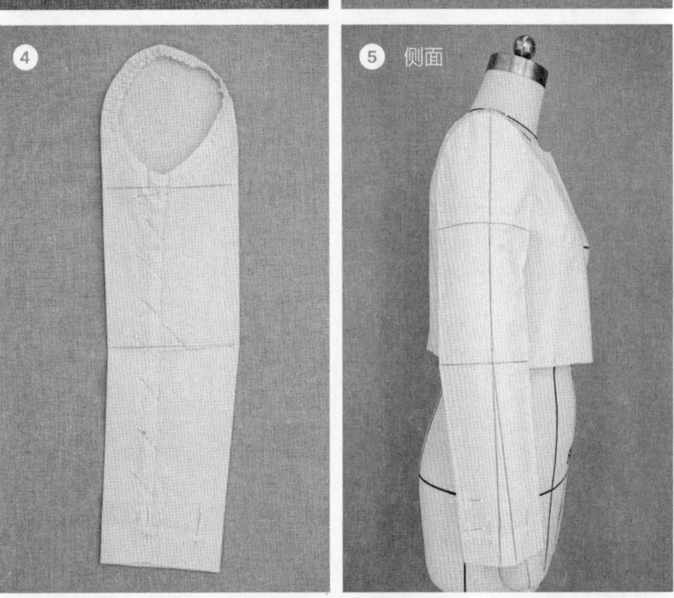

人台效果

⑤、⑥、⑦ 不同角度的肘省袖效果图。

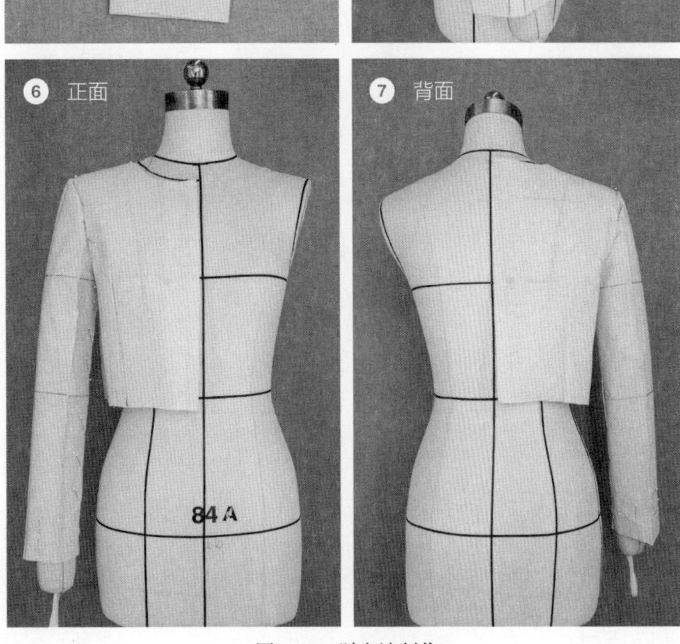

图4-14　肘省袖制作

4.12.3 开衩袖

开衩袖是以肘省袖为基础，通过省道转移，将省道线与袖衩融为一体的袖型，具有较强的实用性与装饰性（图4-15、图4-16）。

知识点：
肘省位移

白坯布尺寸

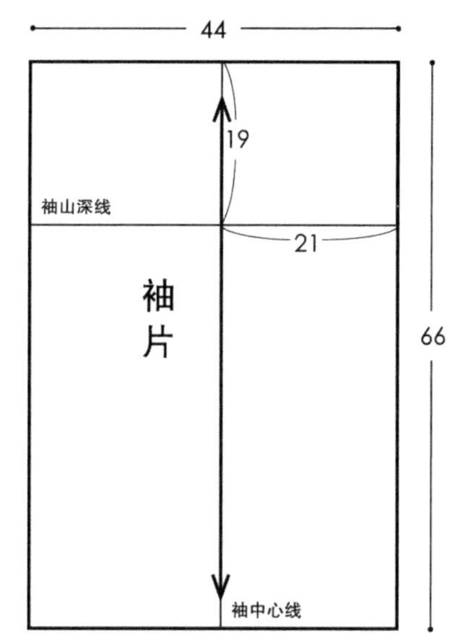

图4-15 白坯布基础尺寸

①

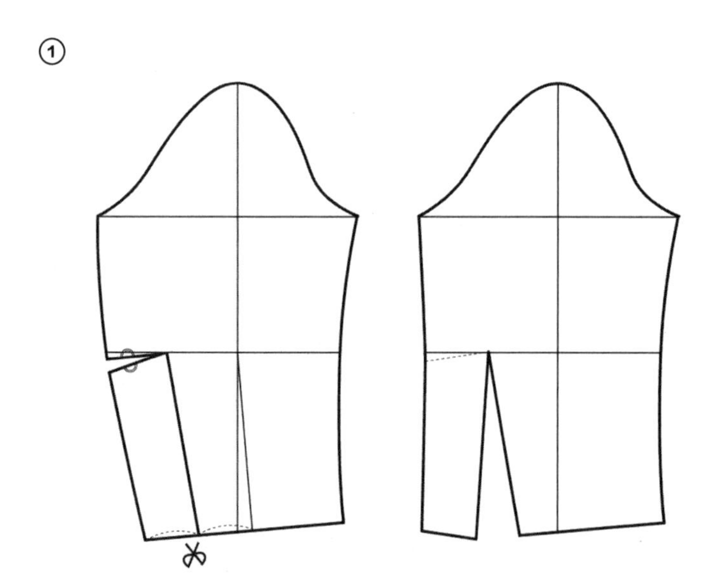

图4-16

开衩袖

①、② 开衩袖是肘省袖的延续，其基础袖型与肘省袖完全一致。将肘省量转移至袖口处，做出开衩袖省的平面结构图。

③ 沿袖山弧线均匀抽褶，并保证袖山弧长与袖窿弧长相吻合。

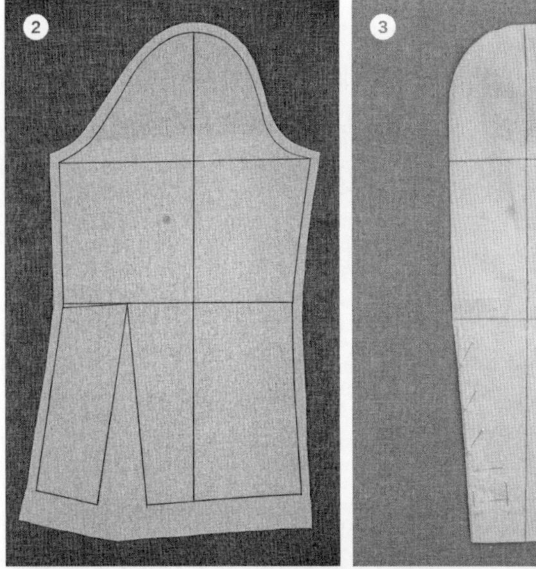

④ 拼合肘省及袖缝线，完成开衩袖的制作。

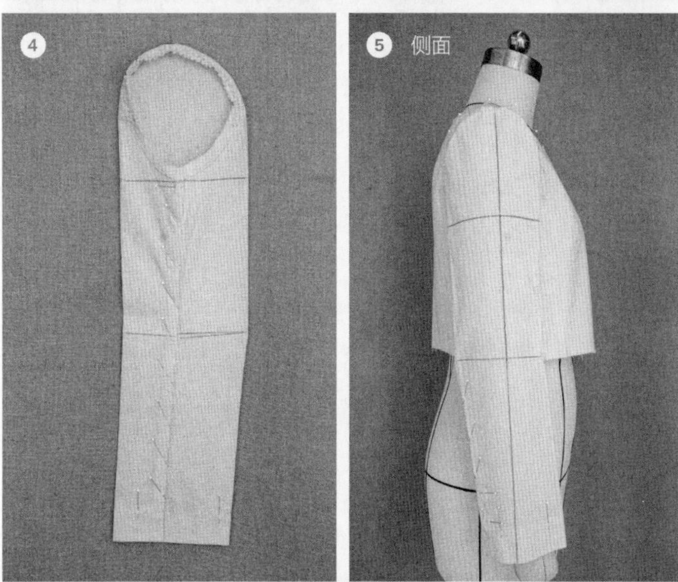

人台效果

⑤、⑥、⑦ 不同角度的开衩袖效果图。

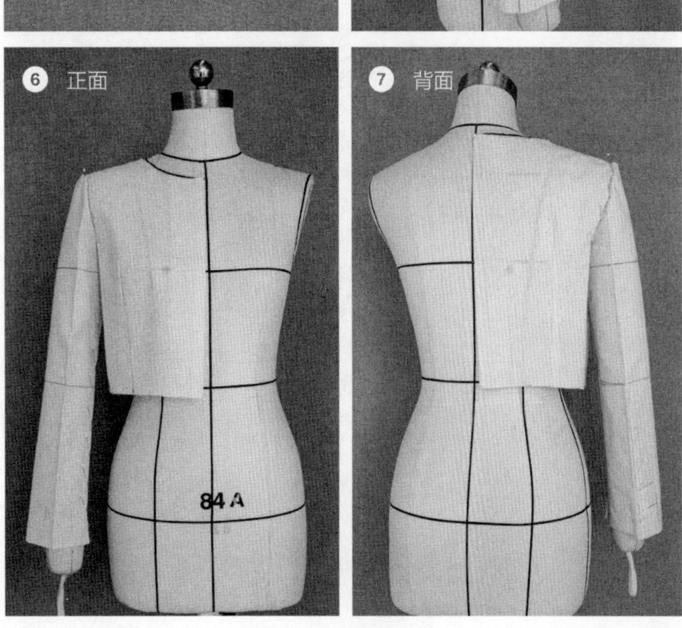

图4-16 开衩袖制作

4.12.4 两片袖

两片袖是在一片袖的基础上，依据人体手臂的结构特征及运动机能，将其分解为两片，使其在结构造型上更加合理、美观（图4-17、图4-18）。

知识点：
大小袖的配比

白坯布尺寸

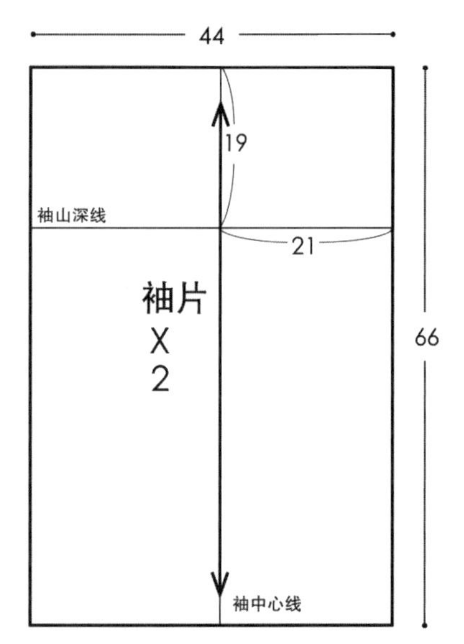

图4-17 白坯布基础尺寸

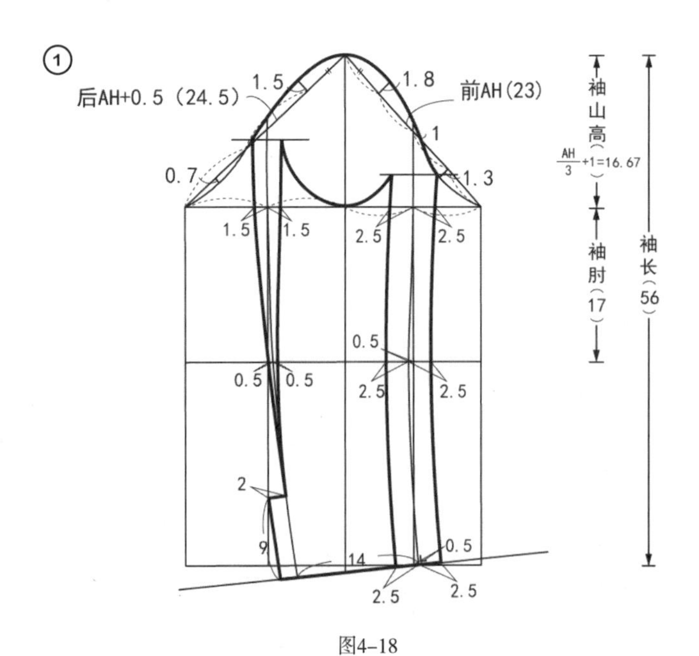

图4-18

两袖片

①、② 为使袖型外观更加美观、适体，在基础型袖山高的基础上增加了1cm，并将其分解为两片。

③ 拼合大小袖片。

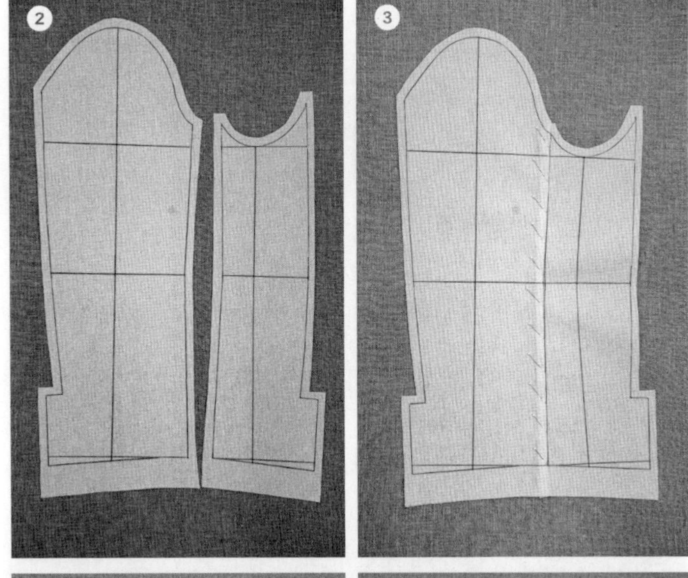

④、⑤ 沿袖山弧线均匀抽褶，并保证袖山弧长与袖窿弧长相吻合。

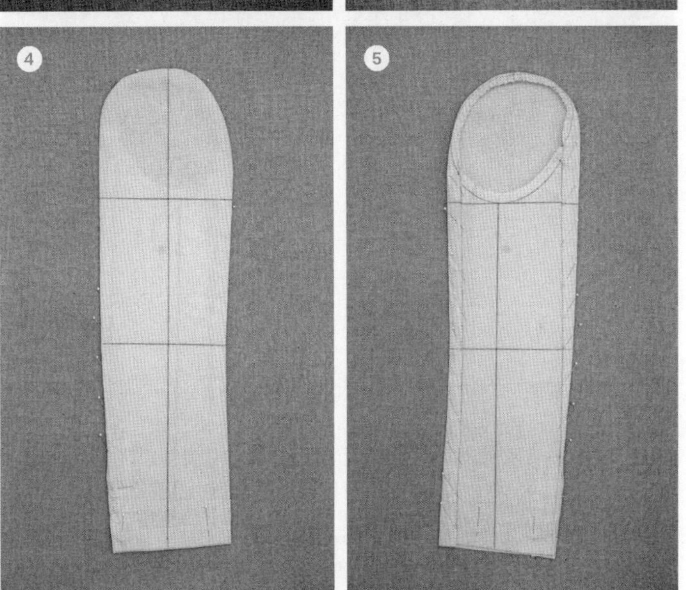

⑥ 将手臂抬起，固定袖子底部，然后将手臂放入袖子中。

⑦ 将袖山顶点与肩端点重合并固定。

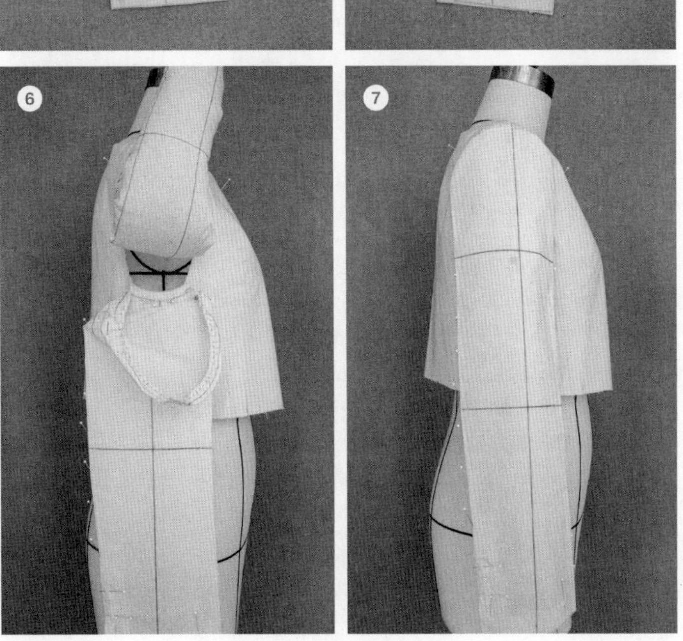

图4-18

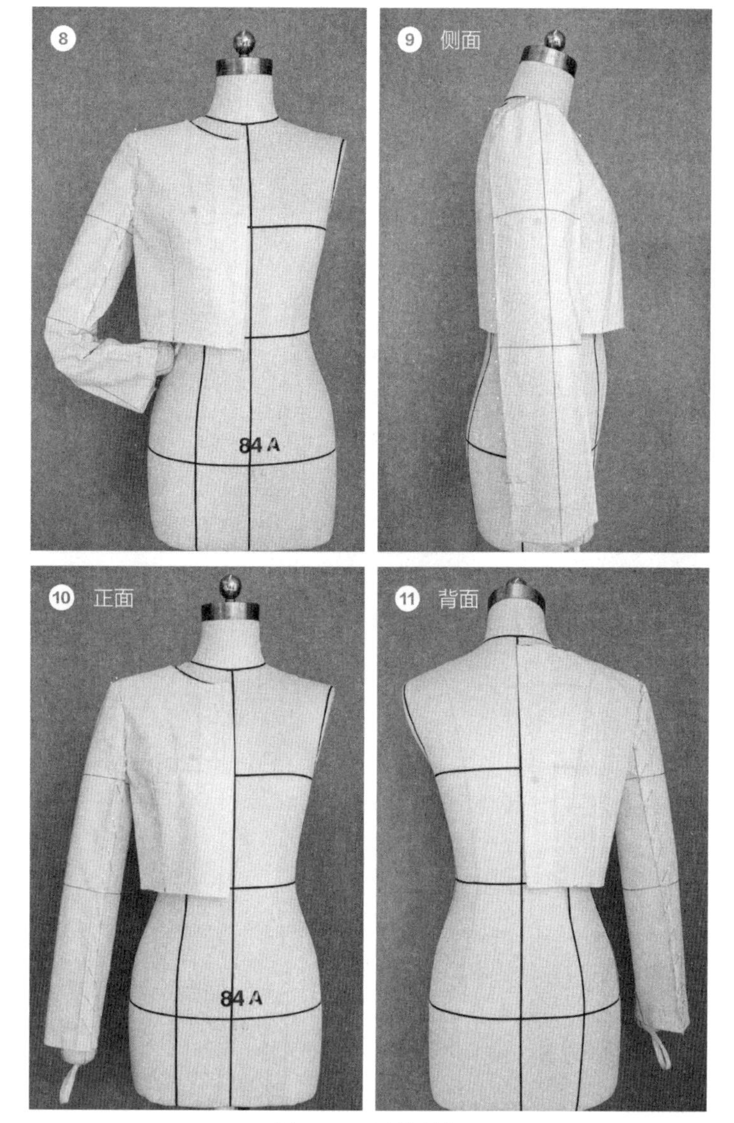

图4-18 两片袖制作

⑧ 弯折手臂，进一步确定袖山深及胸宽量，并用珠针固定前后部分，完成袖子的拼合。

人台效果

⑨、⑩、⑪ 不同角度的两片袖效果图。

第13讲 立体袖

4.13.1 肘省袖

通过采用立体造型手法，使服装袖型更具设计感。根据手臂结构特征，在袖肘处运用剪切、拉伸等立体裁剪方法，收取省量，获得肘省袖（图4-19、图4-20）。

知识点:
肘省量确定

白坯布尺寸

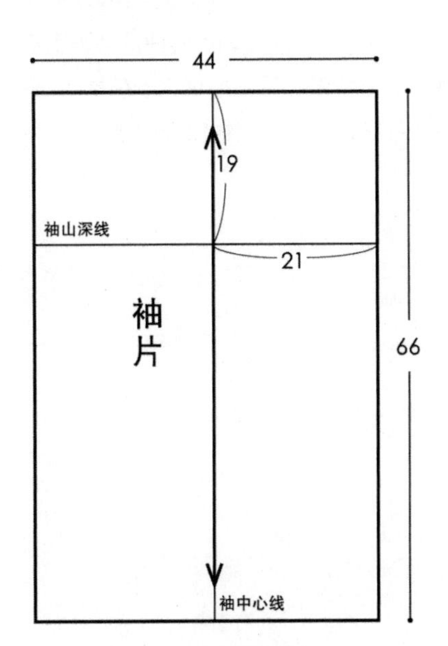

图4-19 白坯布基础尺寸

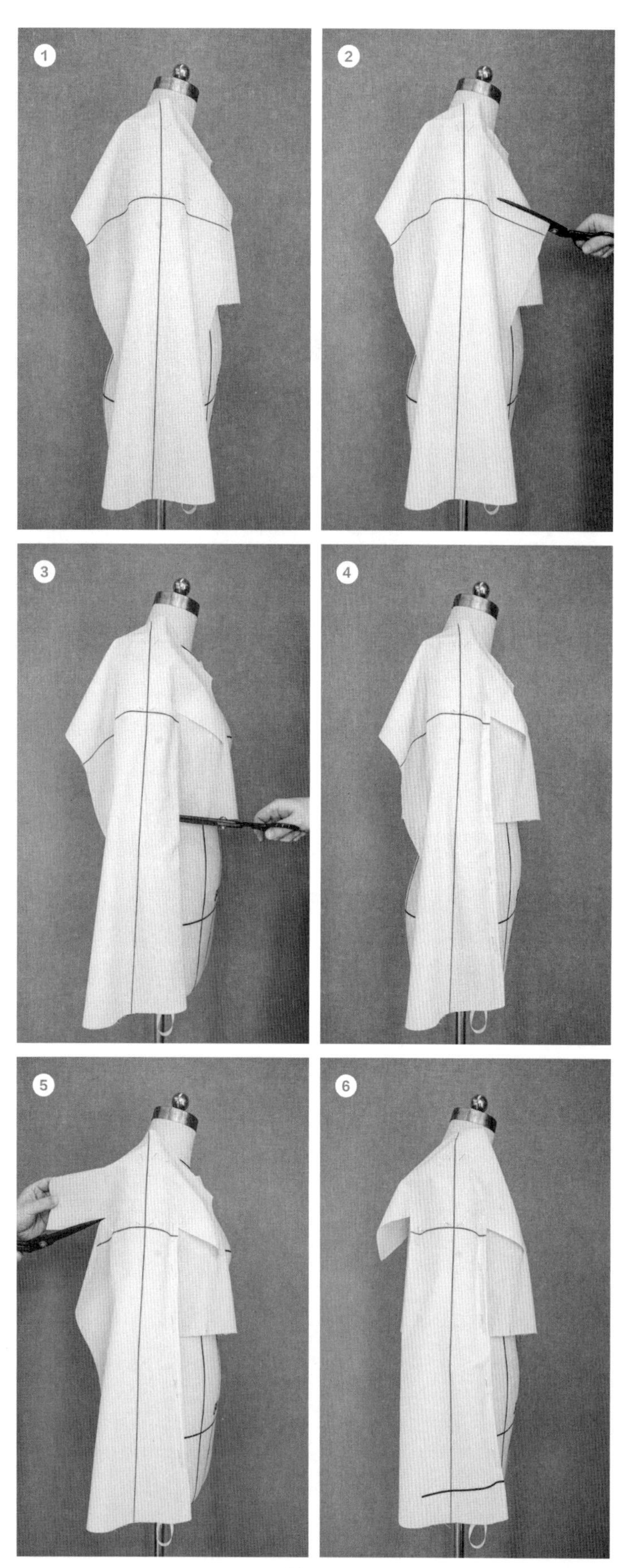

图4-20

肘省袖

① 将袖片上所画的袖山深线、袖中心线与手臂上相对应的标识带重叠，并固定。

②、③ 在袖山深线上方打剪口，将袖片向内翻折，并在袖肘处打剪口。

④ 别出前袖的松量。

⑤、⑥ 打剪口，向内翻折后袖片。别出袖山深线上方松量（后袖松量大于前袖），确定袖长并在坯布上贴出袖口标识带。

⑦ 根据袖口宽度确定袖口量（此时袖肘处会出现松量，形成袖肘省，需用珠针别出袖肘省）。

⑧ 对袖山弧进行粗裁。

⑨ 取下固定松量的珠针。

⑩ 用珠针均匀固定出袖山弧缩缝量。

⑪ 画出标记点。

⑫ 依据袖窿弧形状画出袖山弧标记点。

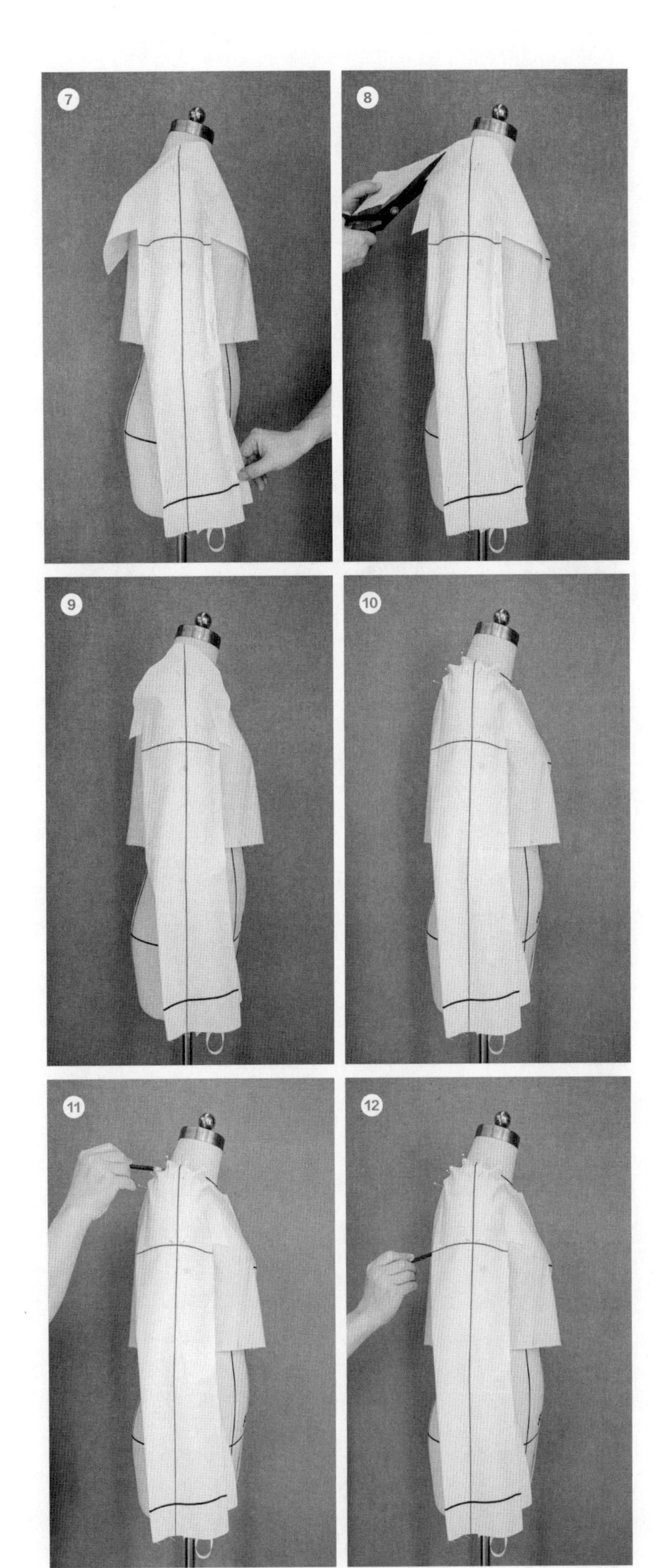

图4-20

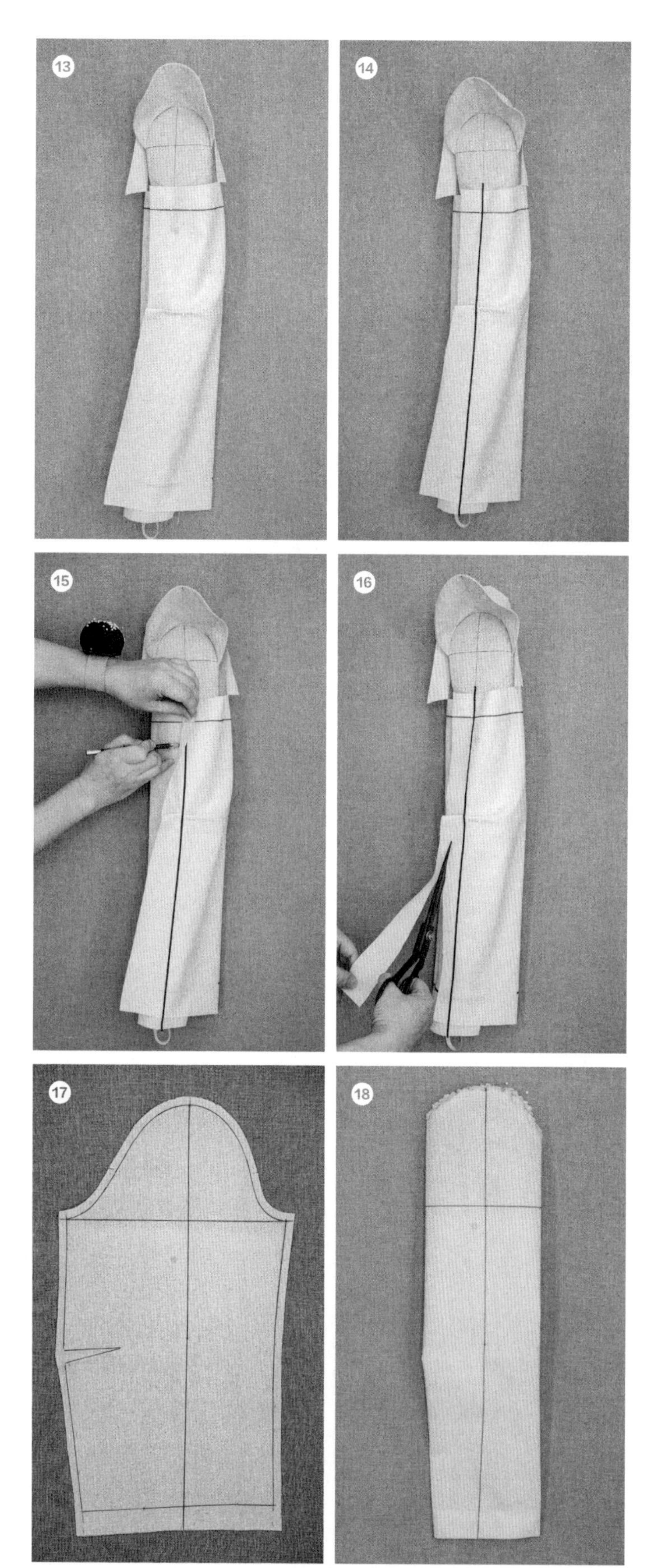

图4-20

⑬ 将手臂从人台上取下，做出袖肘省。

⑭ 依据手臂内侧自然弯曲的弧线贴出袖缝线。

⑮、⑯ 画出前袖缝线，并粗裁。

袖片结构图

⑰ 将袖子从手臂上取下，拆下珠针，按标记点修正并画出袖子的结构线。

⑱ 对袖山弧均匀抽褶，并保证袖山弧长与袖窿弧长相吻合。

⑲ 对合袖肘省以及袖缝线。

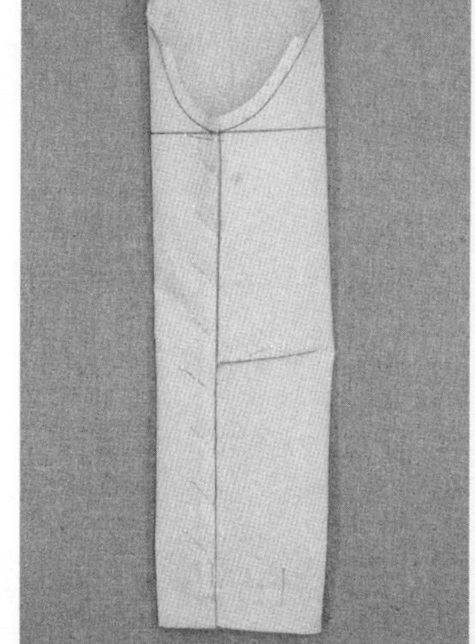

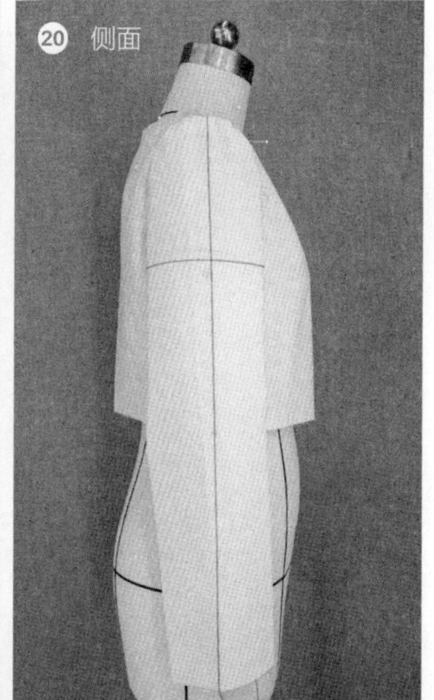

立裁效果

⑳、㉑、㉒ 不同角度的立体肘省袖效果图。

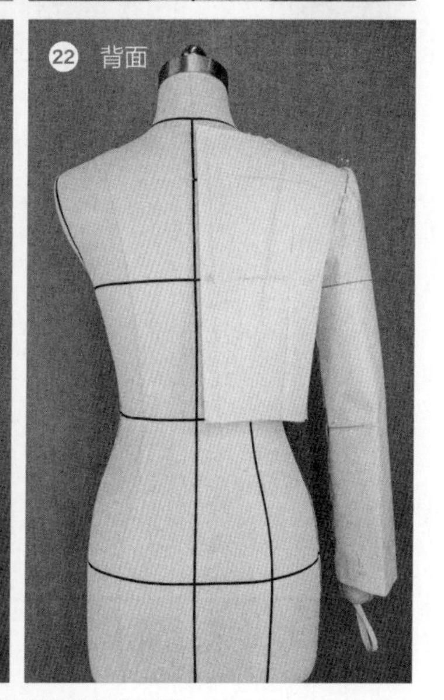

图4–20 立体肘省袖的立裁制作

4.13.2 荡褶袖

荡褶袖是在袖山处使用提拉法获得的一种袖子造型。可边制作边调整，以达到最佳效果（图4-21、图4-22）。

知识点:
提拉成褶

白坯布尺寸

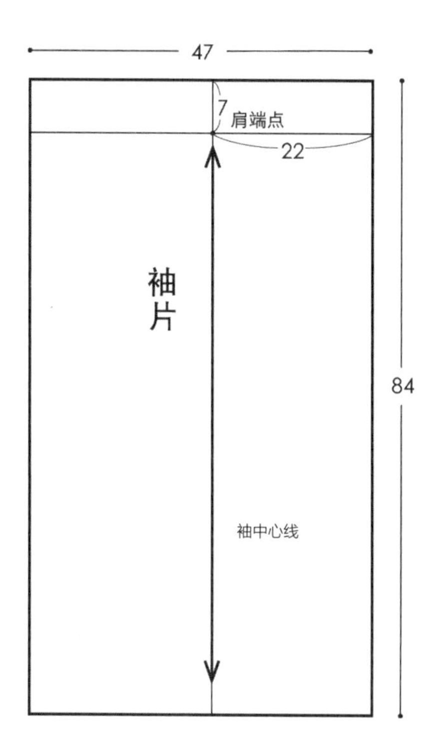

图4-21 白坯布基础尺寸

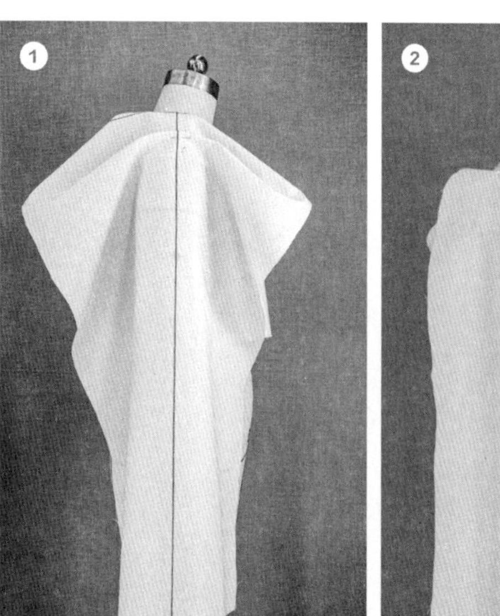
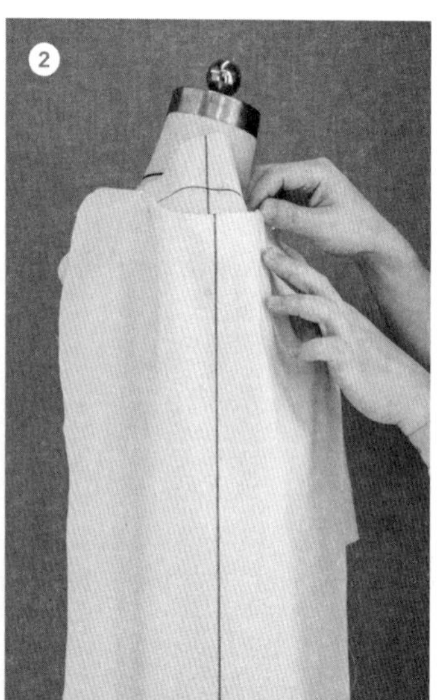

图4-22

荡褶袖

① 将袖片上所画的标记点与人台肩端点重合并固定。距肩端点4cm处做出第一个褶，褶量8cm。

② 做出第一个褶的造型，并用珠针固定。

③ 距第一个褶3cm处做出第二个褶。

④ 褶量8cm，保持袖中心线的平直。

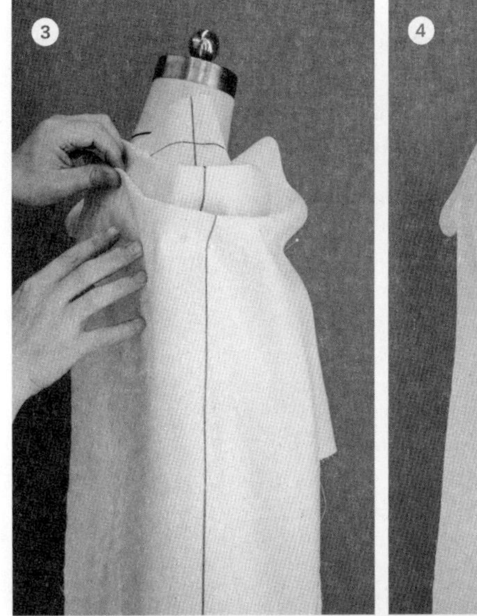

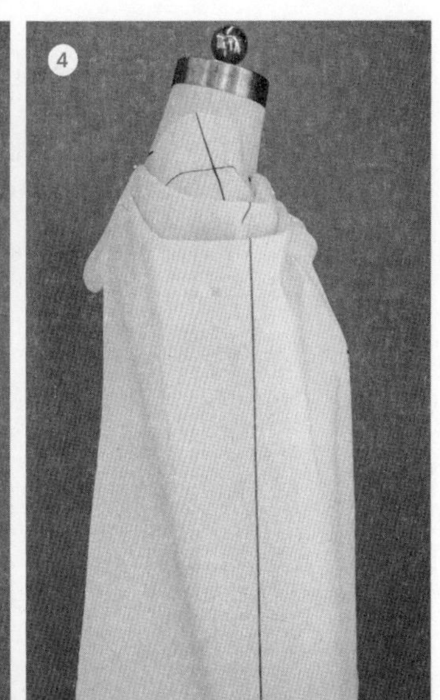

⑤ 贴出袖山弧线标识带，打剪口，并将袖片向内翻折。

⑥ 对前袖片打剪口，使袖子平顺，并留出前后袖松量。

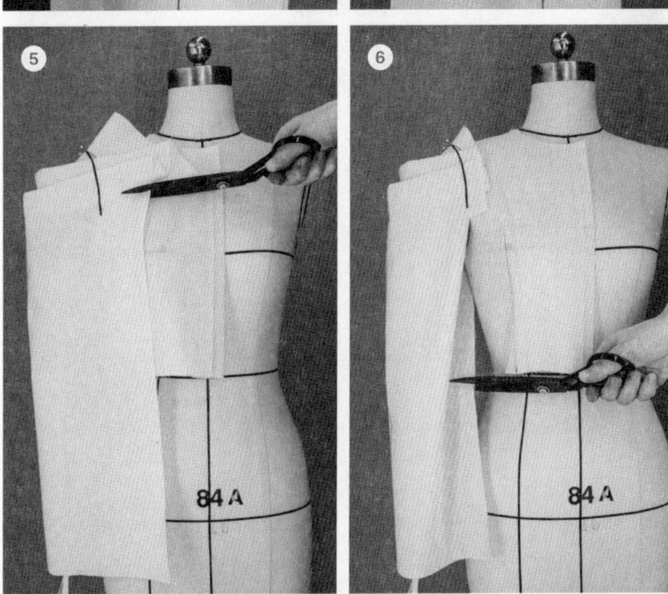

⑦ 根据袖口宽度确定袖口量，并用珠针别出袖内侧的袖肘省。

⑧ 画出袖山上部弧线的标记点。

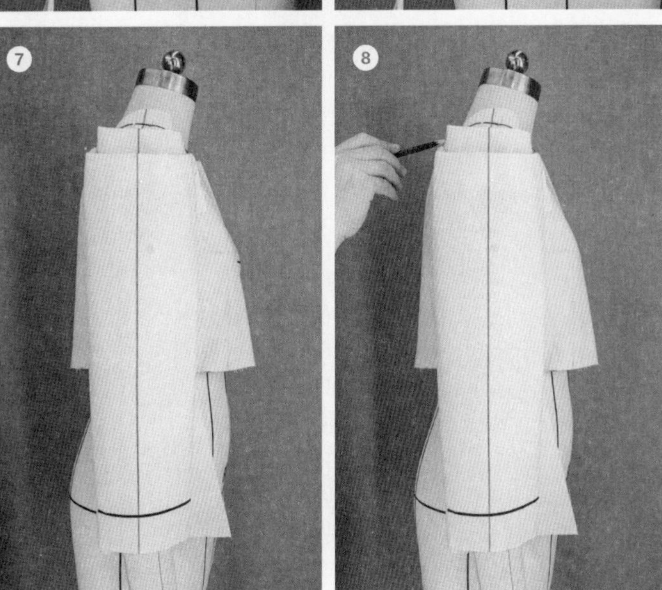

图4–22

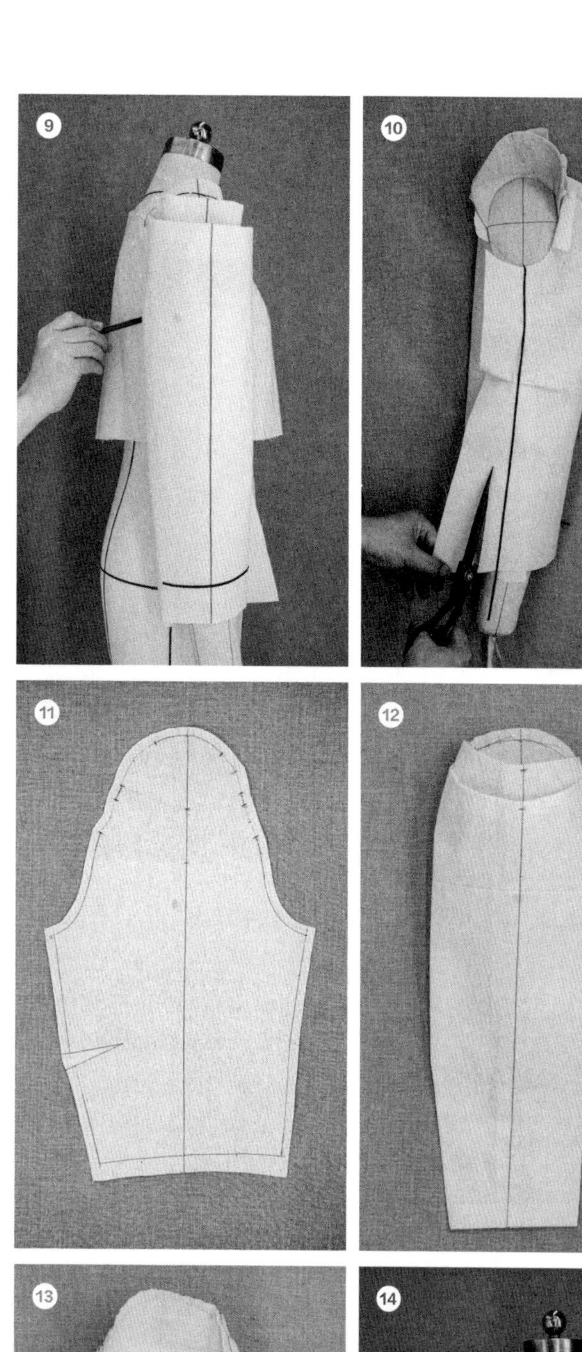

⑨ 画出袖山底部弧线的标记点。

⑩ 将手臂从人台上取下，做出袖肘省，依据手臂曲线贴出袖缝线，并裁去袖底多余的布料。

袖片结构图

⑪ 将袖片从手臂上取下，拆下珠针，按标记点修正并画出袖片结构线。

⑫、⑬ 调整袖山造型，并保证袖山弧长与袖窿弧长相吻合。对合袖肘省以及袖缝线。

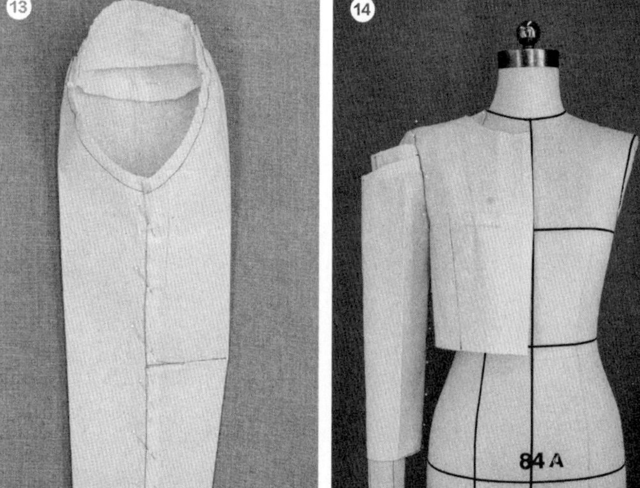

立裁效果

⑭ 荡褶袖效果图。

图4–22　荡褶袖的立裁制作

4.13.3 波浪袖

通过在袖山头打剪口、拉伸，使袖口呈现波浪状。这种定点法能很好地控制褶的位置及褶量大小，非常适合波浪袖的制作（图4-23、图4-24）。

知识点:
剪切、拉伸

白坯布尺寸

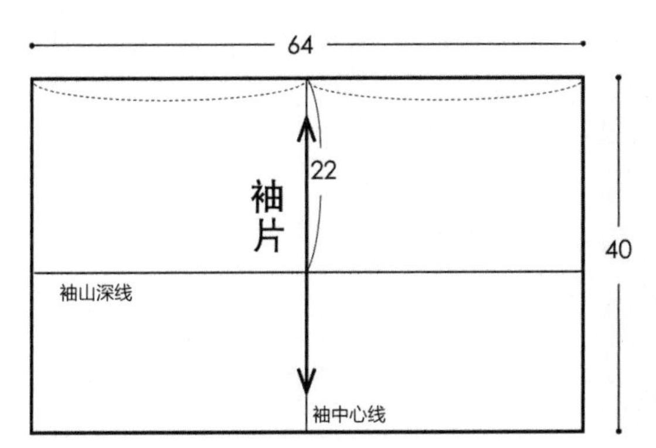

图4-23 白坯布基础尺寸

波浪袖制作

① 将袖片上所画的袖山深线、袖中心线与人台手臂上相对应的标识带重叠，并固定。

② 肩端点前侧1.5cm处钉第一颗珠钉，打剪口。

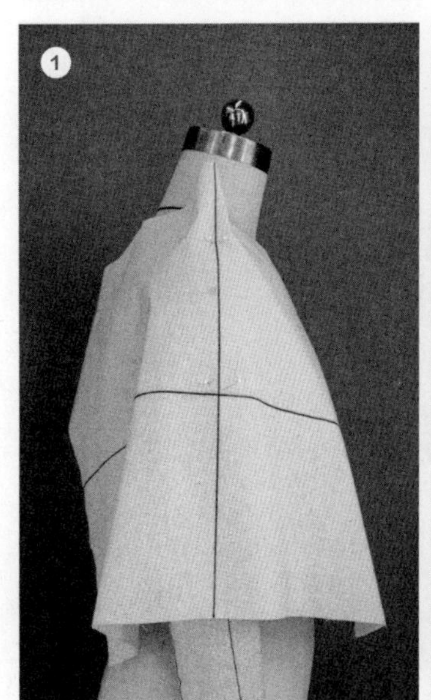

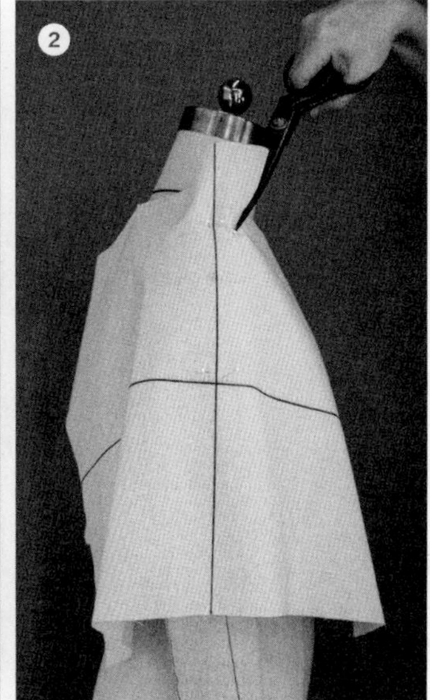

图4-24

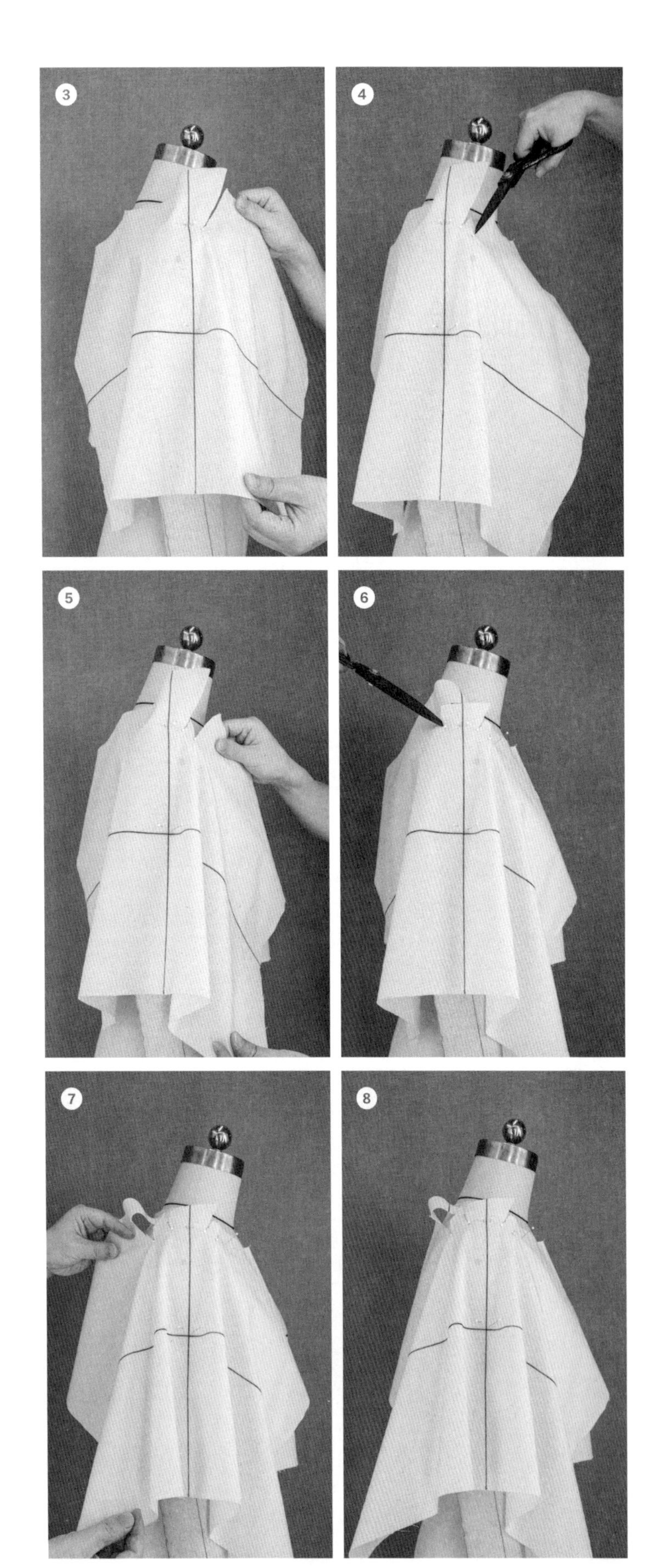

图4-24

③ 拉开剪口，使袖口出现波浪。

④ 继续向前1.5cm处钉第二颗珠钉。

⑤ 拉开剪口，做出波浪。

⑥ 同前袖，肩端点左侧1.5cm处钉珠钉，打剪口。

⑦ 拉开剪口，做出后袖波浪。

⑧ 调整完成前、后袖波浪制作。

⑨ 在前后袖山深线上方打剪口，并将袖片向内翻折。

⑩ 画出袖山弧标记点。

⑪ 贴出袖口标识带，并裁剪。

立裁效果

⑫、⑬ 不同角度的波浪袖效果图。

平面结构

⑭ 波浪袖结构图。

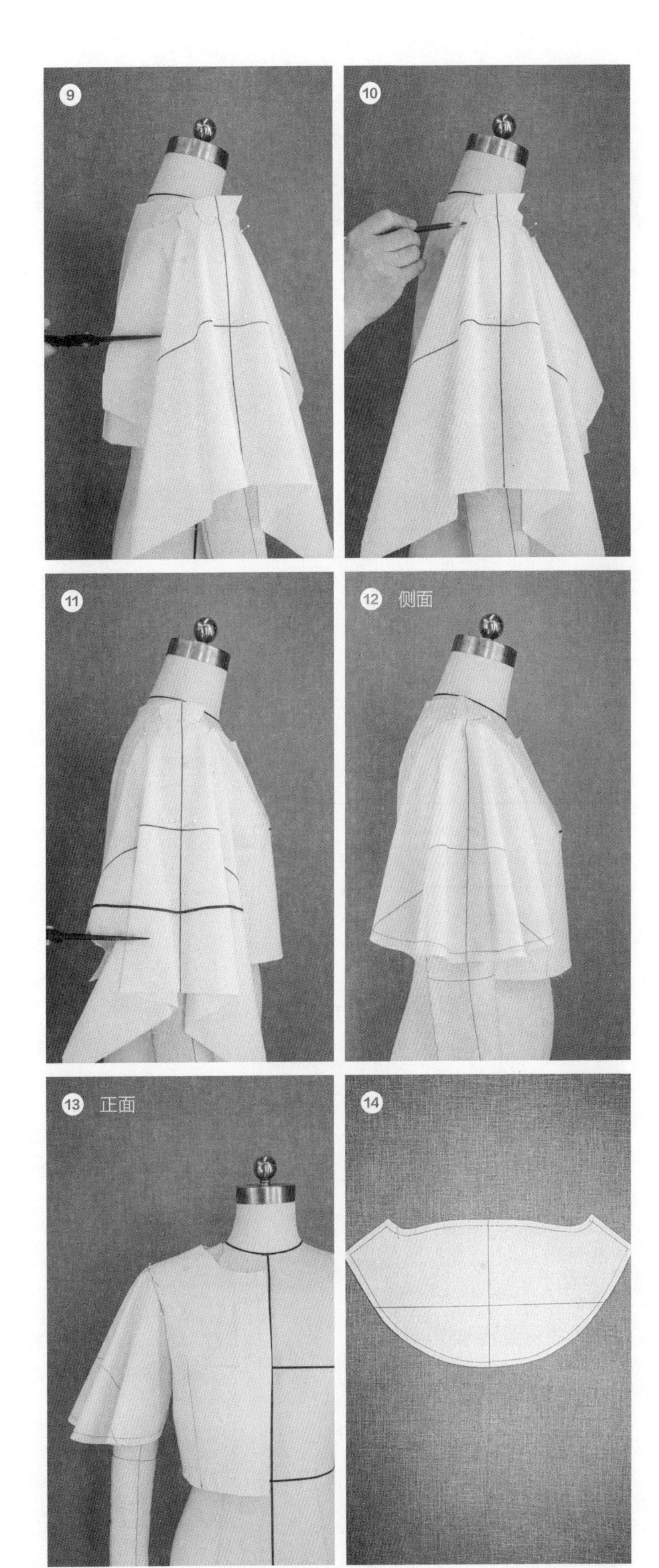

图4-24　波浪袖的立裁制作

4.13.4 泡泡袖

泡泡袖又名羊腿袖，是一种上大下小的袖型。在横、纵向加量的同时，还要通过袖山捏褶的方法，增加袖肥处的空间，使袖子具有蓬松感（图4-25、图4-26）。

知识点:
蓬松感的获得

白坯布尺寸

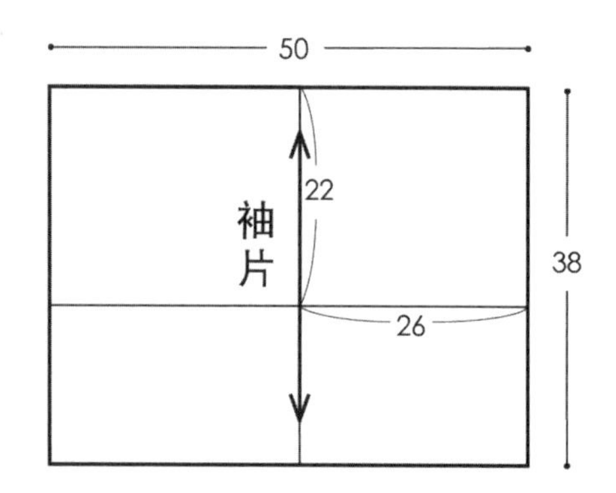

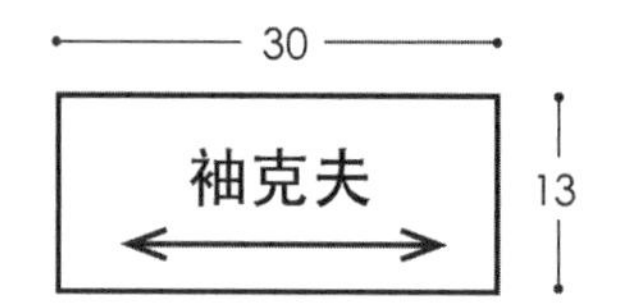

图4-25 白坯布基础尺寸

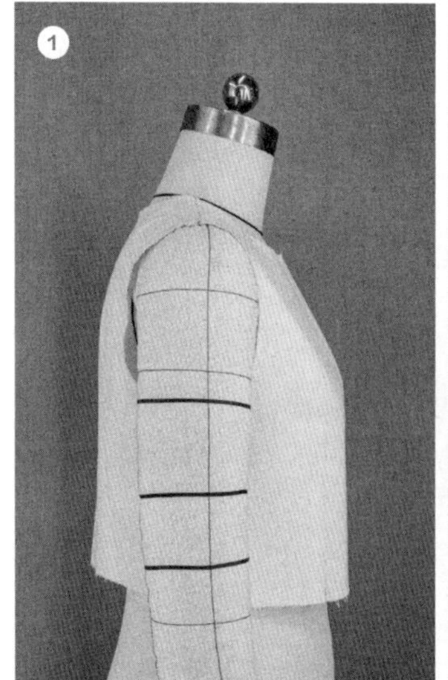

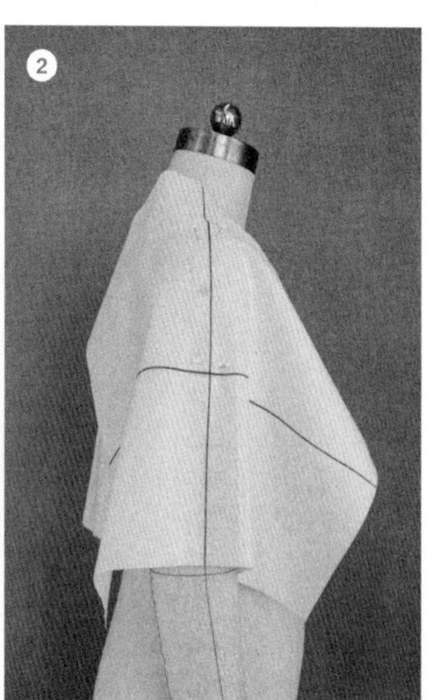

图4-26

贴标识带

① 根据效果图所示在人台手臂上贴出袖山深线、袖长以及袖克夫标识带。

泡泡袖

② 将袖片上所画的袖山深线、袖中心线与人台手臂上相对应的标识带重叠，并固定。

③ 将袖山深线向上提6cm，留出泡泡袖鼓起的量。距肩端点1.5cm处做出第一个褶，褶量2cm。

④ 在距第一个褶1cm处做出第二个褶，并保持袖山深线水平。

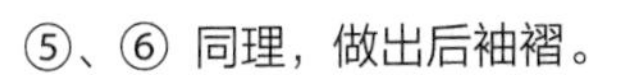

⑤、⑥ 同理，做出后袖褶。

⑦ 折出袖口造型。

⑧、⑨ 打剪口，将袖片向内翻折。

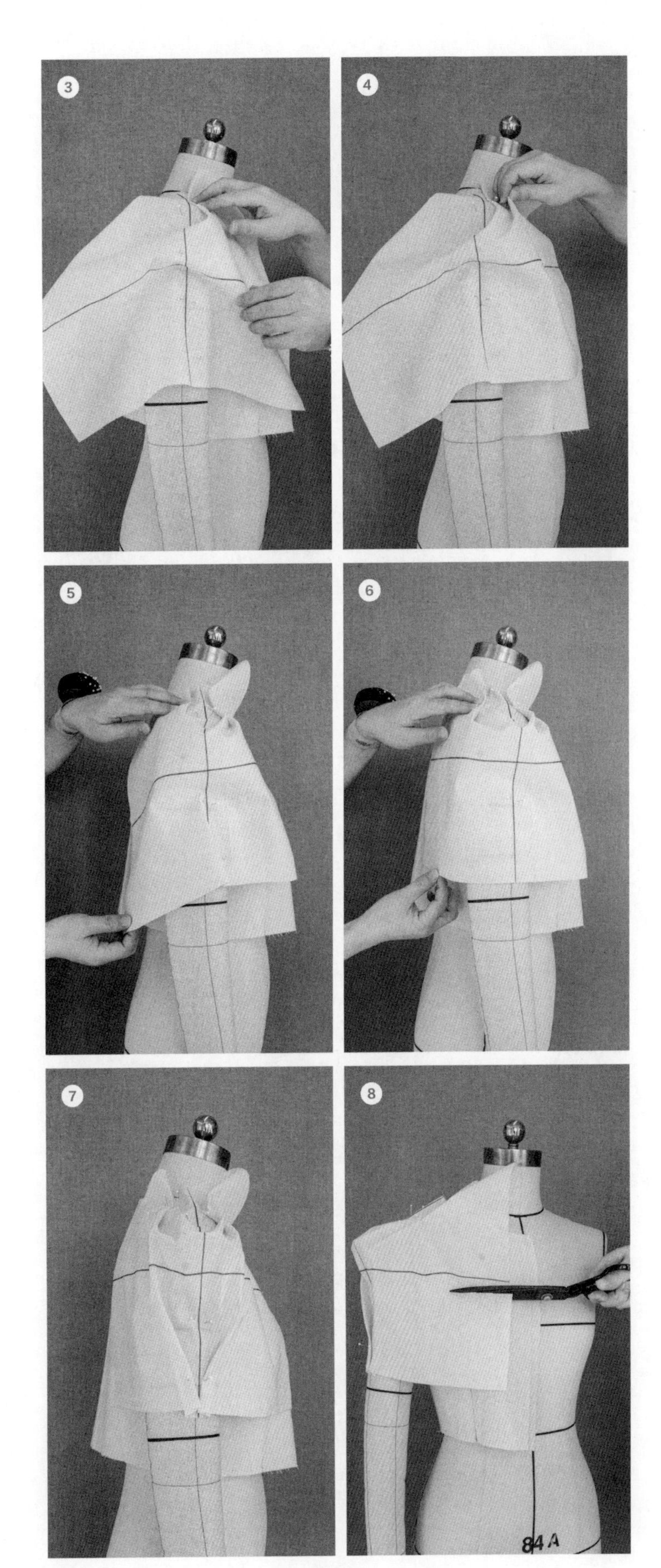

图4-26

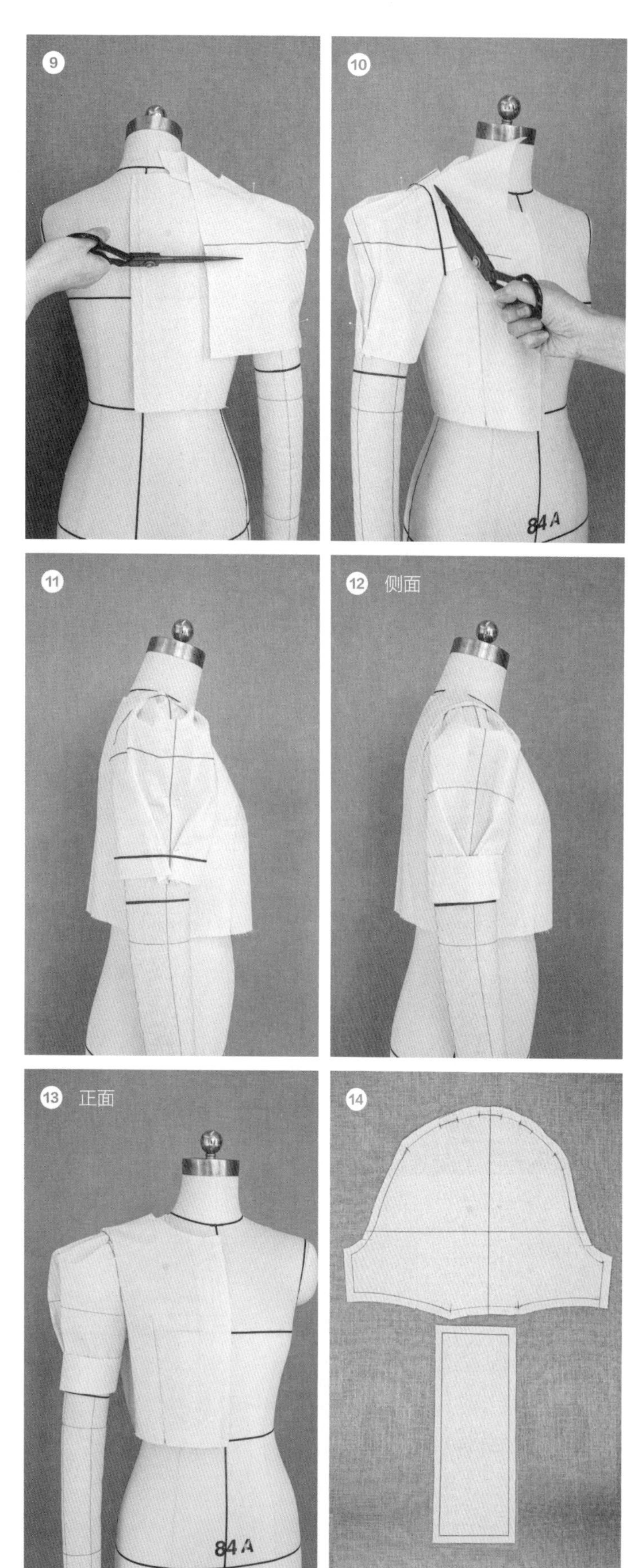

图4–26 泡泡袖的立裁制作

⑩ 画出袖山弧线标记点，并粗裁。

⑪ 贴出袖克夫位置标识带。

立裁效果

⑫、⑬ 不同角度的泡泡袖效果图。

平面结构

⑭ 泡泡袖结构图。

第五章 基础成衣案例

第14讲 衬衣

5.14.1 中式小立领衬衣

以胸、腰、臀、前后中心线为造型依据，通过收取胸腰省完成衣片的制作，是服装基础衣型的具体应用。小立领和弧线形下摆的设计，轻松适体，显露出中式风情（图5-1、图5-2）。

知识点:
侧缝加放量

白坯布尺寸

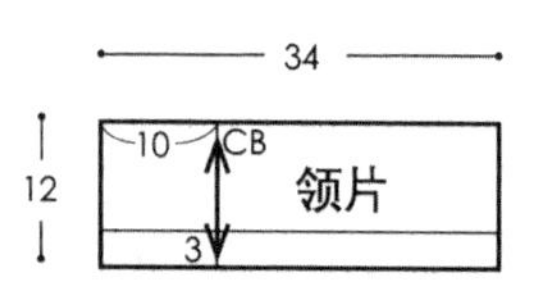

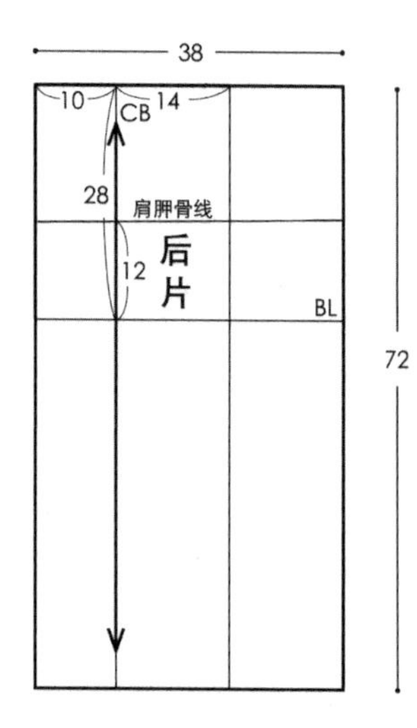

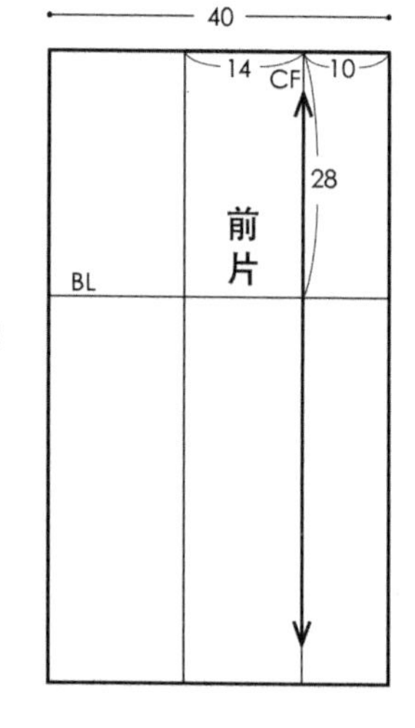

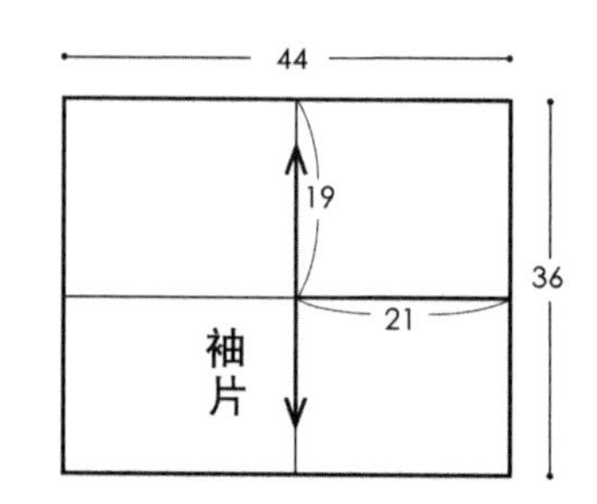

图5-1 白坯布基础尺寸

贴标识带

①、② 根据效果图所示，在人台上装上手臂，调整并贴出新的袖窿弧线、领围线、搭门量（2cm）、省位线以及衣长线（臀围线向下3cm）。

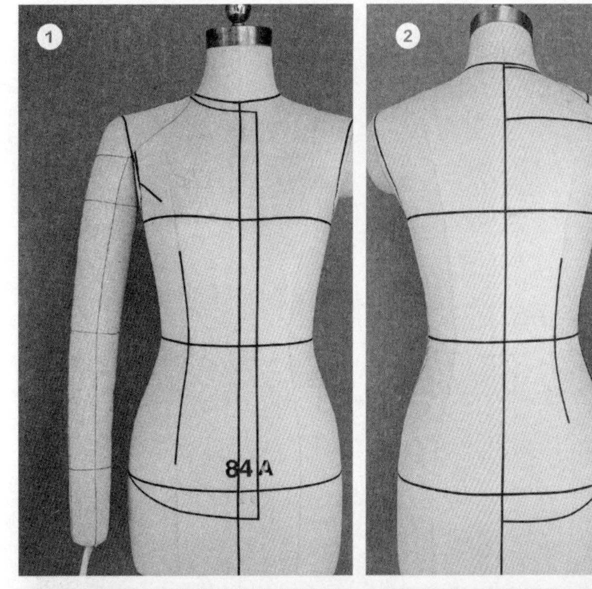

前片

③ 将前衣片上所画的胸围线、前中心线与人台上相对应的标识带重叠，并固定。

④ 沿领围线粗裁，打剪口。保证肩颈部面料丝绺顺直，并将面料倒向肩部。

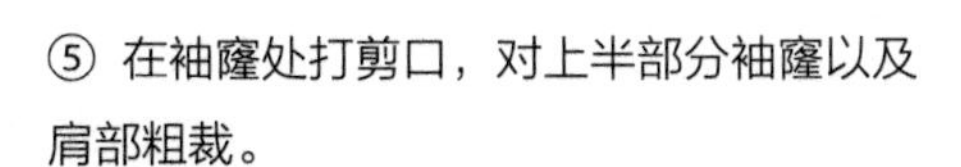

⑤ 在袖窿处打剪口，对上半部分袖窿以及肩部粗裁。

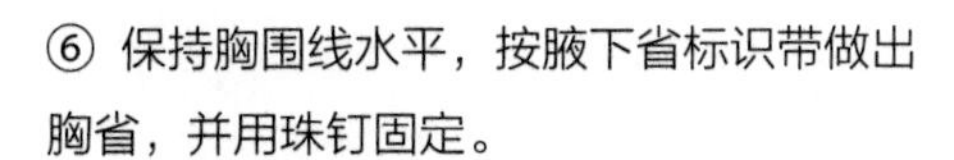

⑥ 保持胸围线水平，按腋下省标识带做出胸省，并用珠钉固定。

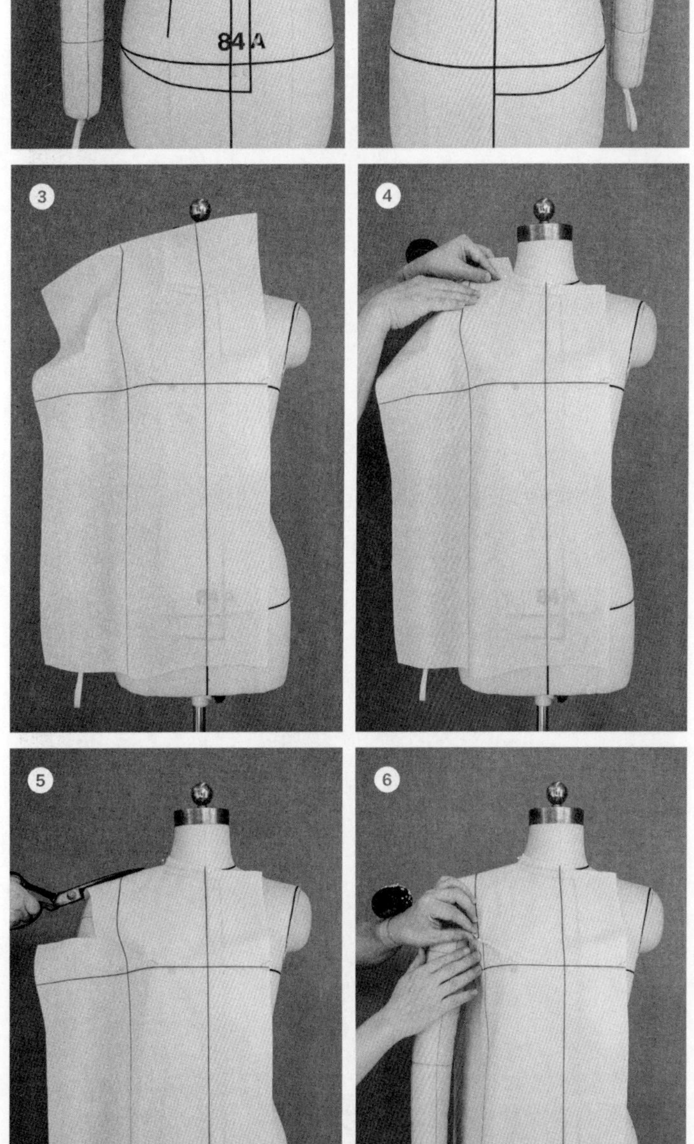

图5-2

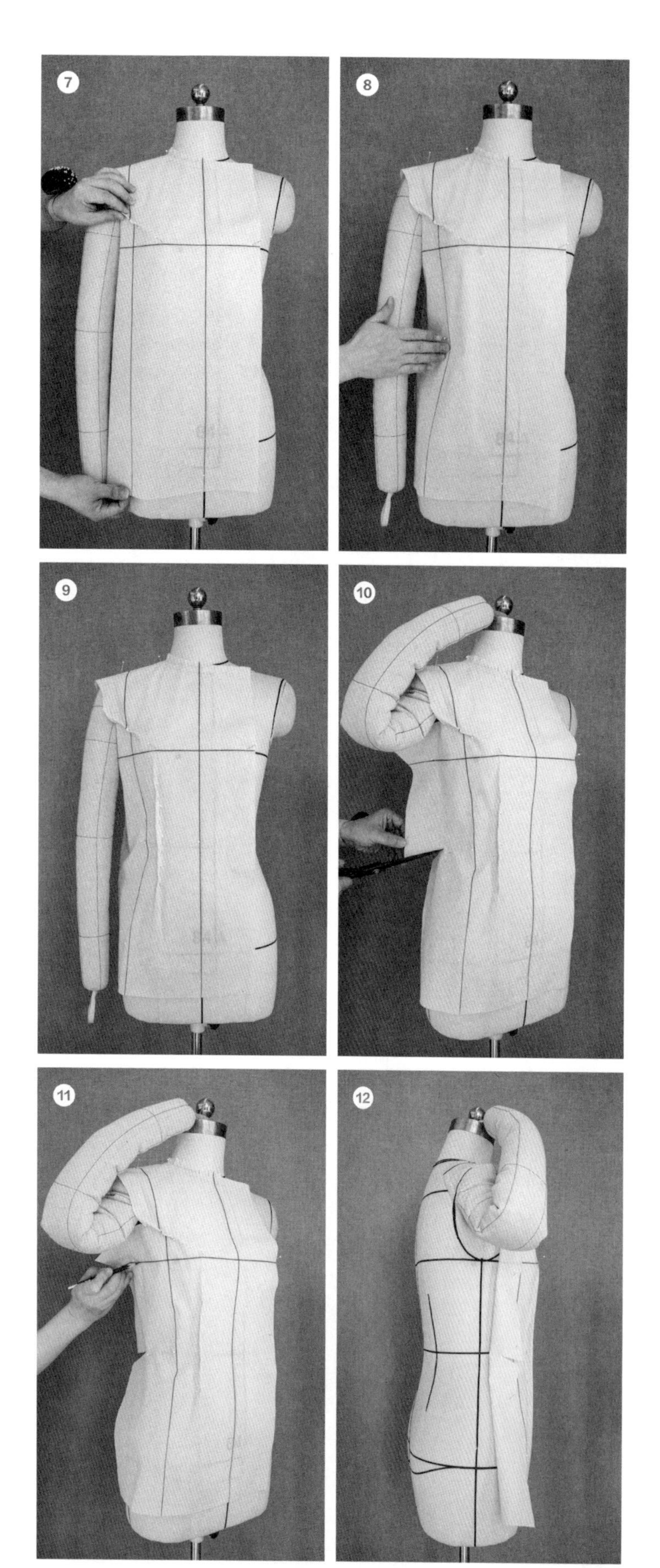

图5-2

⑦ 取出腋下胸围线处珠钉，加放适当松量，做出箱型轮廓并保持衣身丝绺线顺直。

⑧ 在腰部固定丝绺线。

⑨ 按标识带做出腰省，并保证该处松量。

⑩ 在腰部打剪口，并固定。

⑪ 画出标记点。

⑫ 翻折侧缝并固定。

后片

⑬ 将后衣片上所画的肩胛骨线、后中心线与人台上相对应的标识带重叠，固定肩胛骨线及后中心线。

⑭ 粗裁领口，将肩部面料提起，保证丝绺顺直，并将面料倒向肩部，在相应的位置做出肩省并固定。

⑮、⑯ 粗裁肩缝及袖窿。

⑰ 取出肩胛骨处珠钉，加放适当松量，做出箱型轮廓，并保持衣身丝绺顺直。

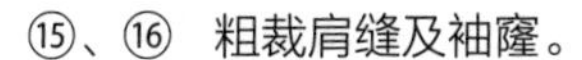

⑱ 在腰部固定丝绺线。

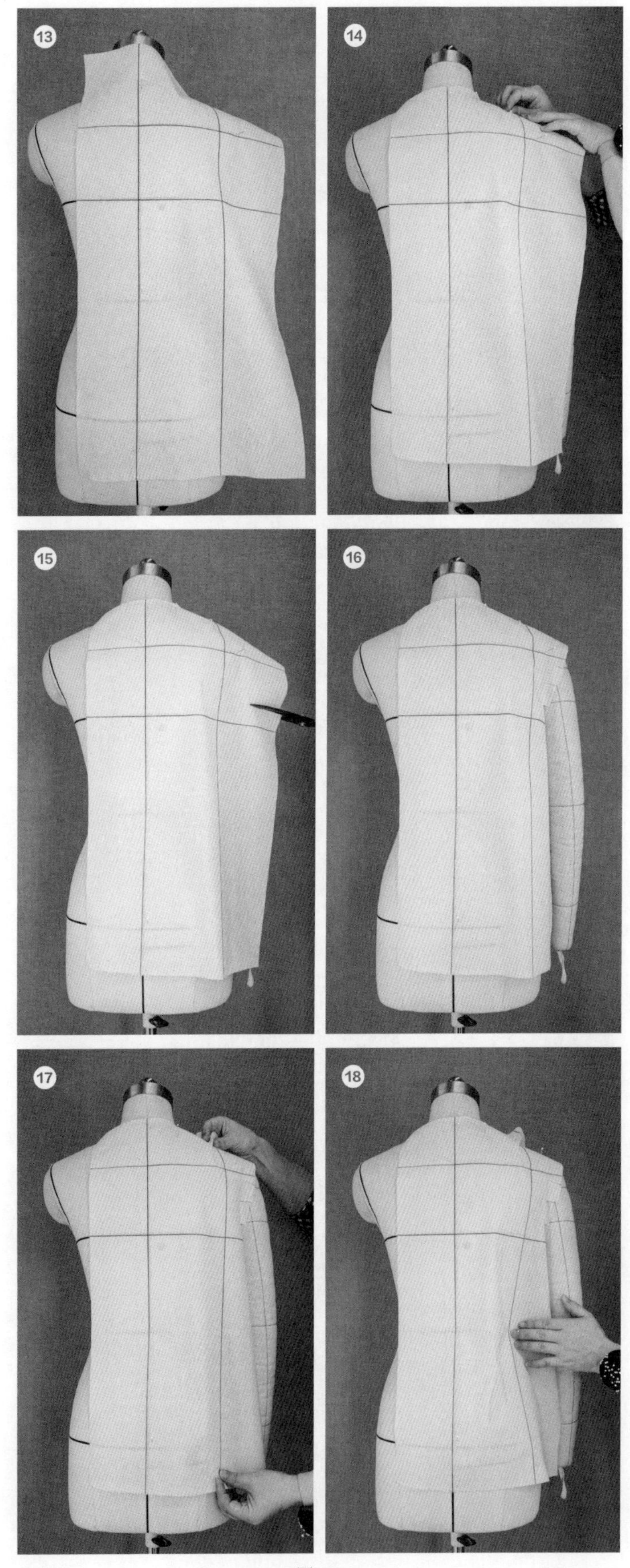

图5-2

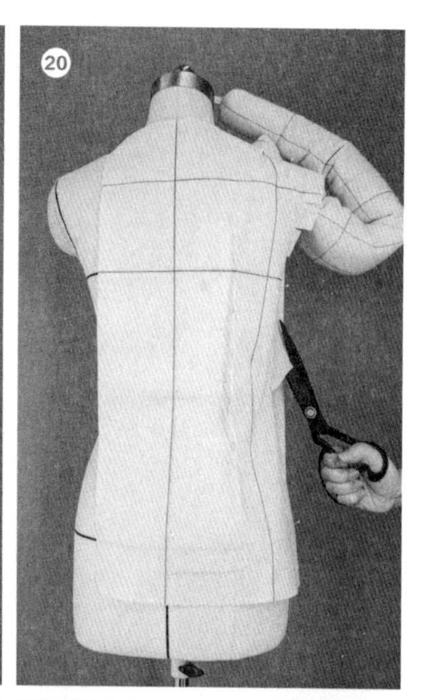

⑲ 按标识带做出腰省，并保证该处松量。

⑳、㉑ 粗裁侧缝，并画出标记点。

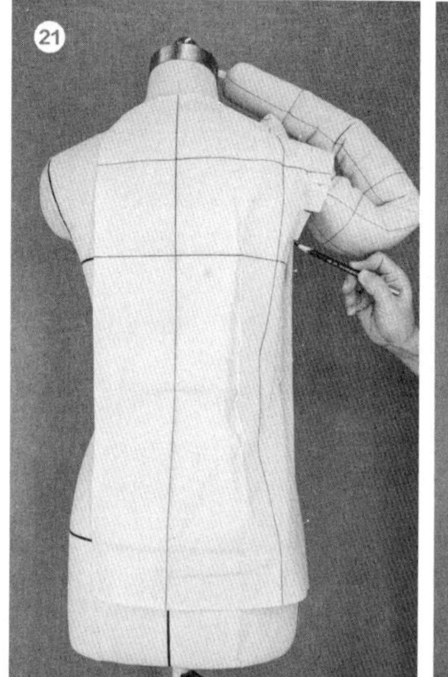

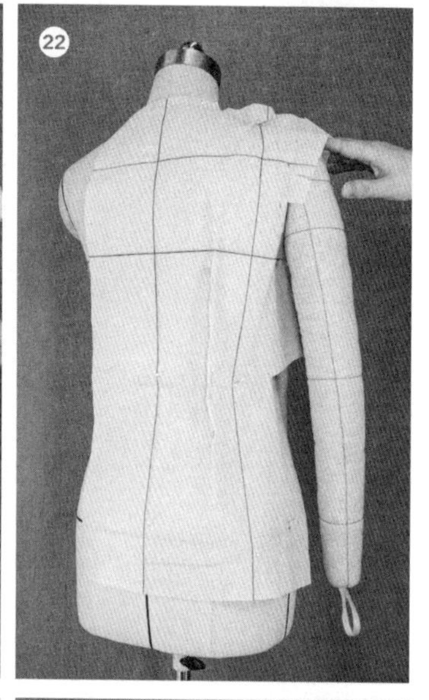

㉒ 前后两衣片合肩缝，在肩端点处留有一定松量。

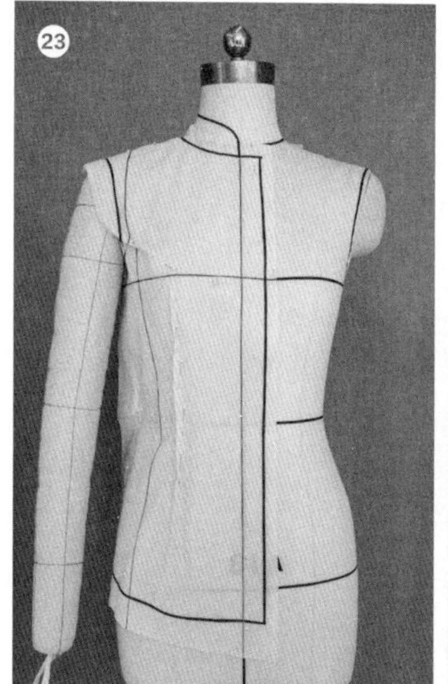

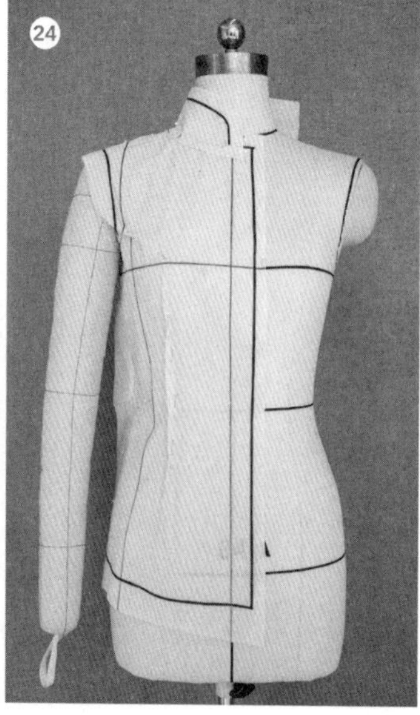

图5-2

㉓ 对衣领、袖窿及侧缝等部位进行粗裁，用标识带在坯布上贴出袖窿弧和衣领造型线。

领片

㉔ 参考第4章第4.11.1节立领做法。

袖片

㉕、㉖ 根据测量出的衣片前、后袖窿弧长，参考第4章第4.12.1节基础袖制作方法，在坯布上画出袖片结构图。

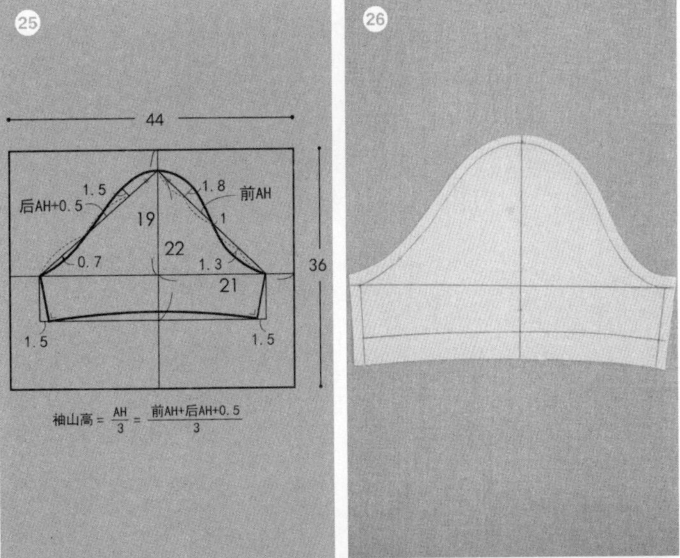

㉗ 将手臂抬起，固定袖子底部，然后将手臂放入袖子中。

㉘ 将袖山顶点与肩端点重合并固定，用隐藏针法完成袖子的拼合。

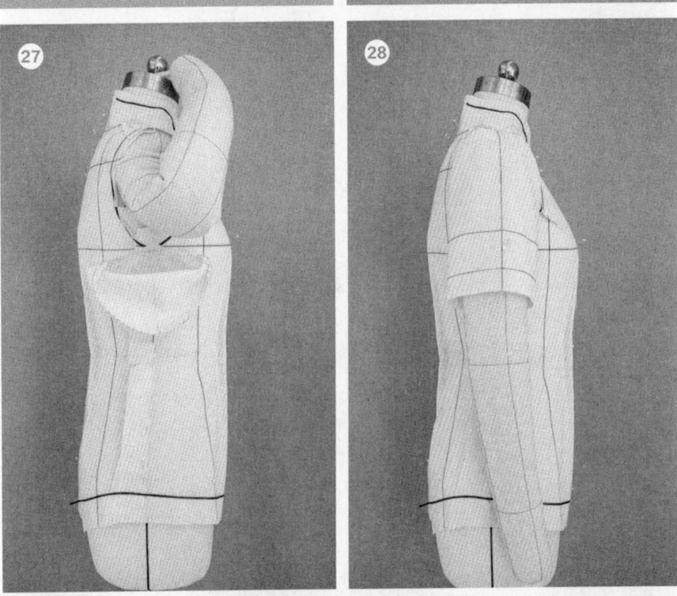

立裁效果

㉙、㉚、㉛ 不同角度的中式小立领衬衣效果图。

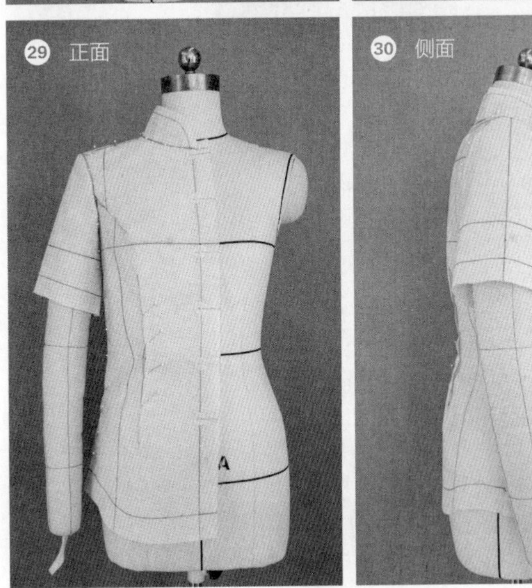

图5-2

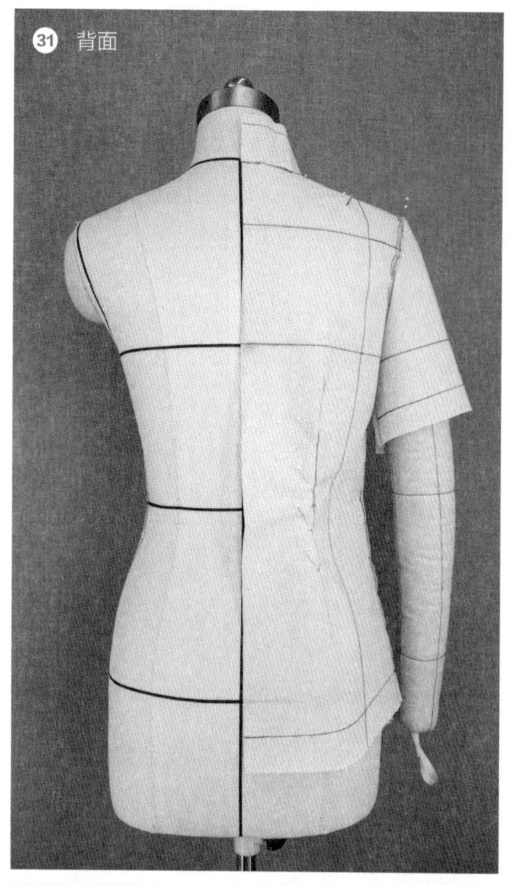

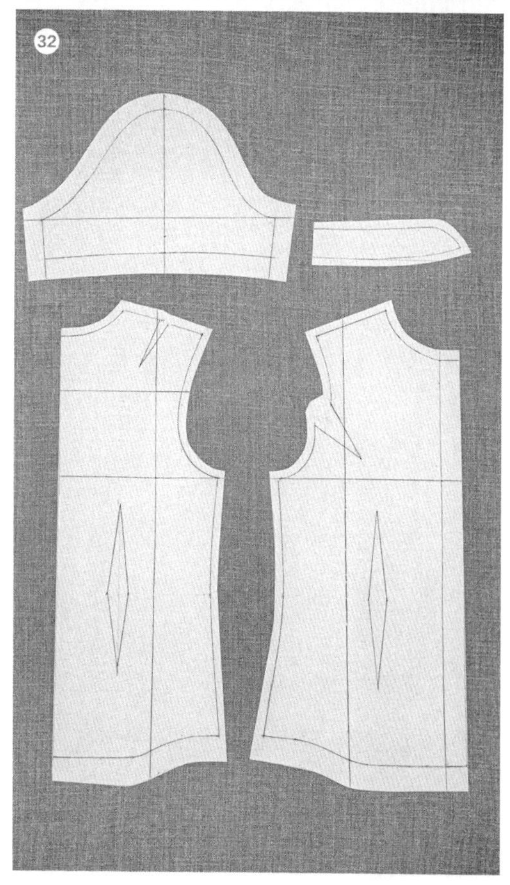

平面结构

㉜ 中式小立领衬衣结构图。

图5-2　中式小立领衬衣的立裁制作

5.14.2 西式公主线衬衣

该款重点强调分割等基础知识的运用，通过对翻立领及袖克夫的夸张设计，使作品富于变化。小花边及袖口褶皱，更增添了一份时尚感（图5-3、图5-4）。

知识点：
翻立领的应用

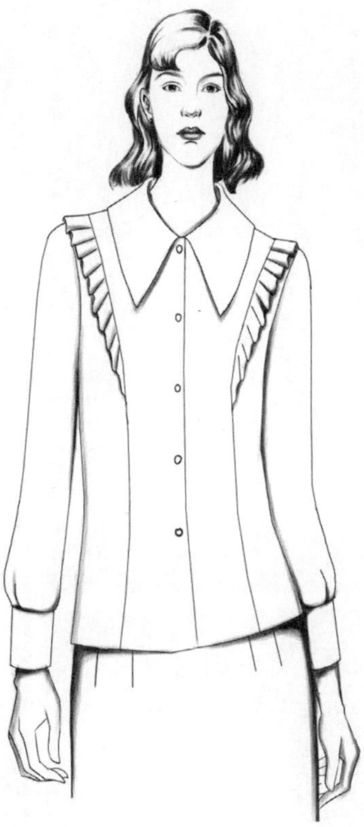

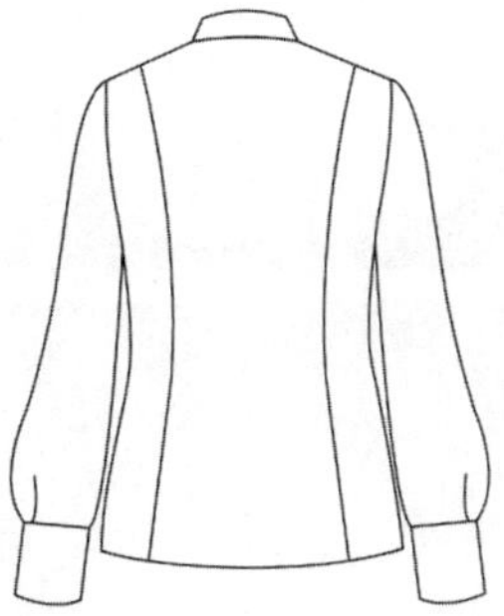

白坯布尺寸

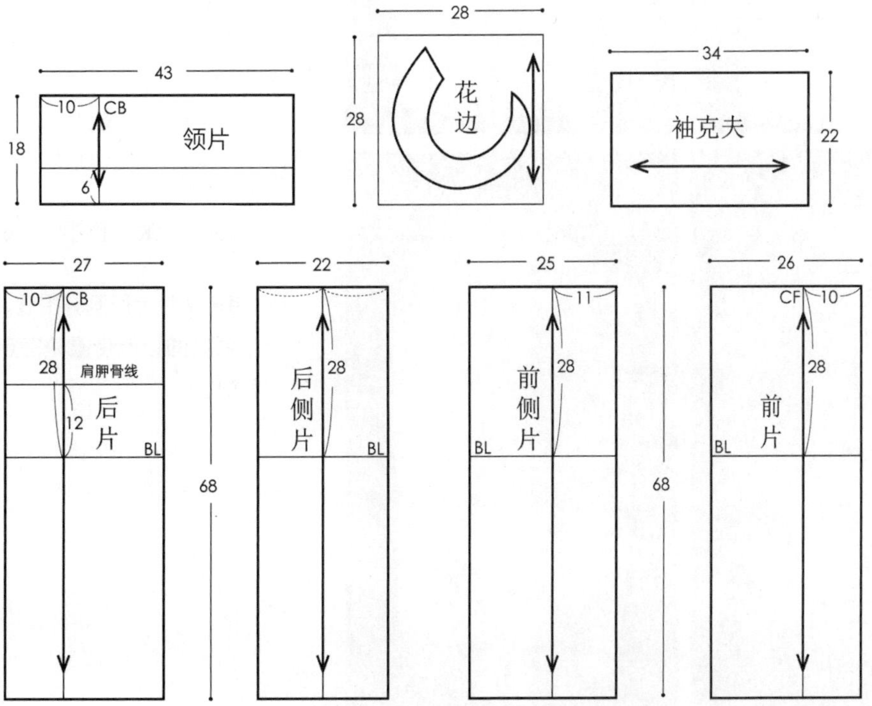

图5-3 白坯布基础尺寸

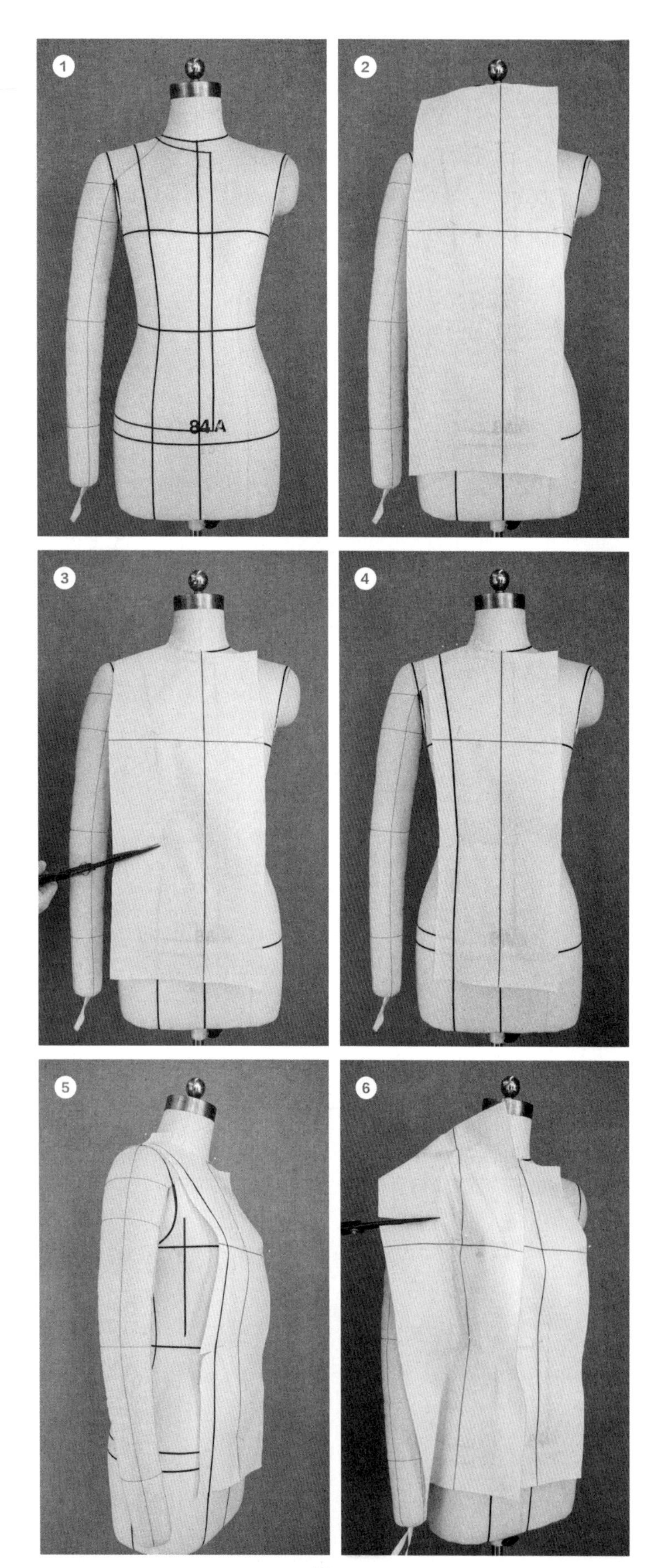

图5-4

贴标识带

① 根据效果图所示，在人台上装上手臂，调整并贴出新的袖窿弧线、领围线、搭门量（2cm）、公主线（前后分割线）以及衣长线（臀围线向上2cm）。

前片

② 将前片上所画的胸围线、前中心线与人台上相对应的标识带重叠，并固定。

③、④ 沿领围线粗裁。在腰围线处打剪口，向分割线处推出省量，并在坯布上贴出公主线标识带。

前侧片

⑤ 在人台上贴出侧中线标识带。

⑥ 将前侧片上所画胸围线、侧中线与人台上相对应的标识带重叠固定，并在袖窿处打剪口。

⑦ 保证肩颈部面料丝绺顺直，将面料倒向肩部，并在右侧腰部打剪口，向分割线处推出省量。

⑧ 拼合前片和前侧片，并对分割线边缘进行粗裁。

⑨ 在侧缝处推放出适当松量。

⑩ 固定并画出标记点。

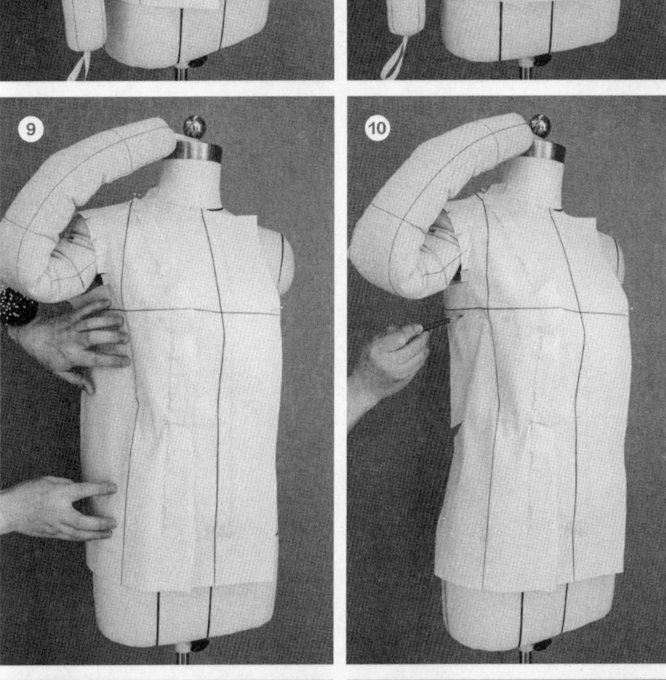

后片

⑪ 将后衣片上所画的后中心线、肩胛骨线与人台上相对应的标识带重叠，固定肩胛骨线及后中心线。

⑫ 在腰部打剪口，将多余省量推出后身分割线。

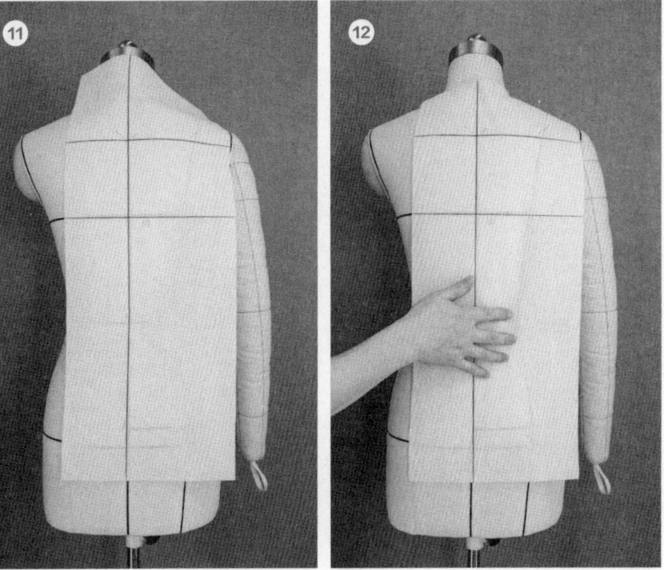

图5-4

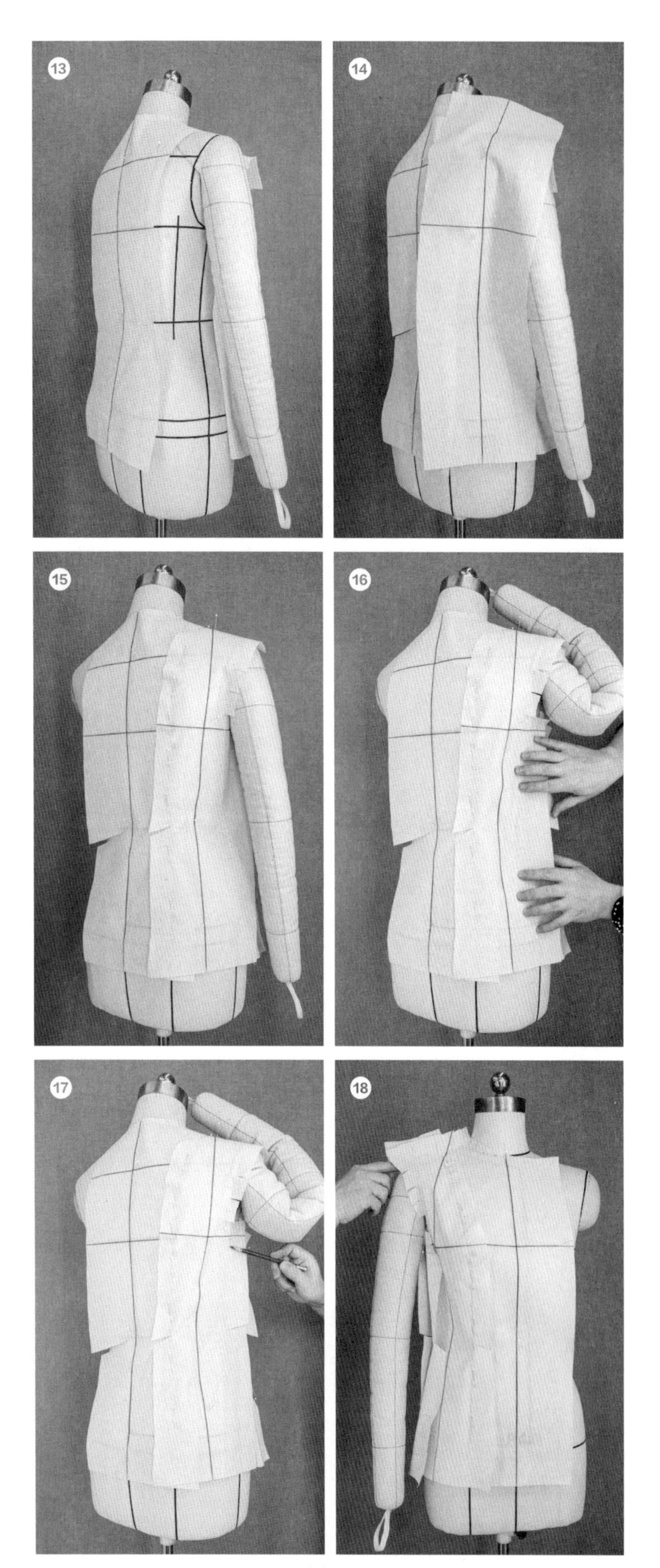

图5-4

后侧片

⑬、⑭ 贴出侧中线标识带，将后侧片上所画胸围线、侧中线与人台上相对应的标识带重叠固定。

⑮、⑯、⑰ 拼合后片和后侧片，推放出适当松量，并画出标记点。

⑱ 对合前后片肩缝，在肩端点处留有一定的松量。

⑲ 对衣领、袖窿及侧缝等部位进行粗裁，贴出袖窿弧和领围线标识带。

领片

⑳ 参考第4章第4.11.3节翻立领做法。

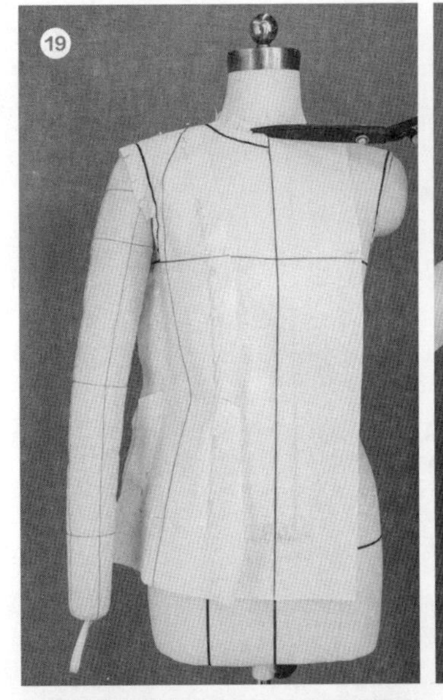

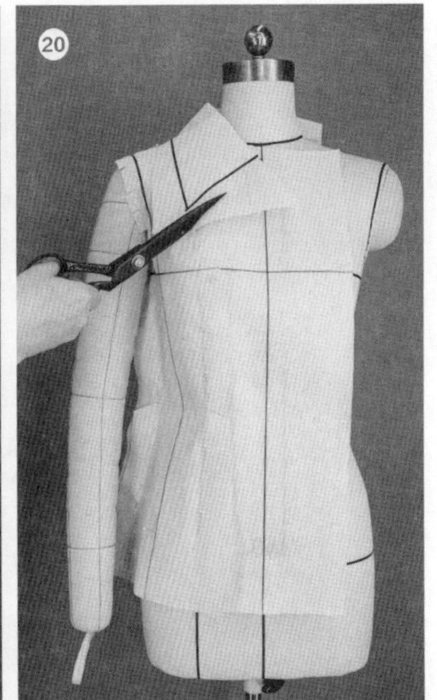

袖片

㉑ 参考第3章第3.10.2节分割与褶的制作方法，完成小花边的制作。

㉒、㉓ 根据测量出的前、后袖窿弧长，参考第4章第4.12.1节基础袖制作方法，画出袖子及袖克夫结构图。

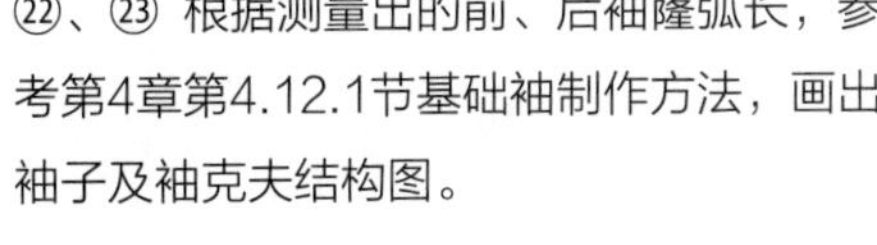

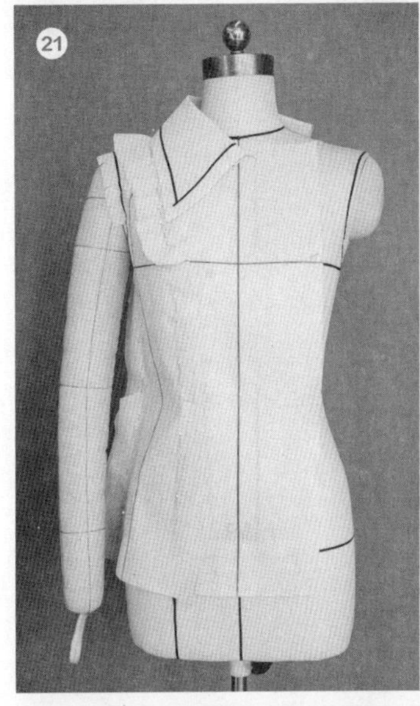

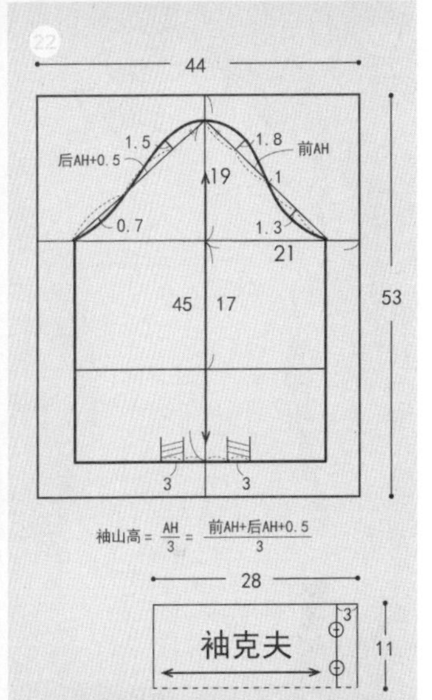

㉔ 袖山弧均匀抽褶，保证袖山弧长与袖窿弧长相吻合，对合袖缝线。做出袖口褶皱，用隐藏针法对合袖克夫。将手臂抬起，固定袖子底部，然后将手臂放入袖子中。

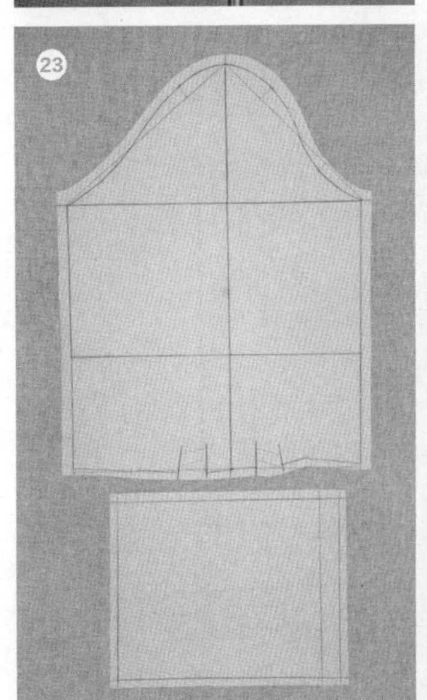

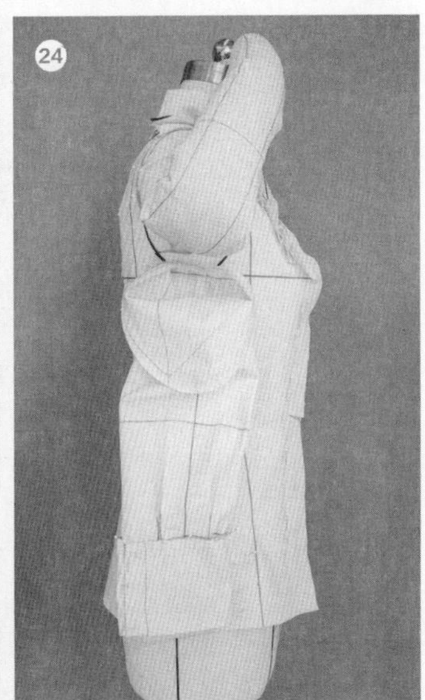

图5-4

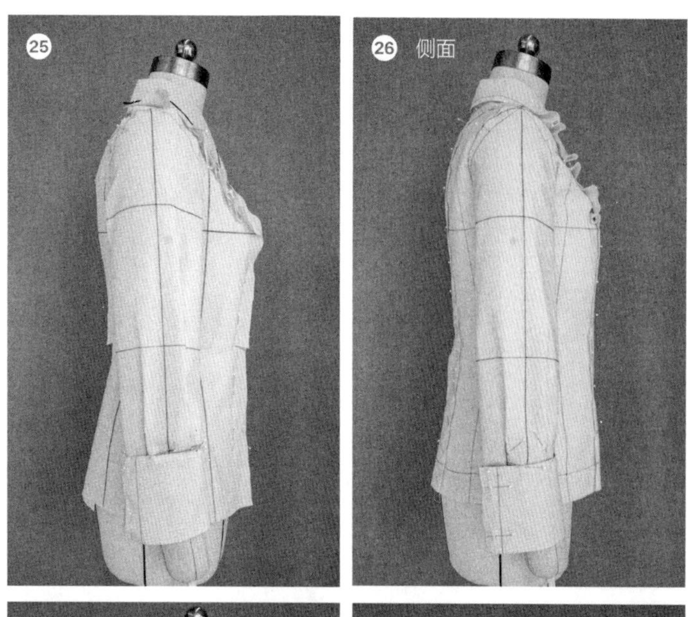

㉕ 将袖山顶点与肩端点重合并固定，用隐藏针法完成袖子的拼合。

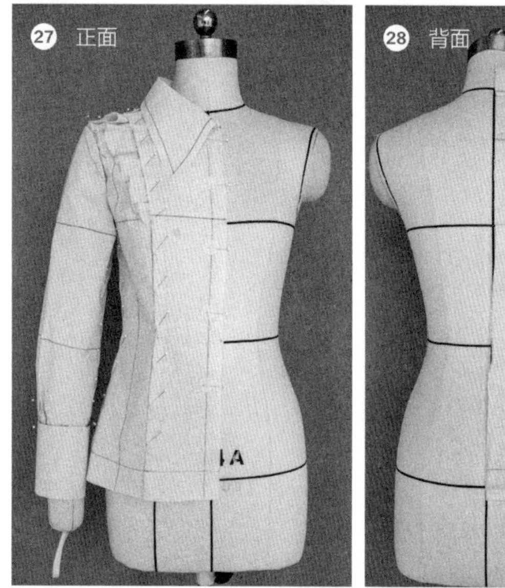

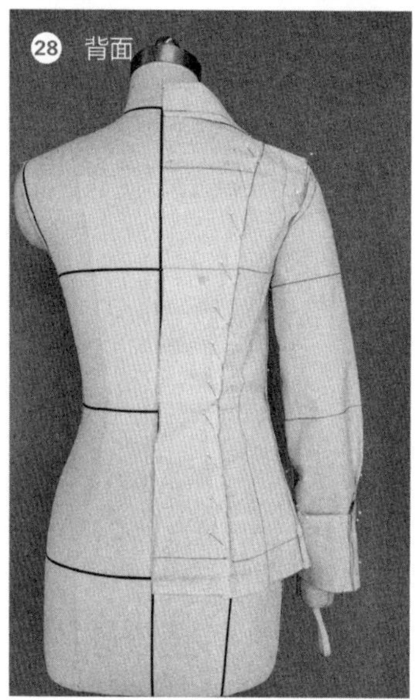

立裁效果

㉖、㉗、㉘ 均匀分布纽扣位置，完成公主线衬衣的制作。

图5-4　西式公主线衬衣的立裁制作

平面结构

㉙ 西式公主线衬衣结构图。

第15讲 西服

5.15.1 平驳头西服

平驳头西服为经典女士西服款，平驳头、前后公主线以及两片袖。适体大方、端庄有型，腰带及袖山头的褶皱设计起到了很好的装饰作用（图5-5、图5-6）。

知识点：
翻立领的应用

白坯布尺寸

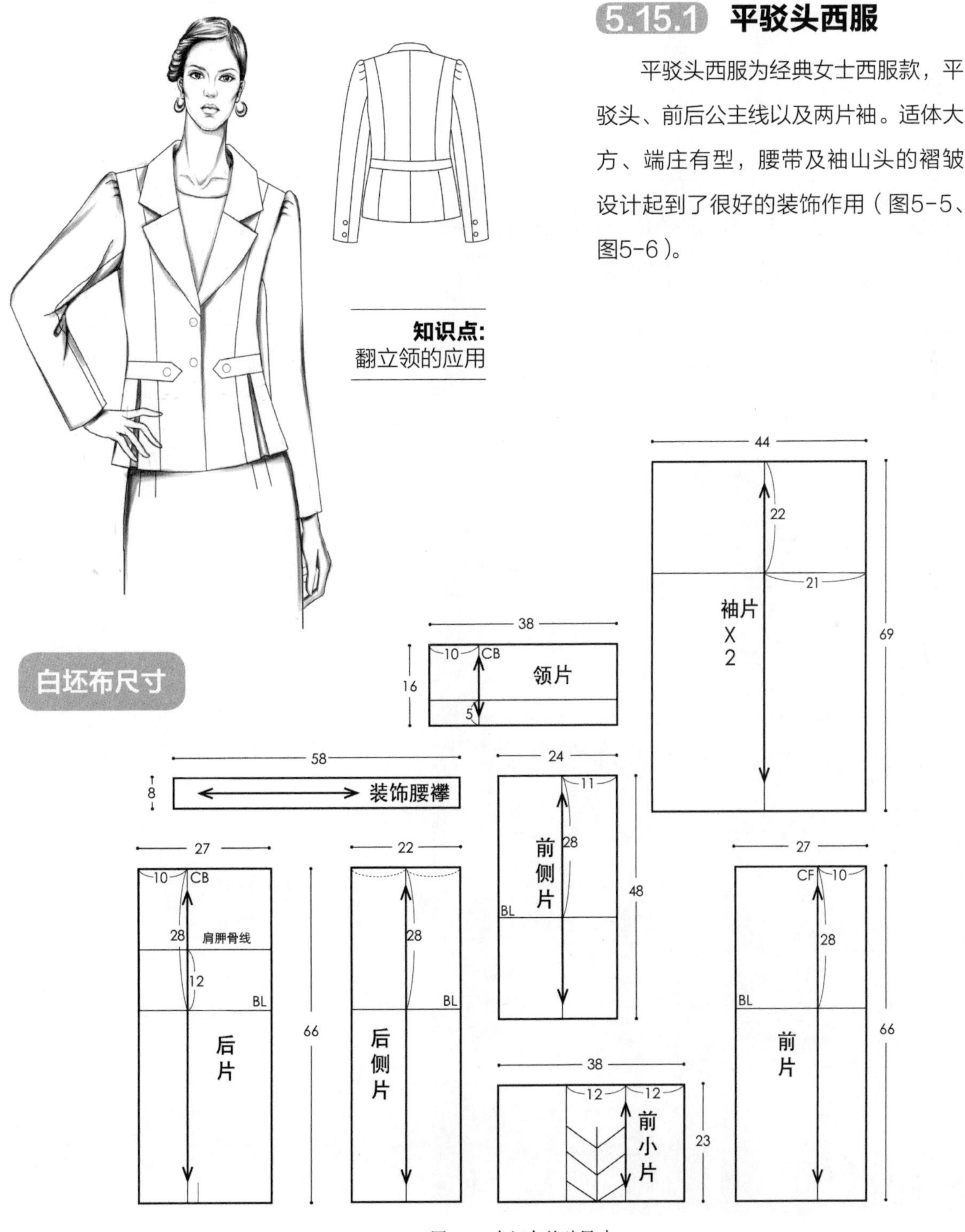

图5-5 白坯布基础尺寸

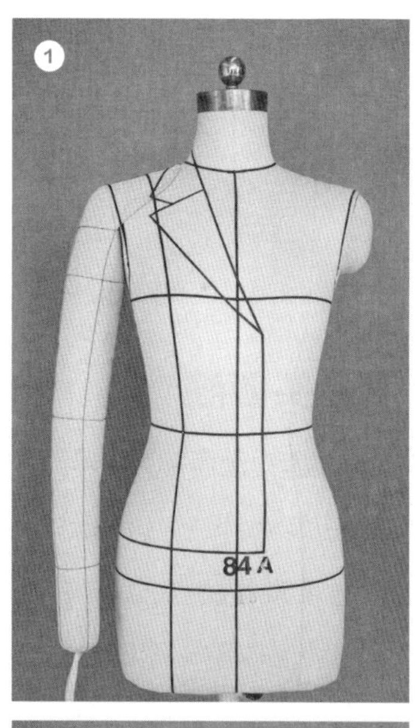

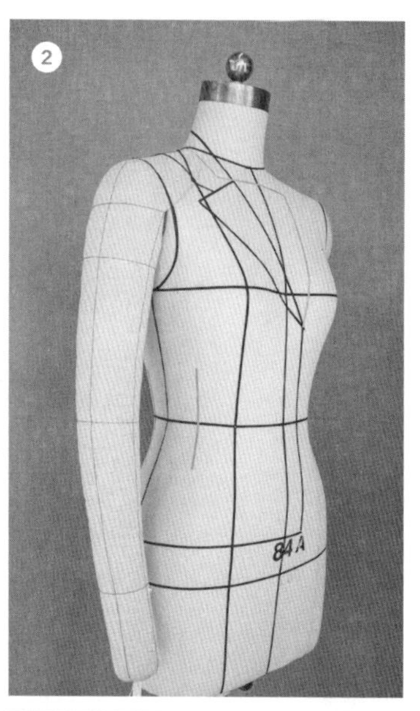

贴标识带

① 根据效果图所示，在人台上装上手臂，调整并用标识带贴出新的袖窿弧线、领翻折线、衣领造型线、分割线、搭门量（3cm）以及衣长线（臀围线向上5cm）。

② 沿翻折线对称贴出驳头的造型线、领围线以及前后侧中线标识带。

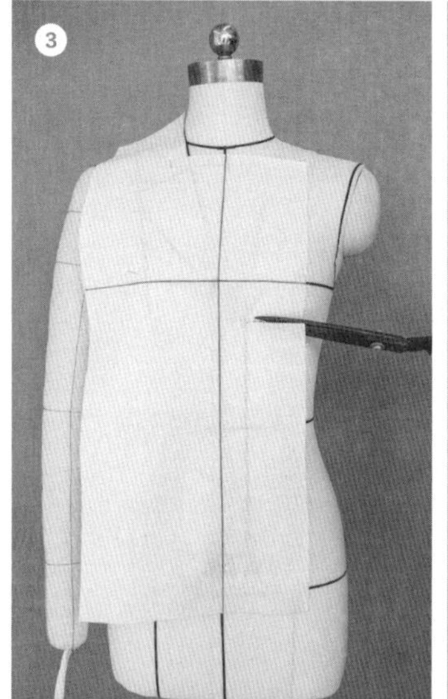

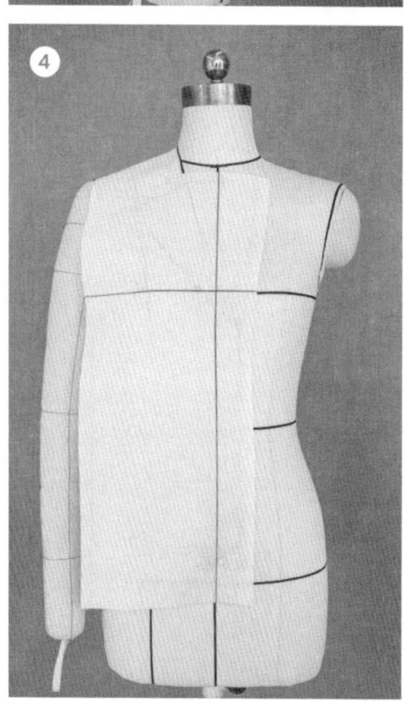

前片

③ 将前片上所画的胸围线、前中心线与人台上相对应的标识带重叠，并固定。粗裁领围线，在止口处打剪口。

④ 沿驳头造型线进行粗裁。

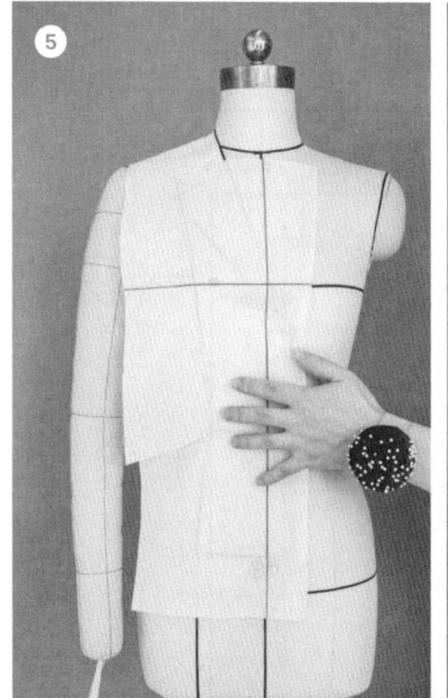

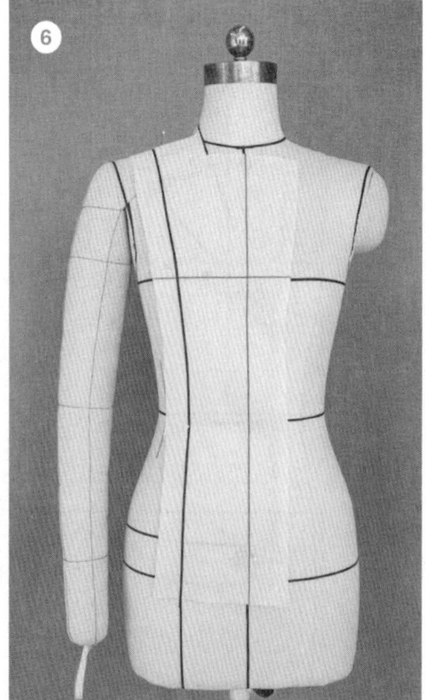

图5–6

⑤ 在腰部打剪口，将多余的省量推出分割线外。

⑥ 在前片坯布上贴出分割线标识带，并对分割线边缘进行粗裁。

前侧片

⑦ 将前侧片上所画胸围线、侧中线与人台上相对应的标识带重叠，并固定。

⑧ 在袖窿处打剪口，并将多余的省量推出分割线外。

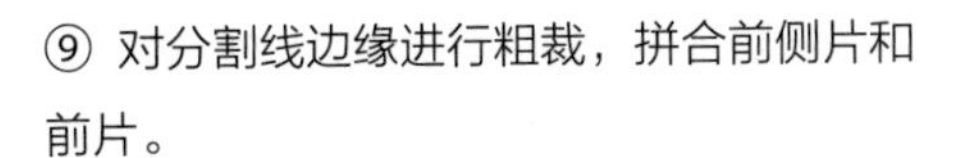

⑨ 对分割线边缘进行粗裁，拼合前侧片和前片。

前小片

⑩ 按标识带所示固定并拼合前小片。

⑪ 在侧缝处推放出适当松量。

⑫ 固定并画出新的标记点。

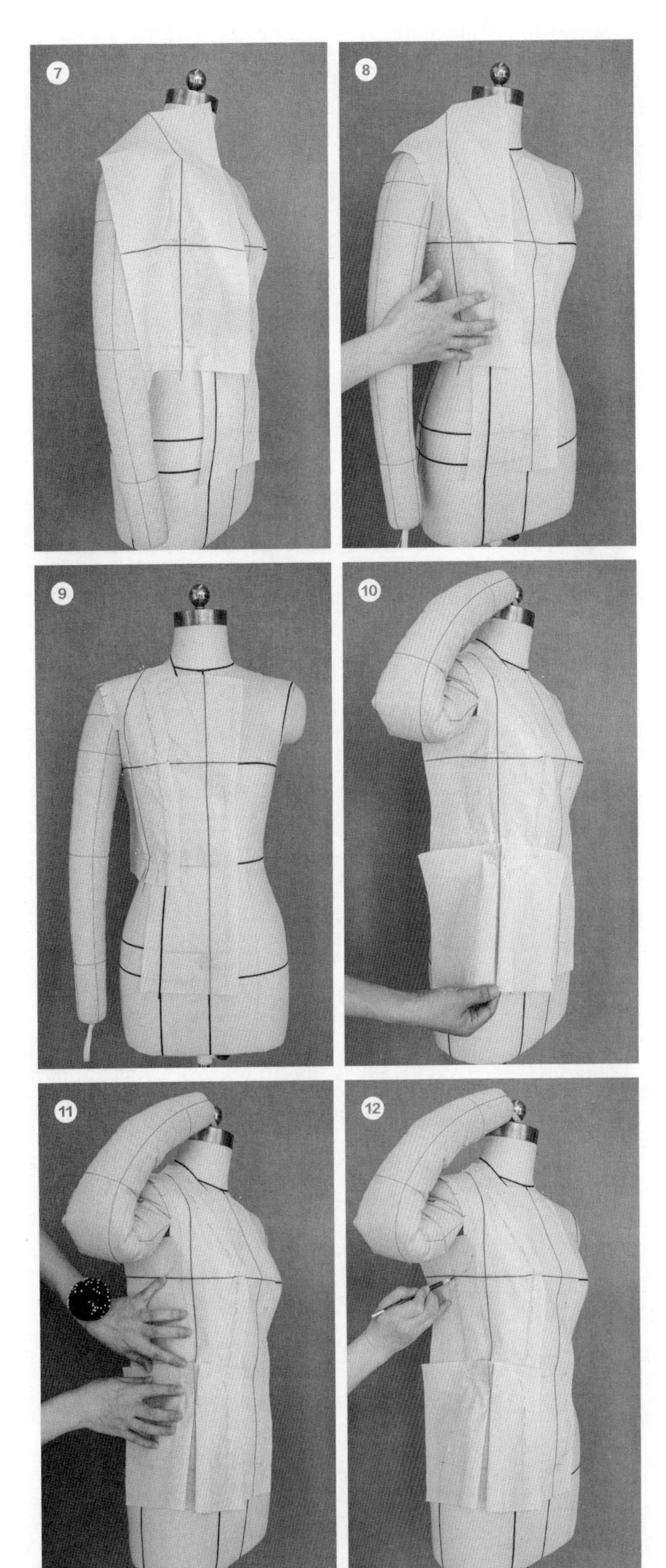

图5-6

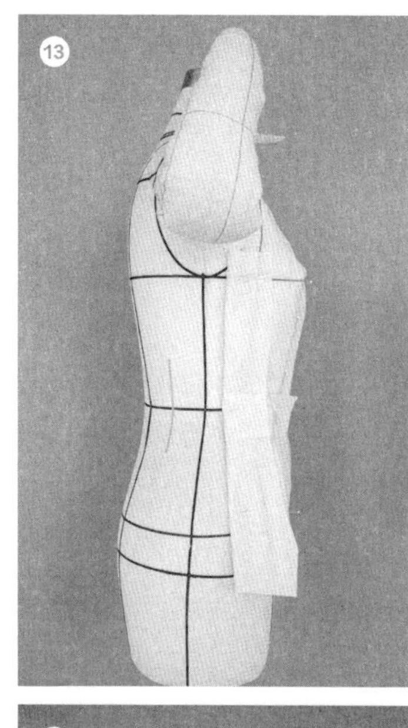

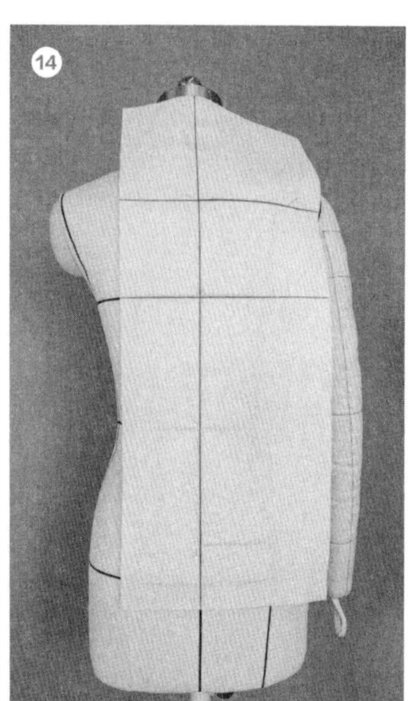

⑬ 将侧片向前翻折。

后片

⑭ 将后衣片上所画的后中心线、肩胛骨线与人台上相对应的标识带重叠，并固定。

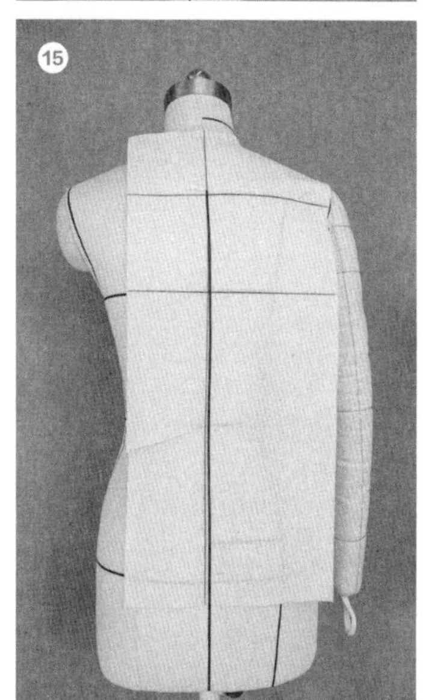

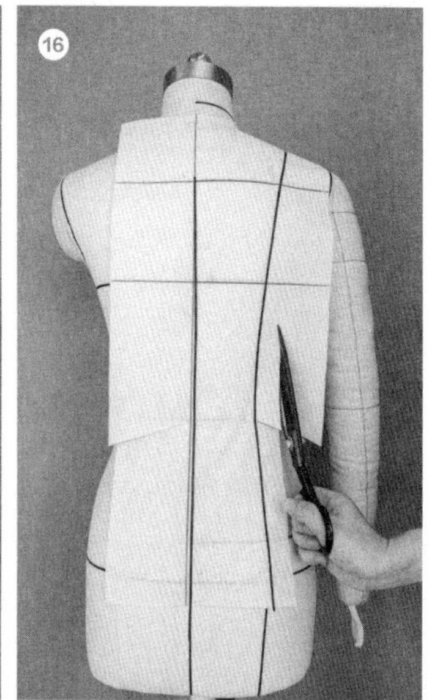

⑮ 沿领围线粗裁，并在腰围线位置打剪口。将后中心线向外拉出0.5cm，收出后中心处腰省。从后中心线与肩胛骨线交点处向下在后片坯布上贴出新的标识带。

⑯ 在腰围线处打剪口，将多余的省量推出分割线。贴出后片分割线标识带，并粗裁。

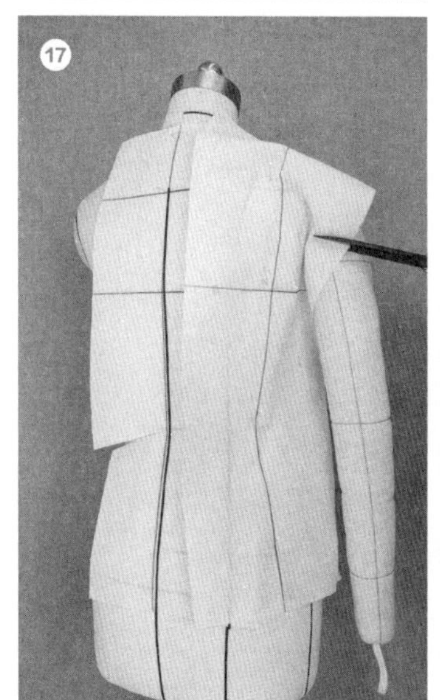

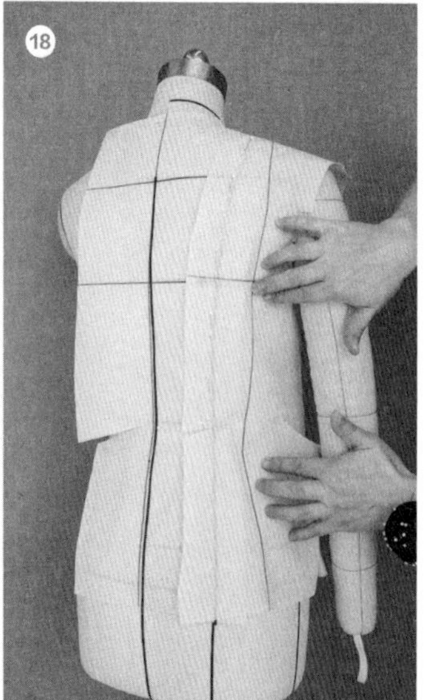

后侧片

⑰ 将后侧片上所画的胸围线、侧中线与人台上相对应的标识带重叠，并固定。在袖窿及腰围线处打剪口。

⑱ 拼合衣片，推放出适当松量。

图5-6

⑲ 画出标记点。

⑳ 拼合前后衣片，肩端点处保留一定的松量。

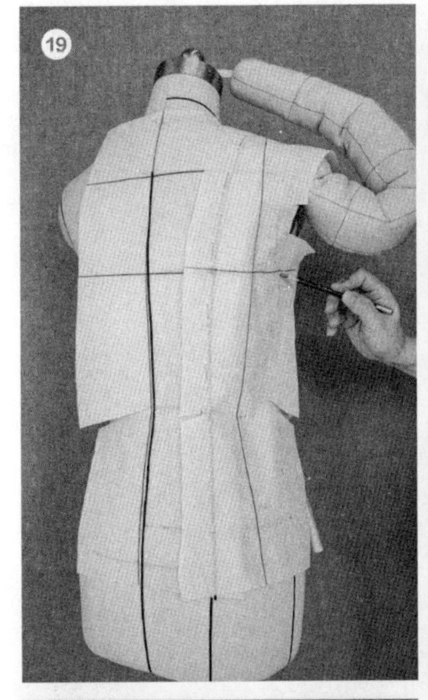

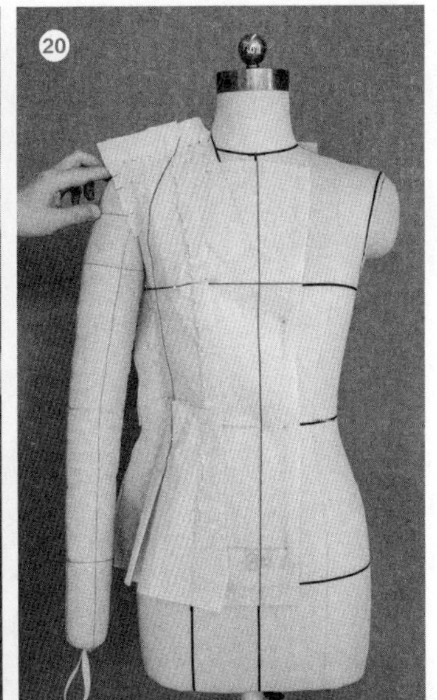

领片

㉑ 在衣身上贴出领围线标识带。

㉒ 参考第4章第4.11.3节翻立领做法，完成衣领制作。

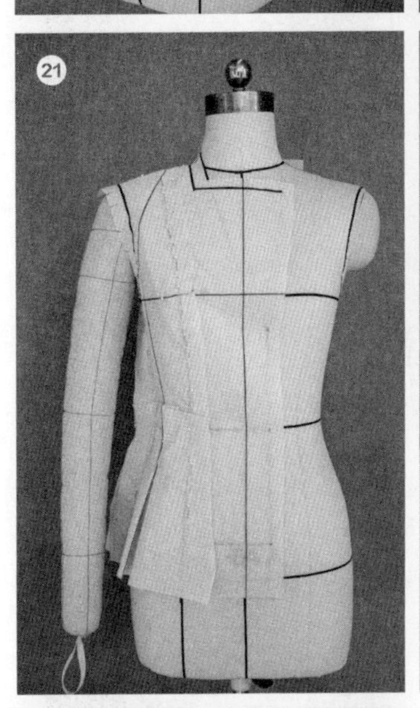

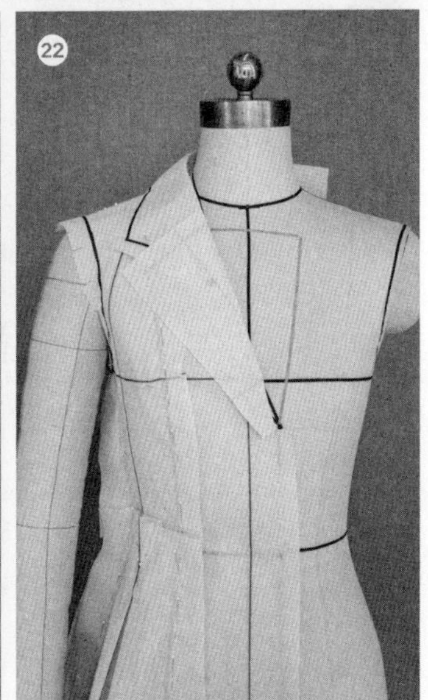

袖片

㉓、㉔ 根据测量出的前后袖窿弧长，用平面制图法画出袖子结构图，具体步骤参考第4章第4.12.4节两片袖。取大袖，沿袖山点打剪口加入一定褶量，形成新的袖山弧。

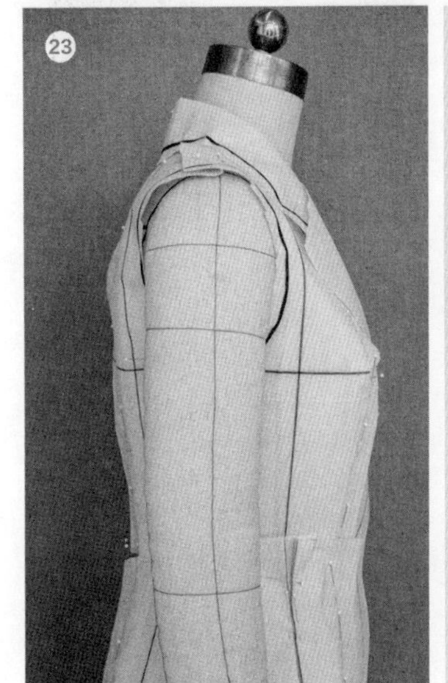

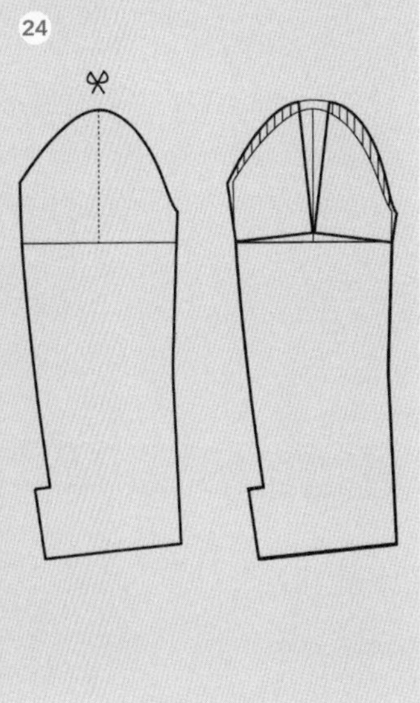

图5-6

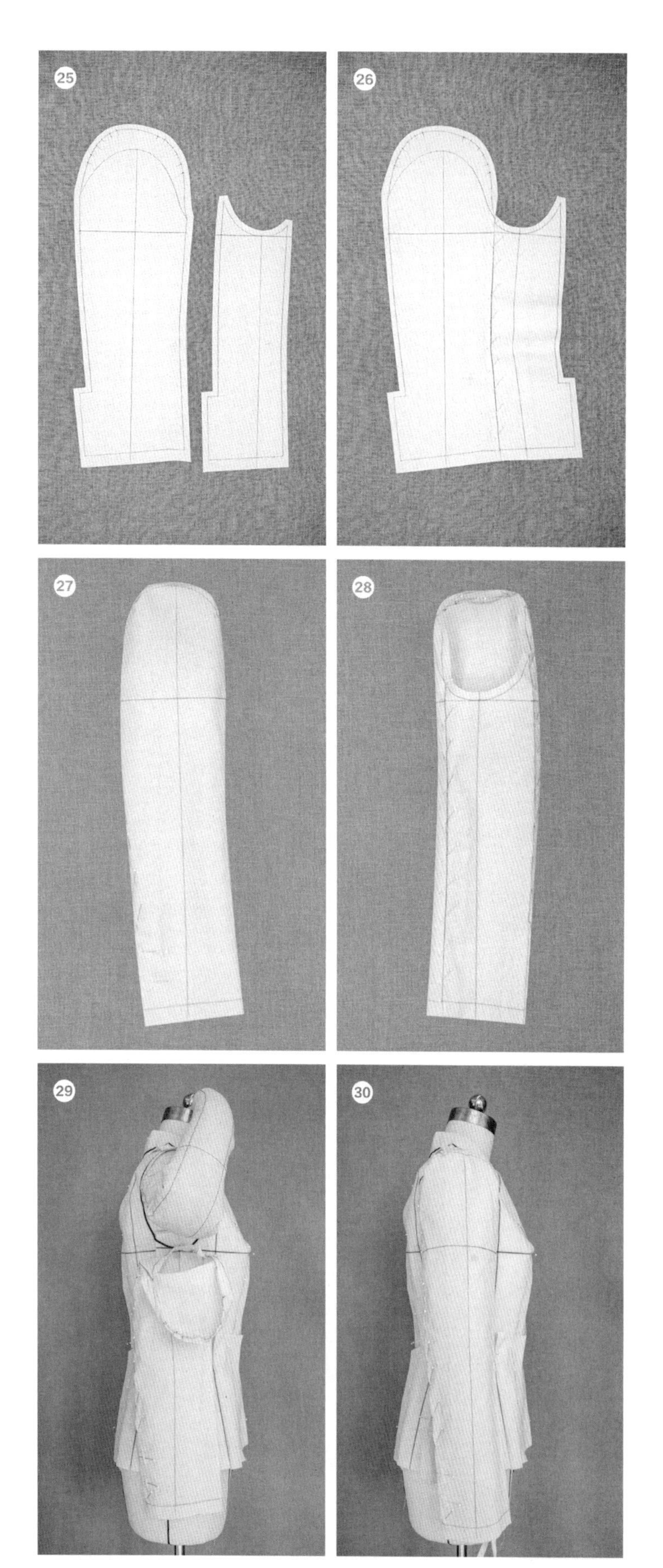

图5-6

㉕ 完成两片袖结构图。

㉖ 拼合大小袖片。

㉗ 做出袖山褶。

㉘ 调整并保证袖山弧长与袖窿弧长相吻合。

装袖

㉙ 将手臂抬起，固定袖子底部，将手臂放入袖子中。

㉚ 将袖山顶点与肩端点重合并固定。

㉛ 弯折手臂，进一步确定袖山深及胸宽量，并用珠针固定前后部分，用隐藏针法完成袖子的拼合。

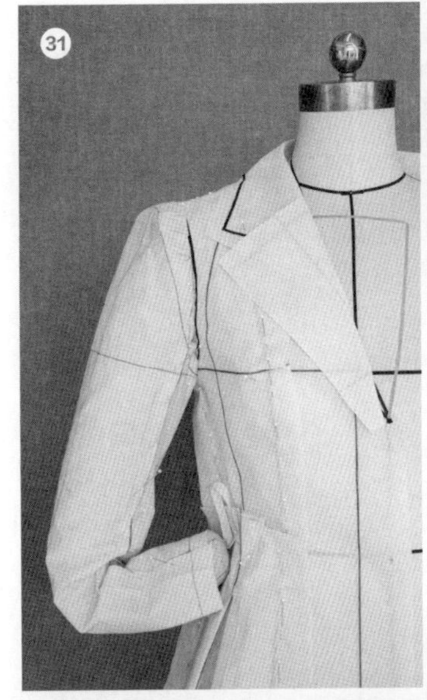

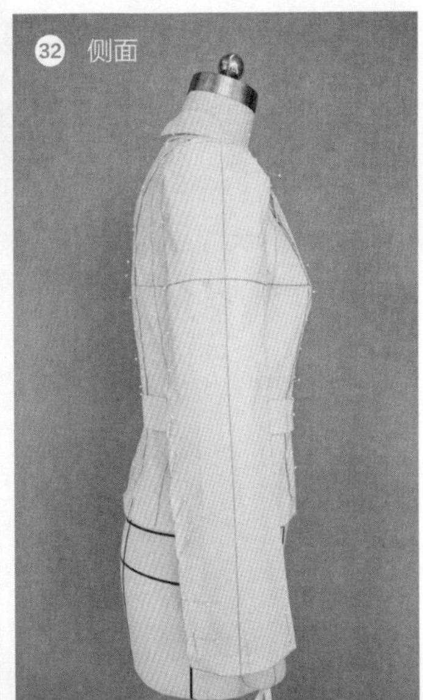

立裁效果

㉜、㉝、㉞ 用隐藏针法安装腰带，并均匀分布纽扣位置，完成平驳头西服的制作。

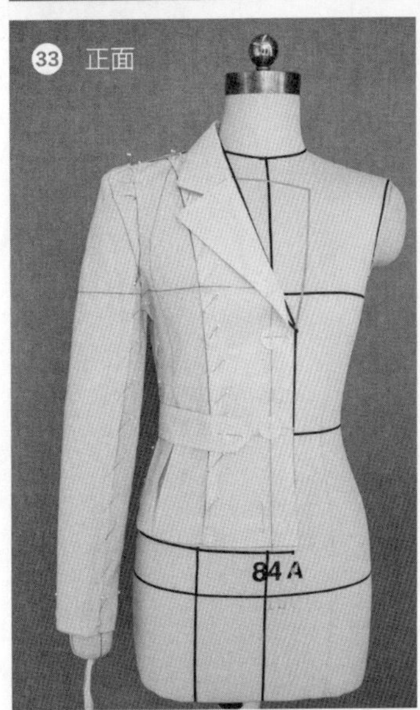

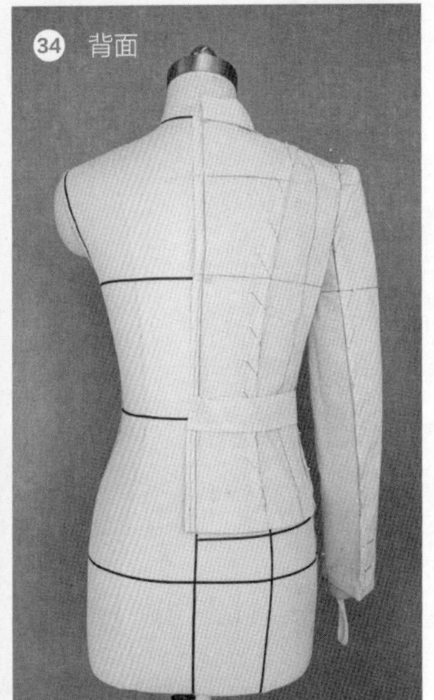

平面结构

㉟ 平驳头西服结构图。

图5-6 平驳头西服的立裁制作

5.15.2 戗驳头西服

戗驳头西服以传统西服造型为基础，对衣领进行了装饰，采用了戗驳头设计，并将分割公主线与省道合二为一，简约大气。袖子采用肘省设计，平添了一分时尚感（图5-7、图5-8）。

知识点:
胸省设计

白坯布尺寸

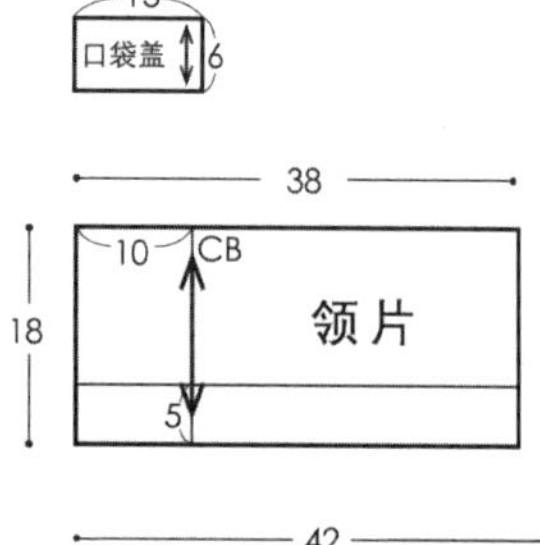

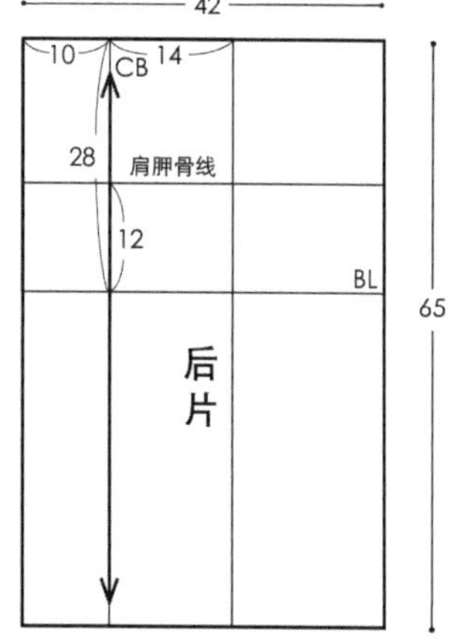

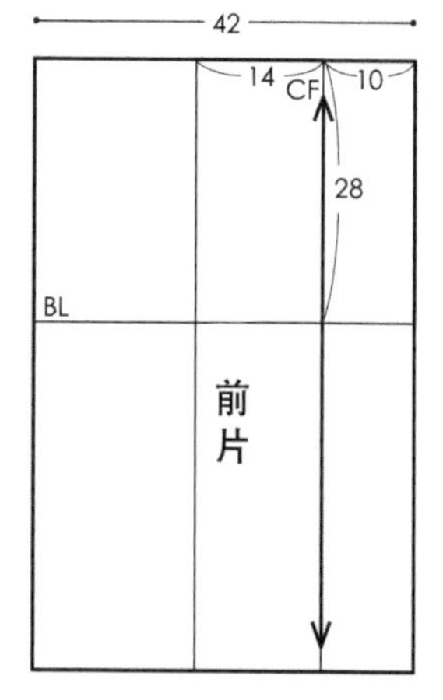

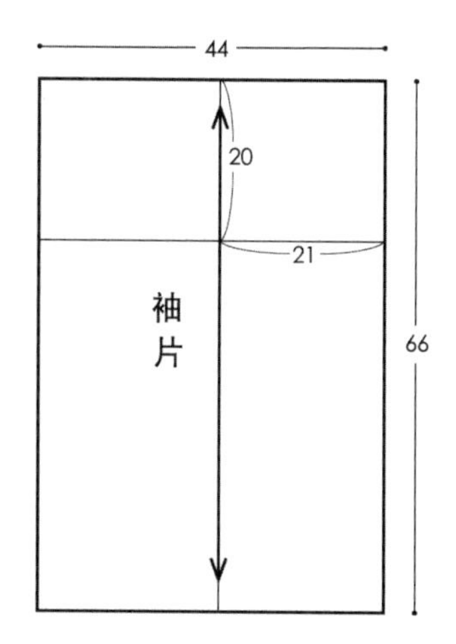

图5-7 白坯布基础尺寸

贴标识带

① 根据效果图所示，在人台上装上袖子。调整并用标识带贴出新的袖窿弧线、翻折线、领围线、衣领线、搭门量（3cm）以及衣长线（臀围线向上3cm），并沿翻折线对称贴出驳头造型线及省道位置。

前片

② 将衣片上所画的胸围线、前中心线与人台上相对应的标识带重叠，并固定。参照标识带位置做出领省，并对领口进行粗裁。

③ 在袖窿处打剪口。

④ 粗裁袖窿及肩部。

⑤ 在止口处打剪口。

⑥ 沿翻折线翻折，并贴出衣领造型线。

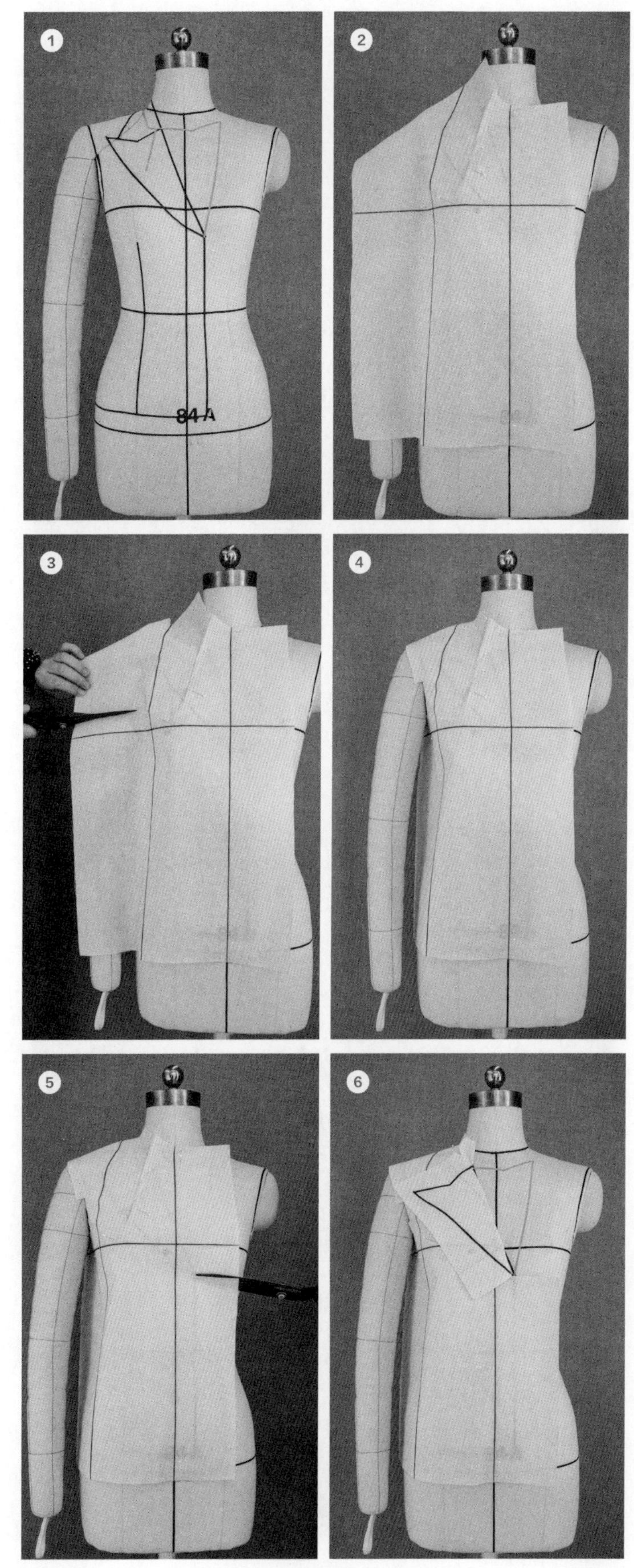

图5-8

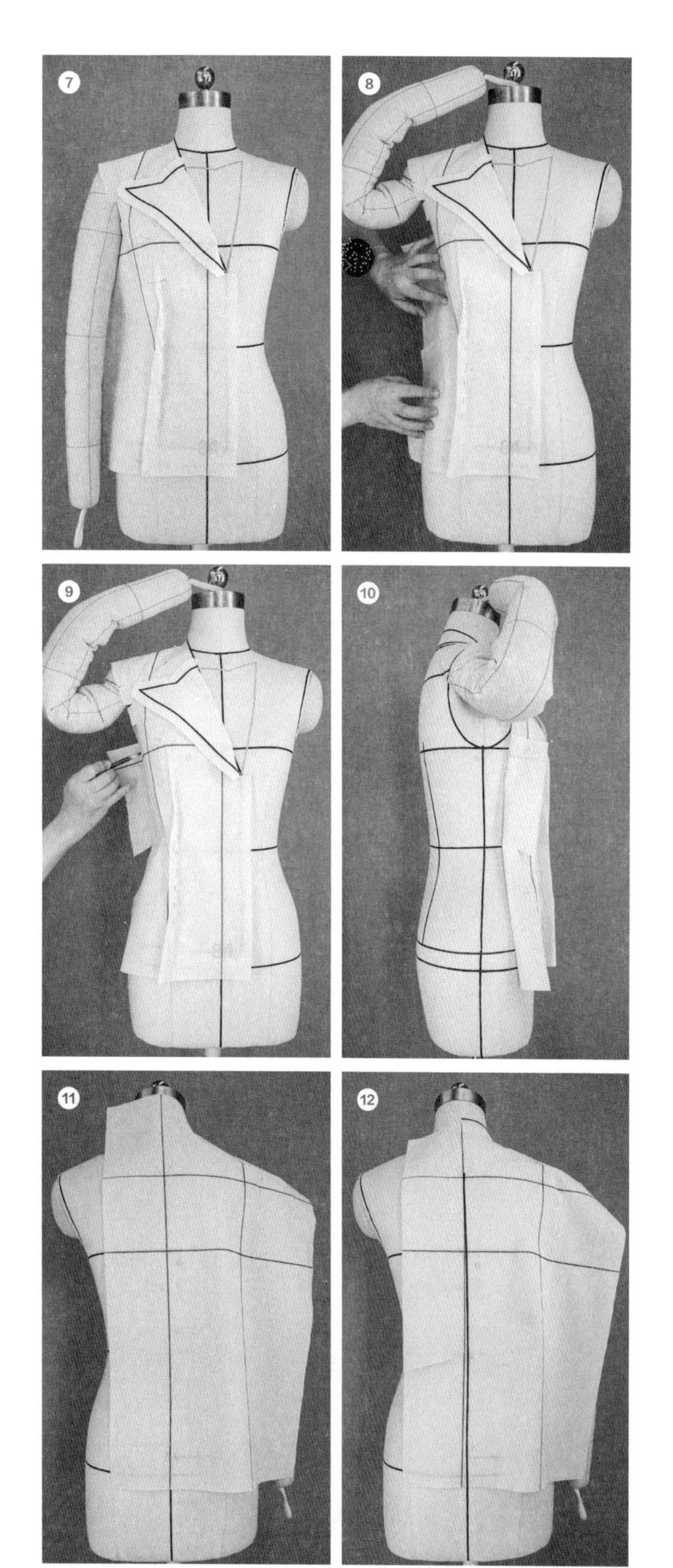

图5-8

⑦ 根据效果图所示，做出腰省。

⑧ 在侧缝处推放出适当松量并固定。

⑨ 画出肩线及侧缝标记点。

⑩ 粗裁侧缝，将侧片向前翻折。

后片

⑪ 将后衣片上所画的后中心线、肩胛骨线与人台上相对应的标识带重叠并固定。

⑫ 对领口进行粗裁，并将中心线向外拉出0.5cm，收出后中心处腰省，贴出新的标识带。

⑬ 根据效果图所示，通过抽褶的形式完成后肩省量的收缩。

⑭ 做出腰省,并在侧缝处推放出适当松量，画出标记点。

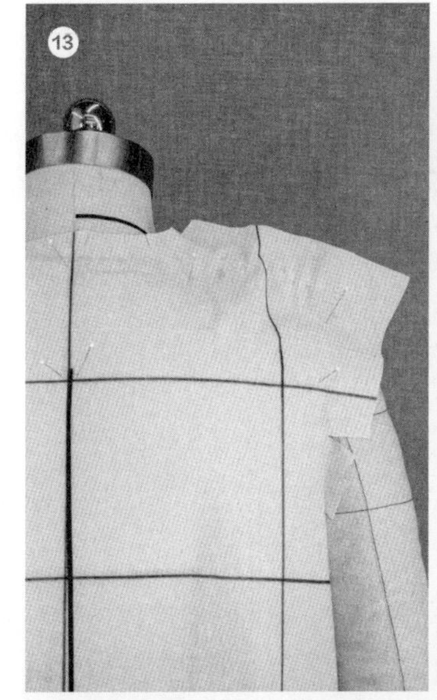

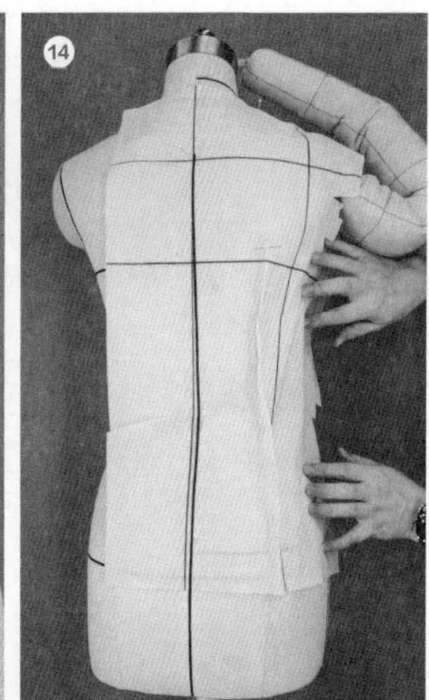

拼合衣片

⑮ 对合肩缝及侧缝，标注前后衣片胸、腰、臀及下摆对位记号。

⑯ 沿衣领的造型线进行粗裁，并贴出领围线标识带。

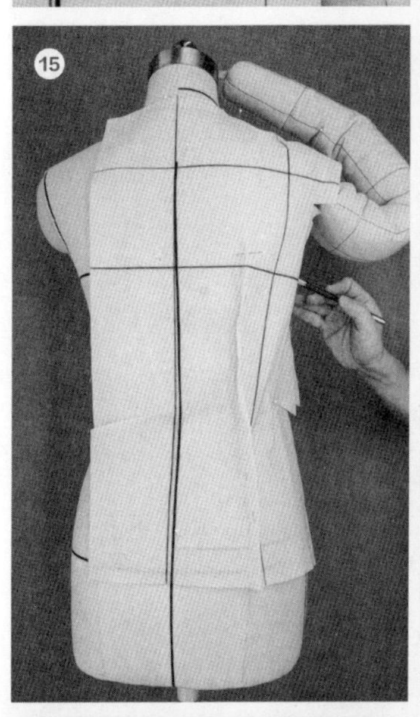

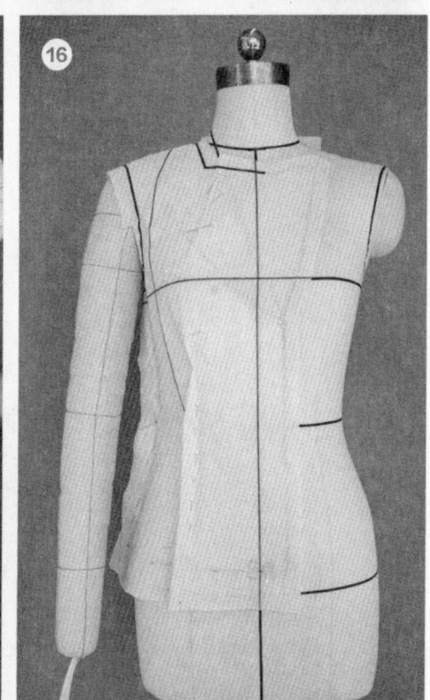

领片

⑰ 参考第4章第4.11.3节翻立领做法，完成衣领制作。

袖片

⑱ 根据测量出的衣片前、后袖窿弧长。

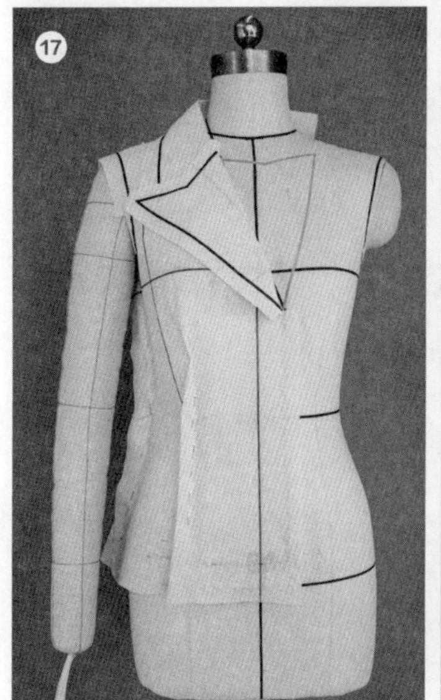

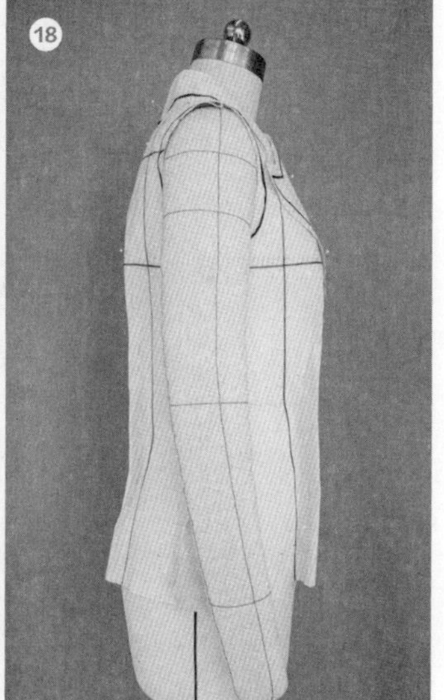

图5-8

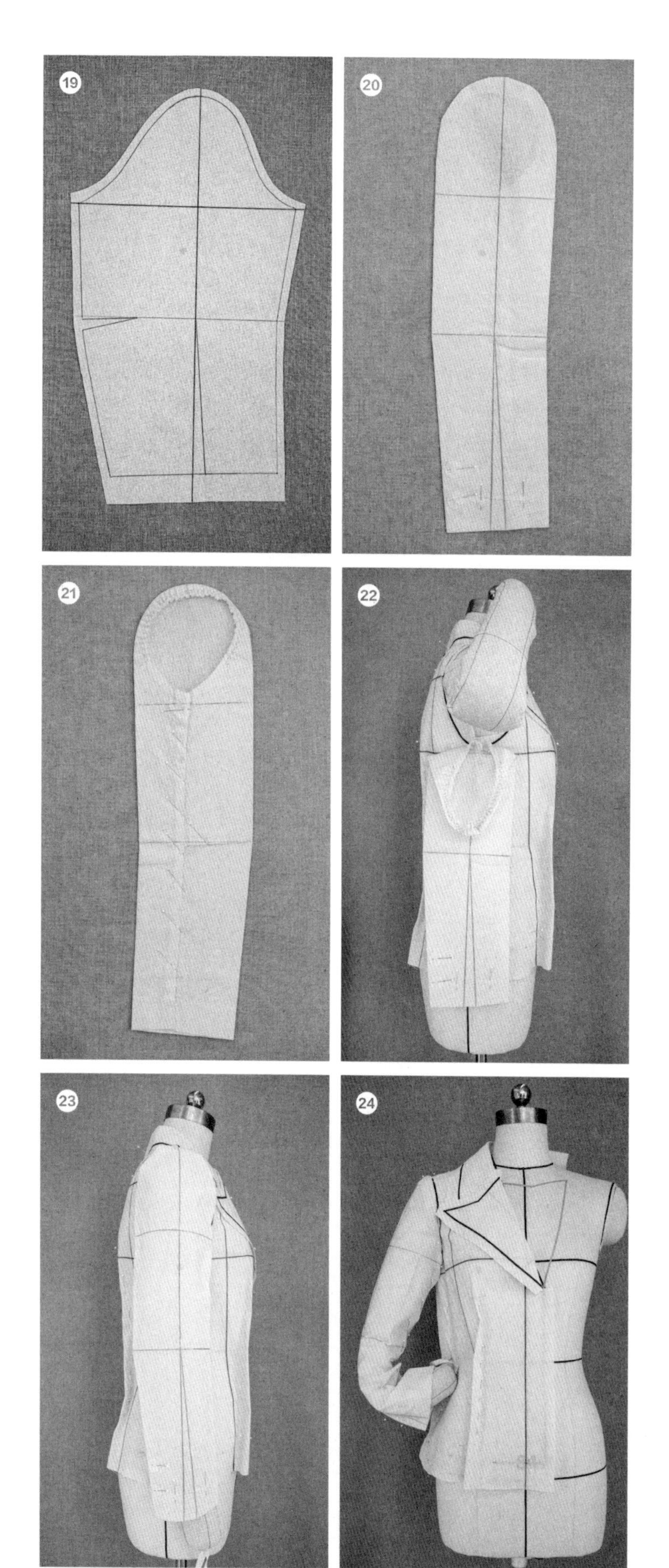

图5-8

⑲ 参考第4章第4.12.2节肘省袖制作方法，画出袖子结构图。

⑳ 对袖山弧均匀抽褶，并保证袖山弧长与袖窿弧长相吻合。

㉑ 拼合肘省及袖缝线。

装袖

㉒ 将手臂抬起，固定袖子底部，然后将手臂放入袖子中。

㉓ 将袖山顶点与肩端点重合并固定。

㉔ 弯折手臂，进一步确定袖山深及胸宽量，并用珠针固定前后部分，用隐藏针法完成袖子的拼合。

立裁效果

㉕、㉖、㉗ 设计纽扣及口袋位置，观察并调整相应部位，完成戗驳头西服的制作。

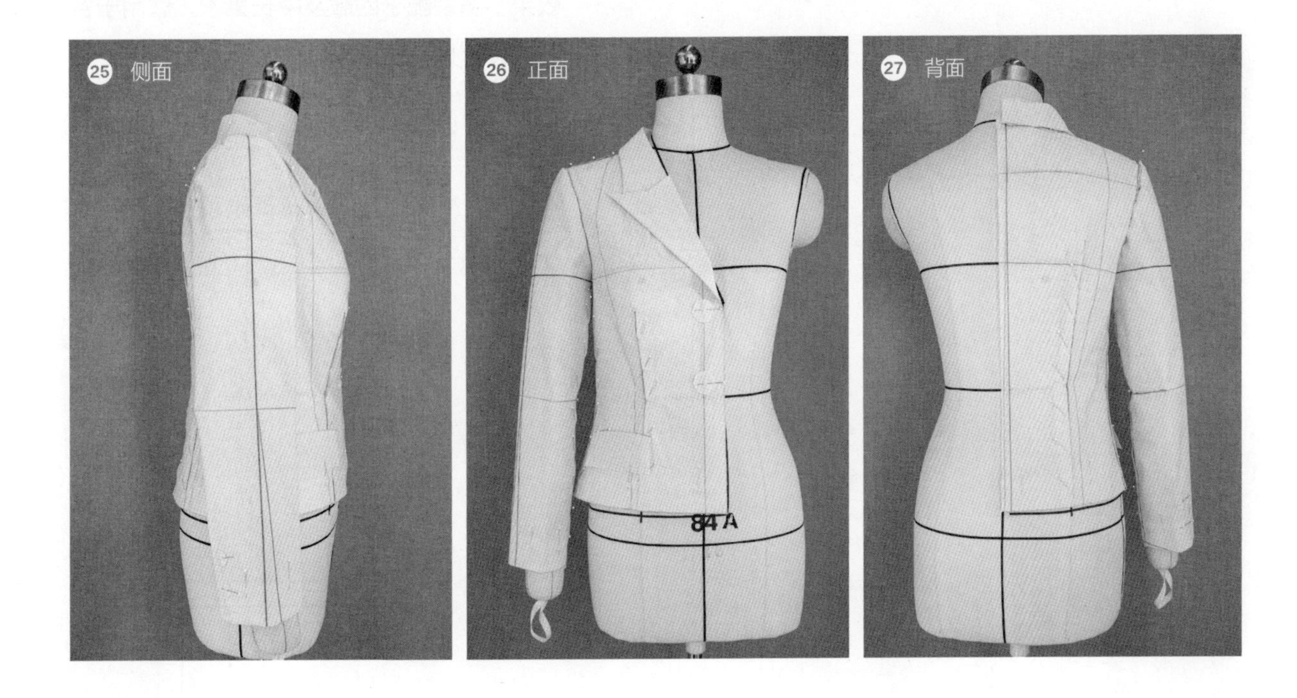

平面结构

㉘ 戗驳头西服结构图。

图5-8 戗驳头西服的立裁制作

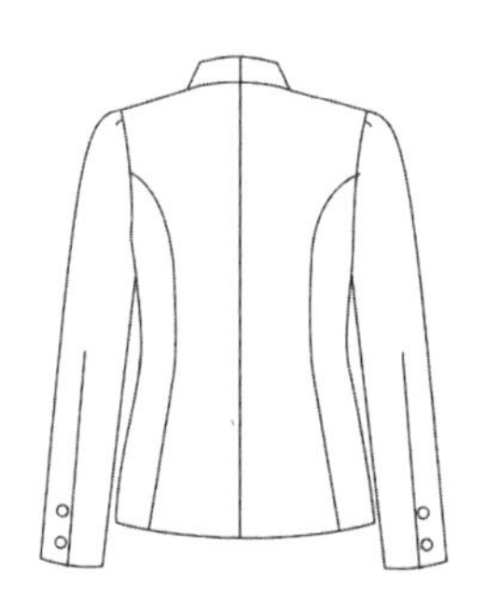

5.15.3 青果领西服

青果领造型简约端庄，具有较强的装饰效果，多装配于西服及中长大衣，适用于各类礼仪性场合（图5-9、图5-10）。

知识点：
青果领挂面的制作

白坯布尺寸

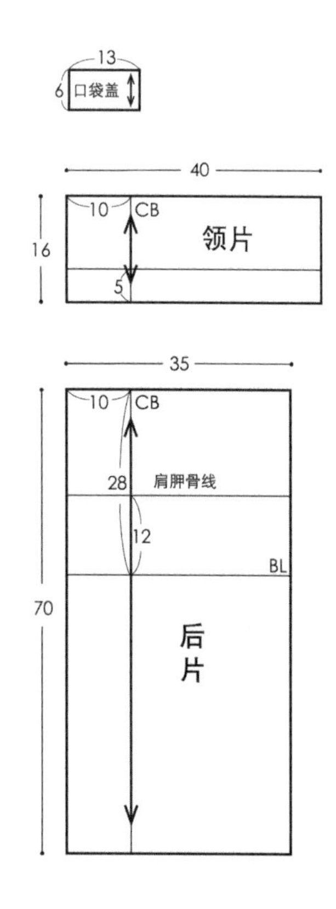

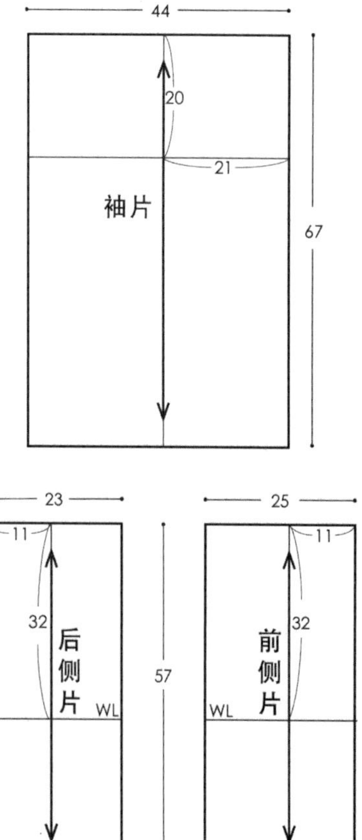

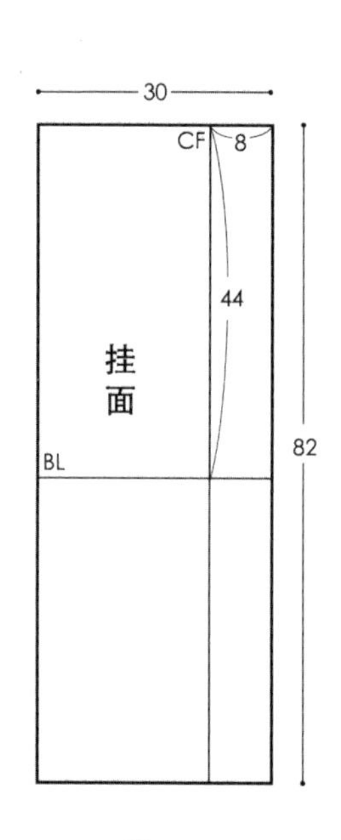

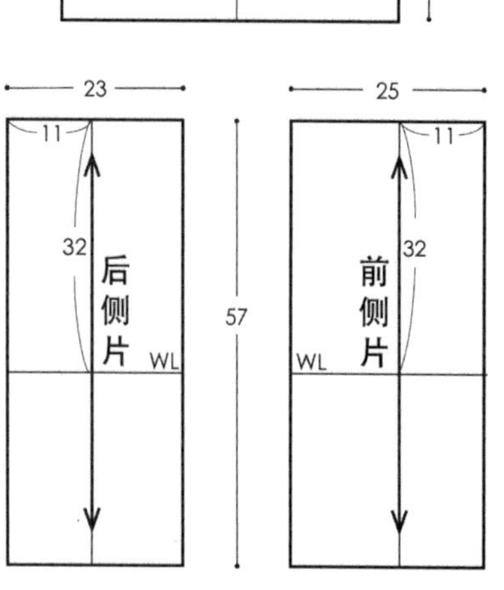

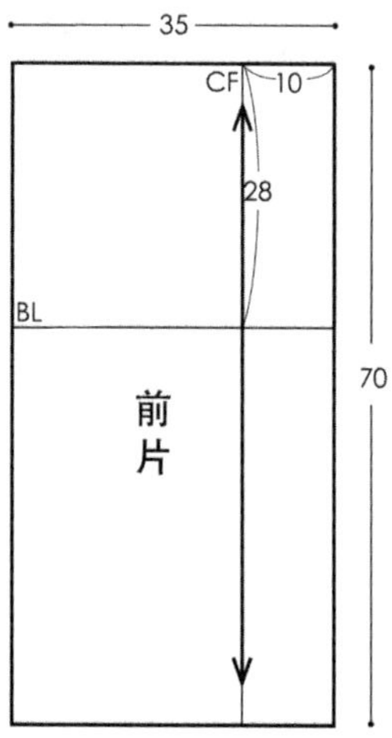

图5-9 白坯布基础尺寸

贴标识带

① 根据效果图所示，贴出相应标识带。前中心线向外0.8cm，作为衣身在前中心处的放松量。在人台上贴出肩线、新的袖窿弧线及衣领造型线、衣长线、前分割线和前侧中线等。

② 加垫肩，沿二等分线向后1cm对准肩点，并向外伸出1cm。

③ 在人台后身贴出后中心线、领围线、肩胛骨线、后分割线、后侧中线和衣长线等。

前片

④ 将前片上所画的胸围线、前中心线与人台上相对应的标识带重叠，并固定。在腰围线处打剪口，将多余的省量推出分割线外。在袖窿处打剪口，对上半部分袖窿及肩部粗裁。

⑤ 在前片坯布上贴出分割线标识带，对边缘进行粗裁。在翻折点处打剪口，沿衣领造型线进行粗裁。

前侧片

⑥ 抬起手臂，将前侧片上所画腰围线、前侧中线与人台上相对应的标识带重叠，并固定。

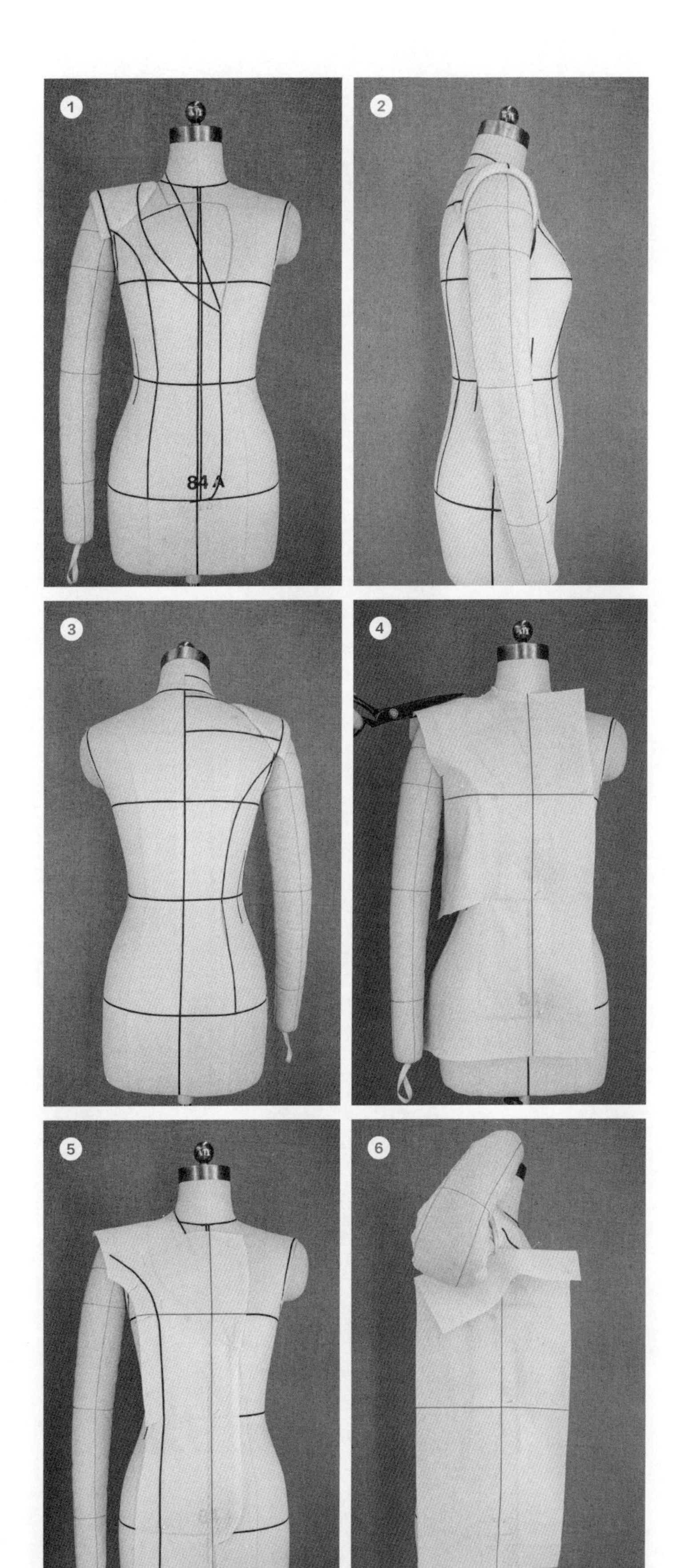

图5-10

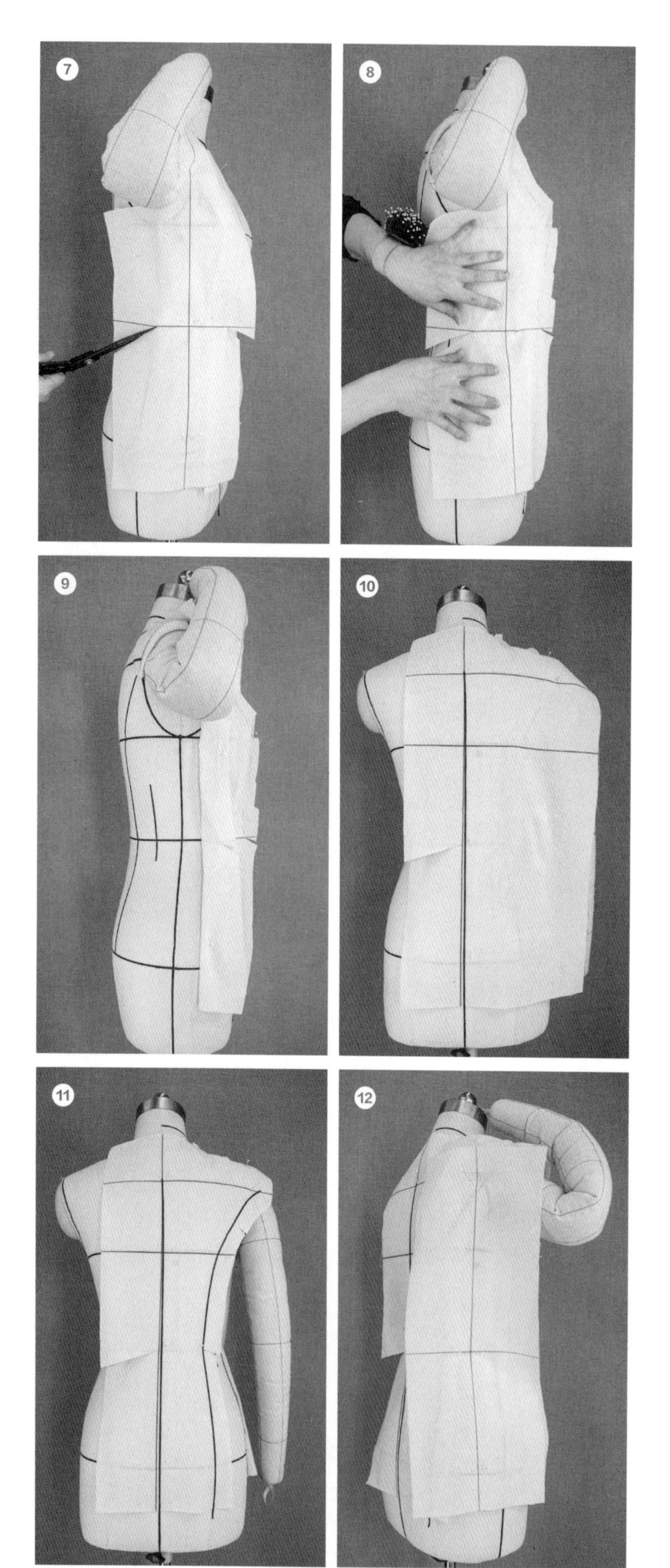

图5-10

⑦ 在腰部打剪口，将省量推出分割线外，粗裁分割线及袖窿。

⑧ 拼合前侧片和前片并向侧缝线处推放出一定的松量。

⑨ 画出侧缝标记点，并将侧片向前翻折。

后片

⑩ 将后片上所画的后中心线、肩胛骨线与人台上相对应的标识带重叠，并固定。沿领围线粗裁，后中心线向外拉出0.5cm，收出后中心处腰省，贴出新的标识带。通过抽褶的形式完成后肩省量的收缩。

⑪ 在腰部打剪口，推出多余省量，并贴出后分割线标识带。

后侧片

⑫ 将后侧片上所画的腰围线、侧中线与人台上相对应的标识带重叠，并固定。

拼合衣片

⑬ 拼合、粗裁衣片，并推放出适当松量。

⑭ 拼合前后衣片并画出标记点。

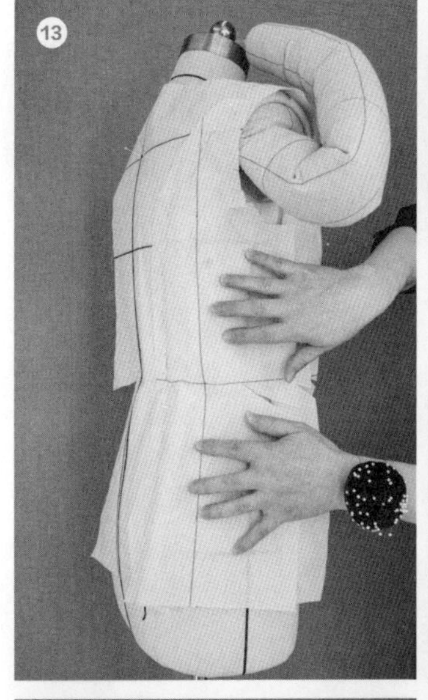

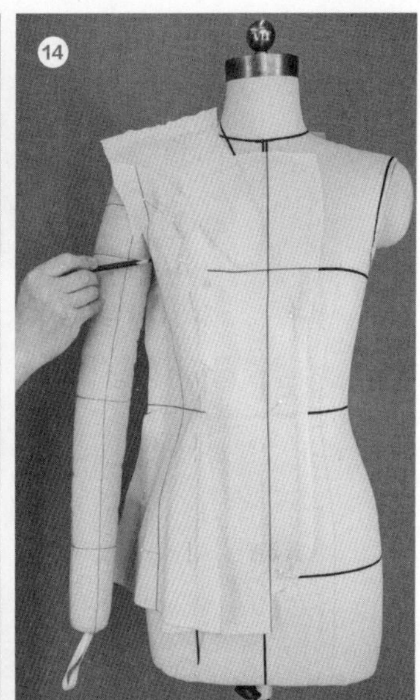

拼合前片与衣领

⑮ 参考第4章第4.11.3节翻立领做法。根据需要设计出衣领造型，贴出标识带，拼合衣领。

⑯ 裁出西服领挂面。

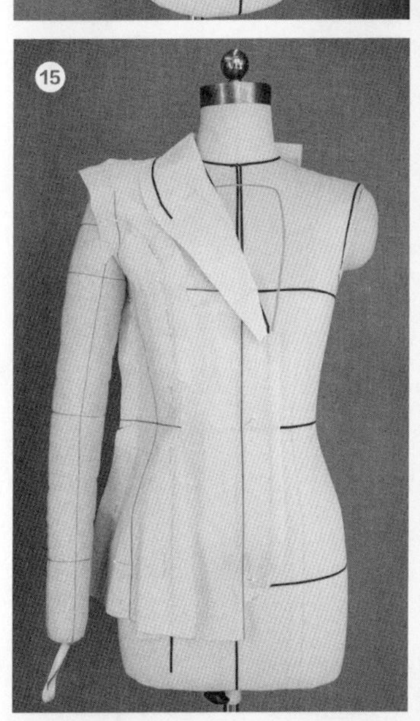

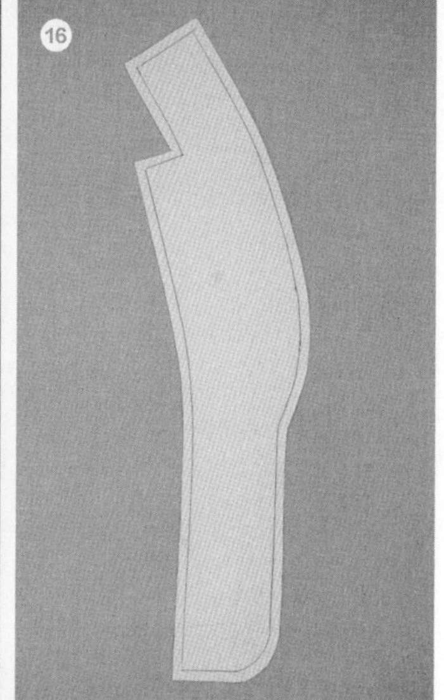

袖片

⑰ 沿标记线对袖窿进行裁剪。

⑱ 将袖片上所画的袖山深线、袖中心线与手臂上相对应的标识带重叠，并用珠针在袖山深线以及袖中心线位置固定。

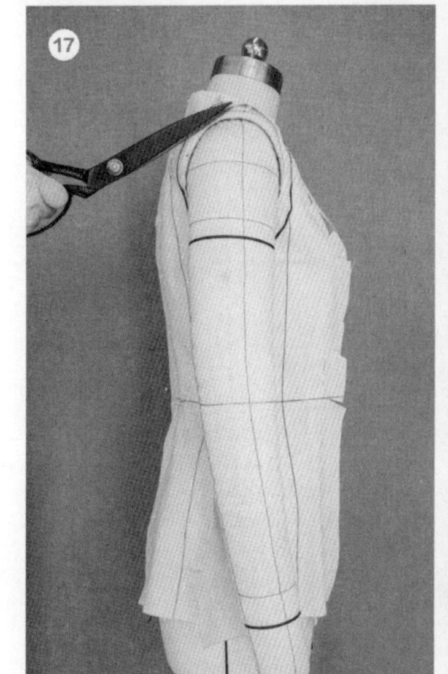

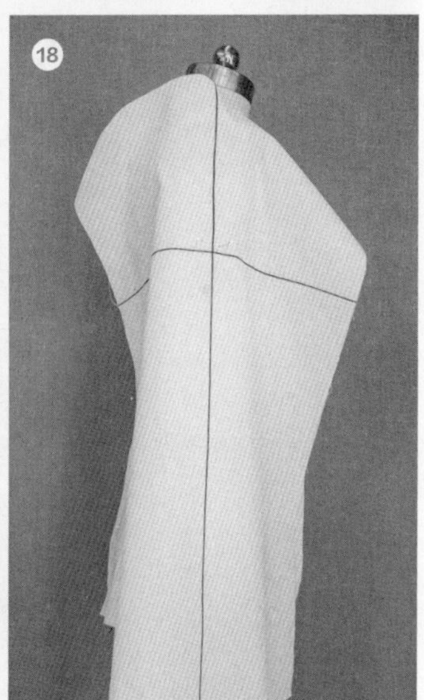

图5-10

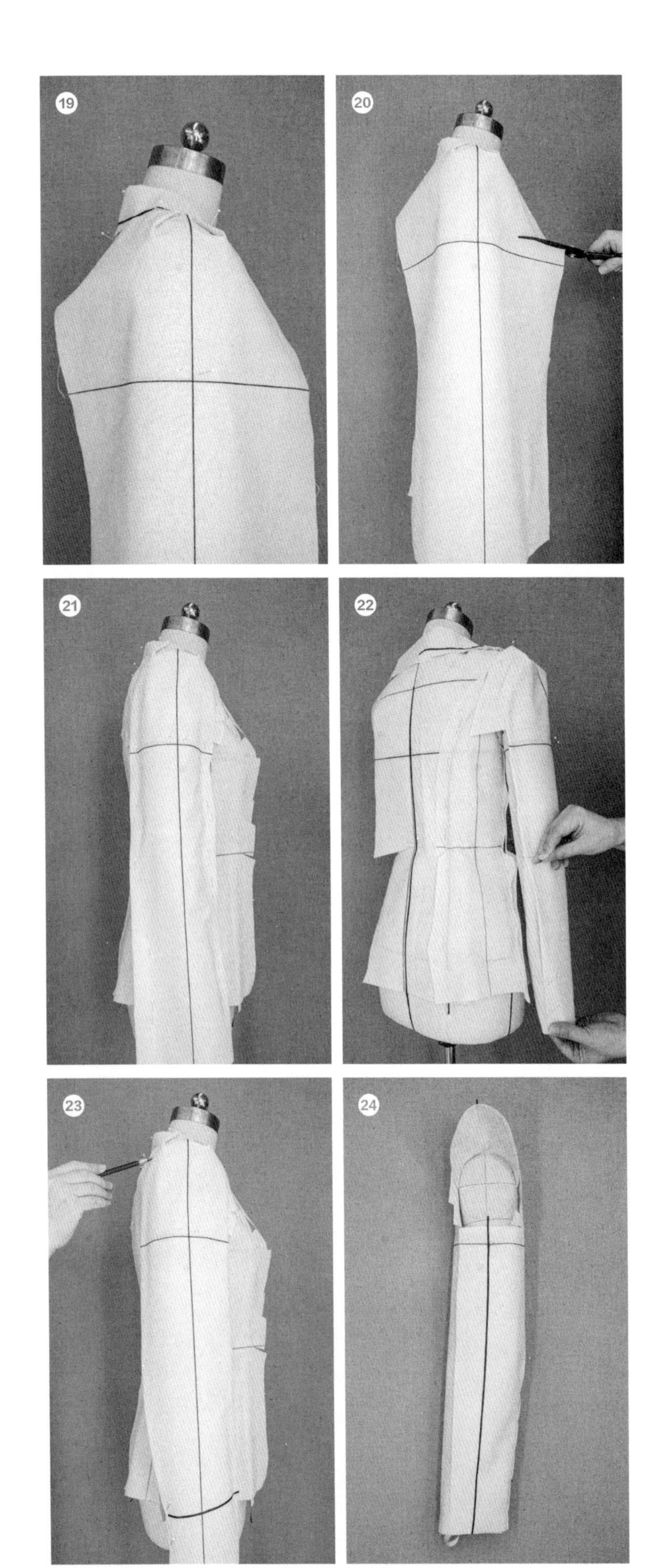

图5-10

⑲ 根据效果图所示，在袖山上叠出两个褶。

⑳ 在袖山深线上方打剪口，并将袖子向内翻折。

㉑ 别出袖子的松量。

㉒ 在后袖处收出袖口省使袖衩与袖口省合一，用珠针固定，并确定袖口量。

㉓ 画出袖窿弧标记点，贴出袖口标识带。

㉔ 将手臂取下，贴出手臂内侧的袖缝线。

㉕ 将袖片从手臂上取下，拆下珠针，按标记点修正并画出袖片的结构线。

㉖ 对合袖山褶。

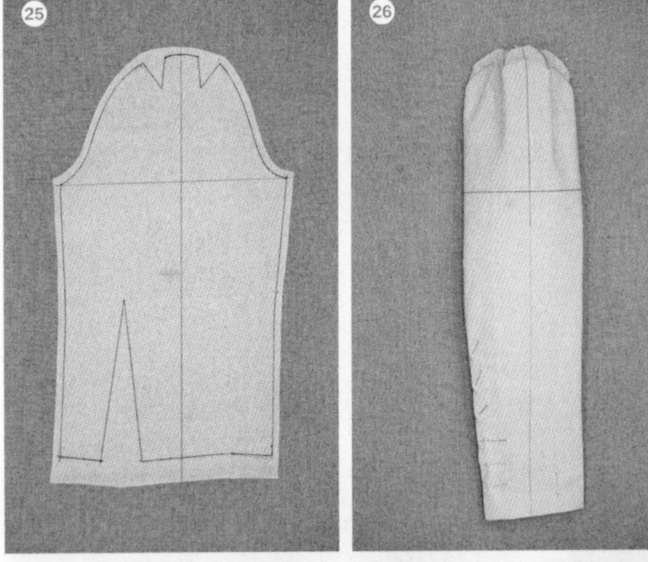

㉗ 对合袖缝线。

装袖

㉘ 将手臂抬起，固定袖子底部，然后将手臂放入袖子中。

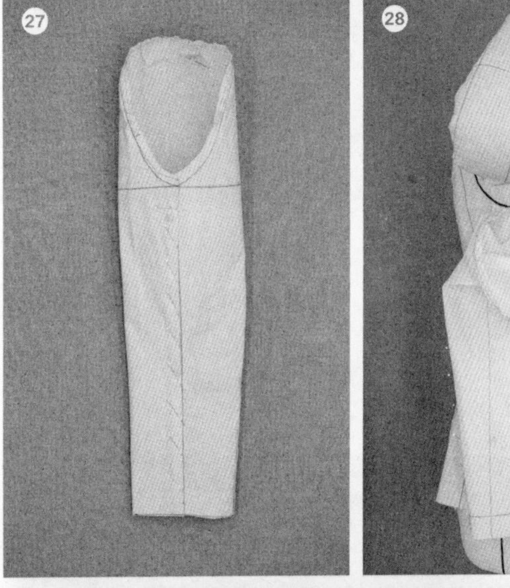

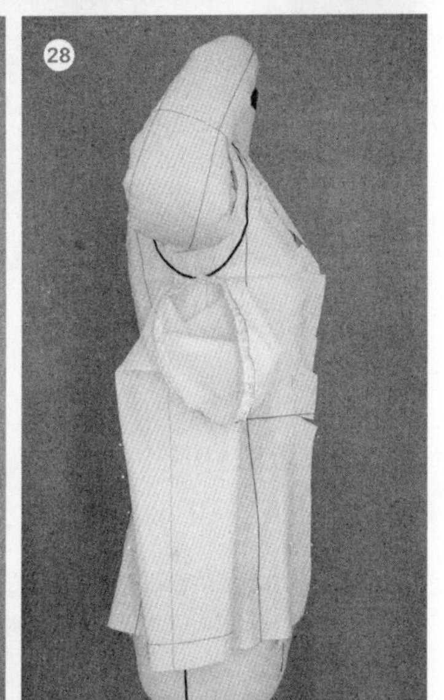

㉙ 将袖山顶点与肩端点重合并固定。弯折手臂，进一步确定袖山深及胸宽量，并用珠针固定前后部分，用隐藏针法完成袖子的拼合。

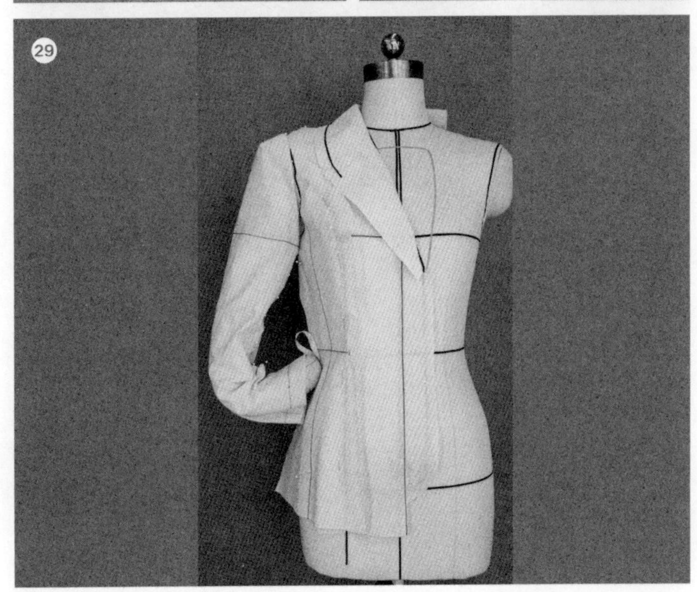

图5-10

立裁效果

㉚、㉛、㉜ 设计纽扣及口袋位置，观察并调整相应部位，完成青果领西服的制作。

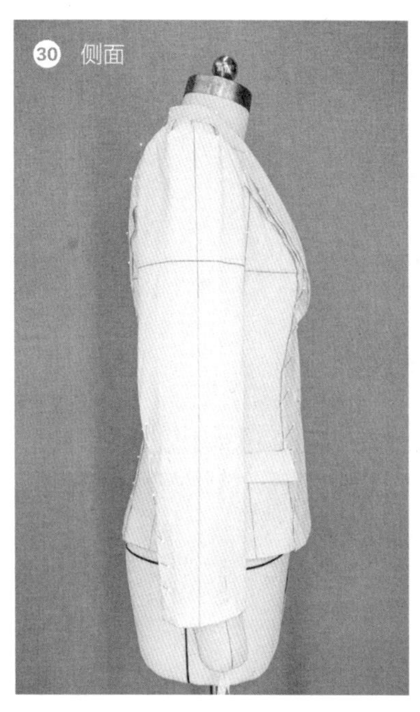

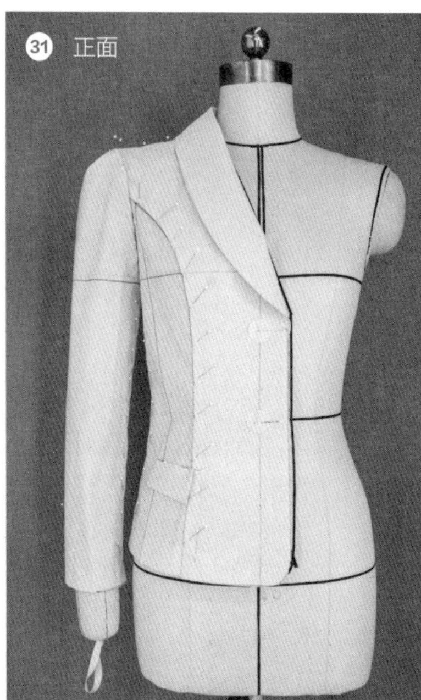

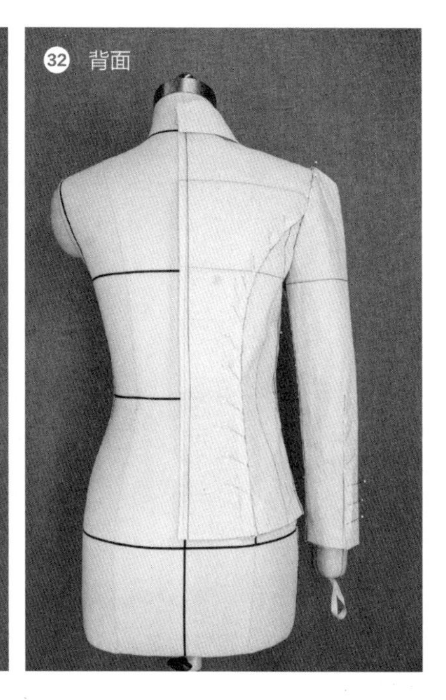

平面结构

㉝ 青果领西服结构图。

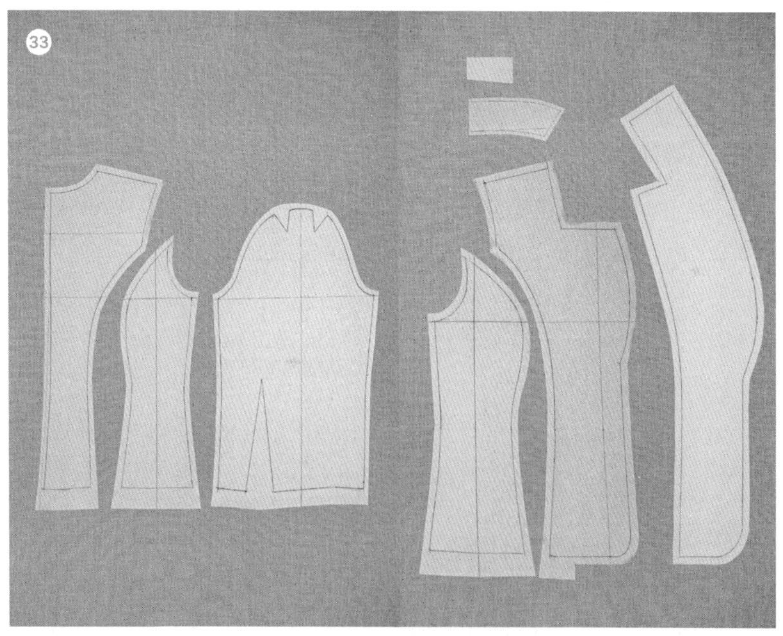

图5-10 青果领西服的立裁制作

第六章 基础单品案例

第16讲 层叠褶

6.16.1 先叠法“双褶”衣单品

褶是服装造型的重要手段和表现语言，具有较强的美观性和实用价值。层叠褶的主要特点是褶量的叠加。先叠法是指先设计制作出褶量宽度及折叠层数，然后从表层入手，逐步向内层裁剪出所需的造型效果。优点在于褶皱造型的可控性（图6-1、图6-2）。

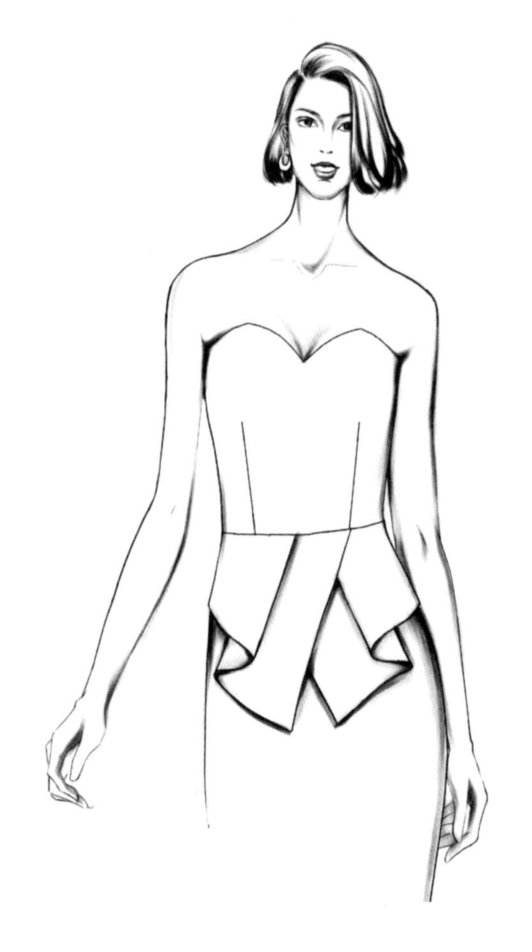

知识点:
折叠

白坯布尺寸

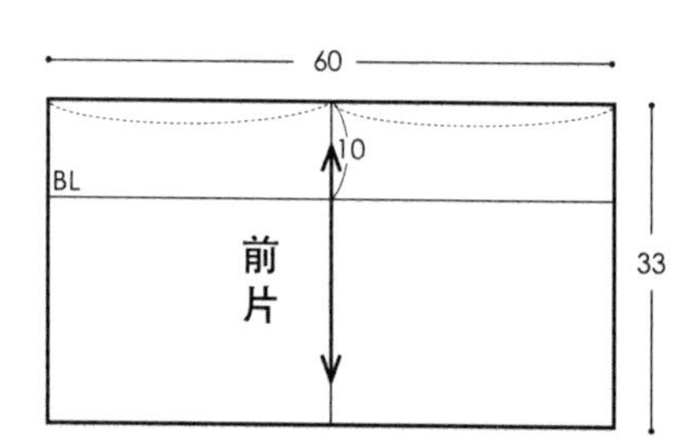

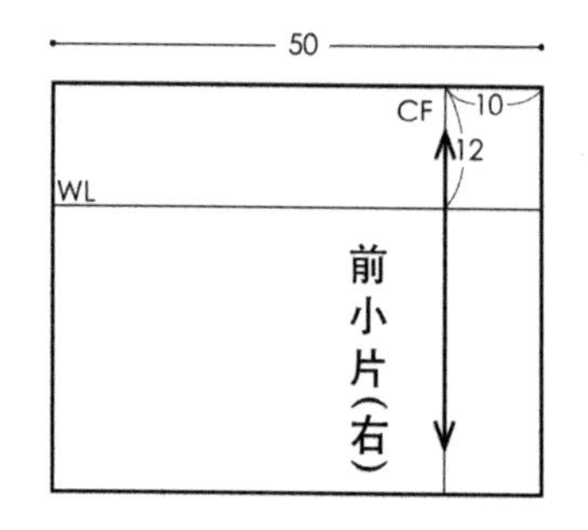

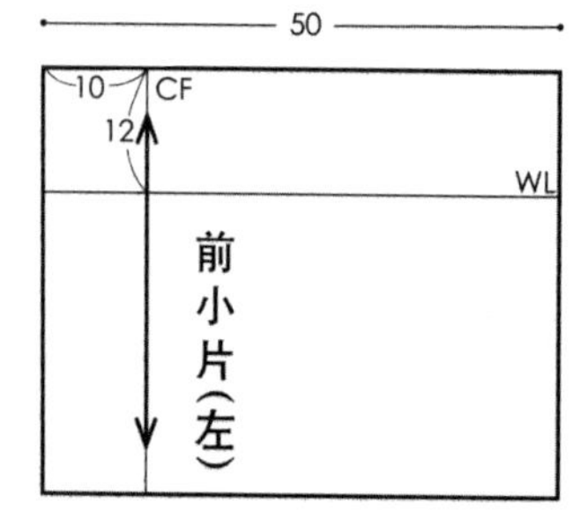

图6-1 白坯布基础尺寸

贴标识带

① 根据效果图所示，用标识带贴出胸部及腰下摆造型线。

前片

② 将衣片上所画的胸围线、前中心线与人台上相对应的标识带重叠并固定。

③ 进行省道转移，做出腰省，完成腰上半身制作。

前小片

④ 按标识带所示，固定前小片。根据需要先设计出褶皱量，并通过抬升下摆褶皱使其蓬松，形成新的腰围线。

⑤ 修剪腰头及侧缝处，并在前小片上贴标识带。

⑥ 贴出褶的造型线，并剪去多余的布料，完成层叠褶的制作。

同理制作另一小片。

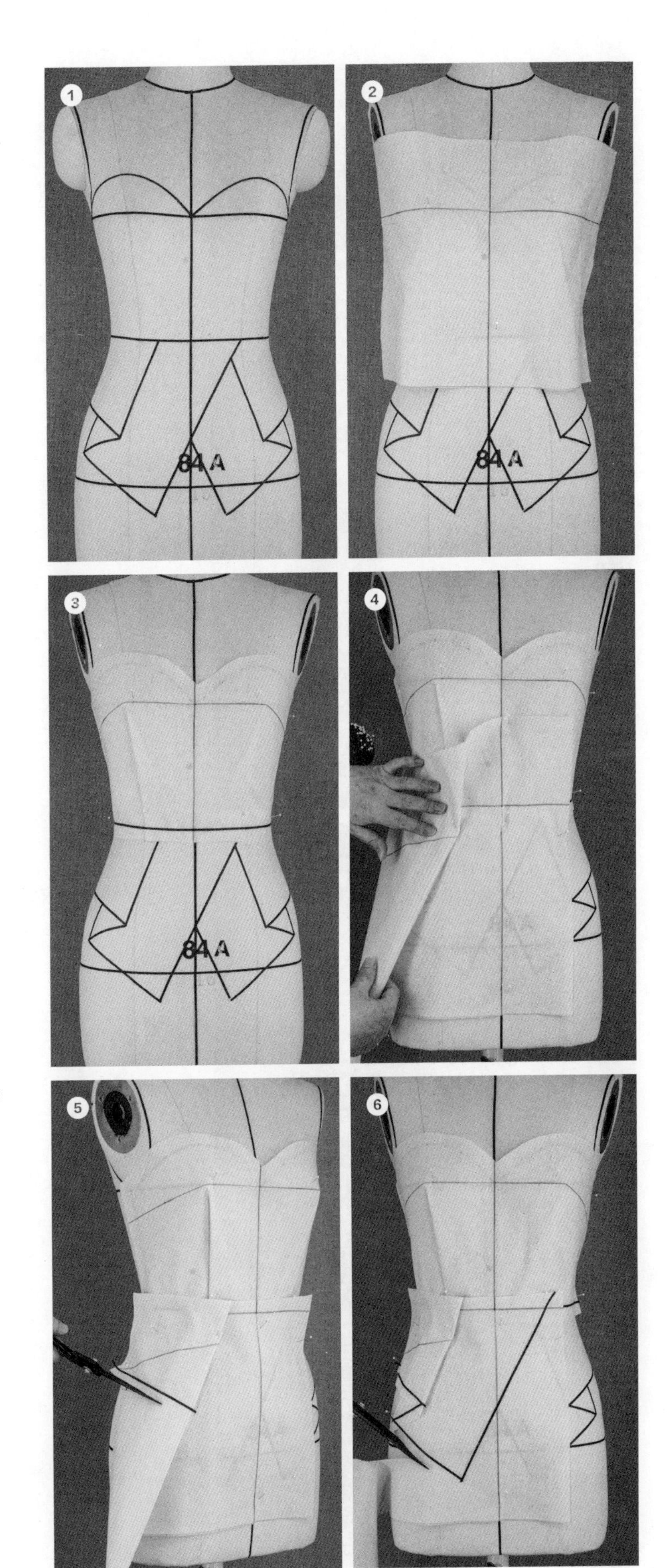

图6–2

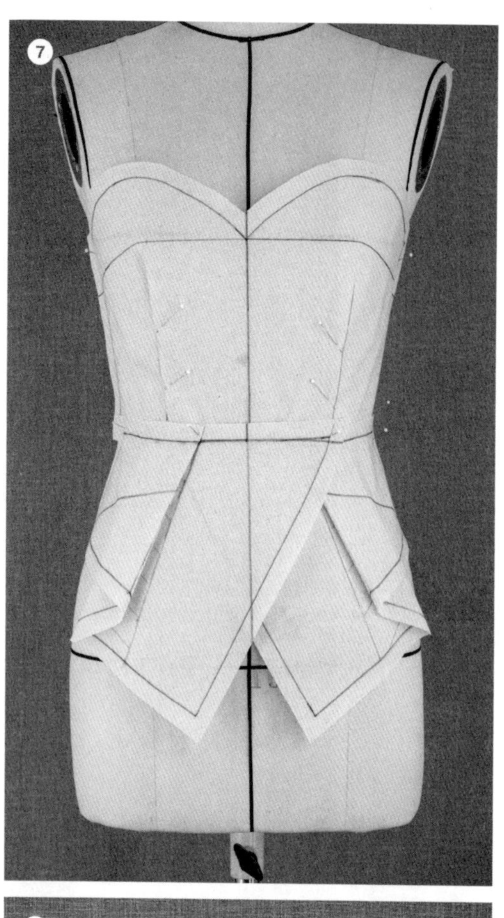

立裁效果

⑦“双褶”衣单品效果图。

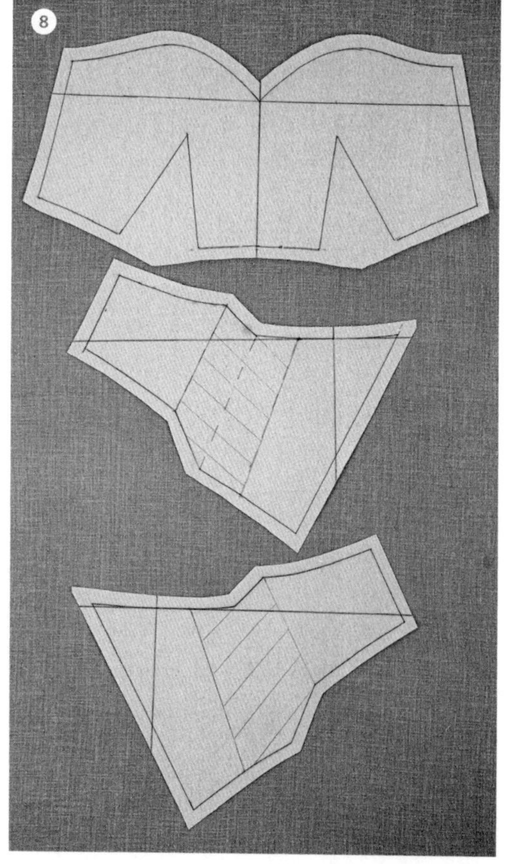

平面结构

⑧“双褶”衣单品结构图。

图6-2 先叠法“双褶”衣单品立裁制作

6.16.2 先剪法“垂褶”裙单品

先裁剪出布料的边缘弧度，下垂后产生层叠，形成自然的层叠褶。优点在于操作简单，褶皱自然，有一定的偶发性（图6-3、图6-4）。

知识点:
不同弧度的成褶效果

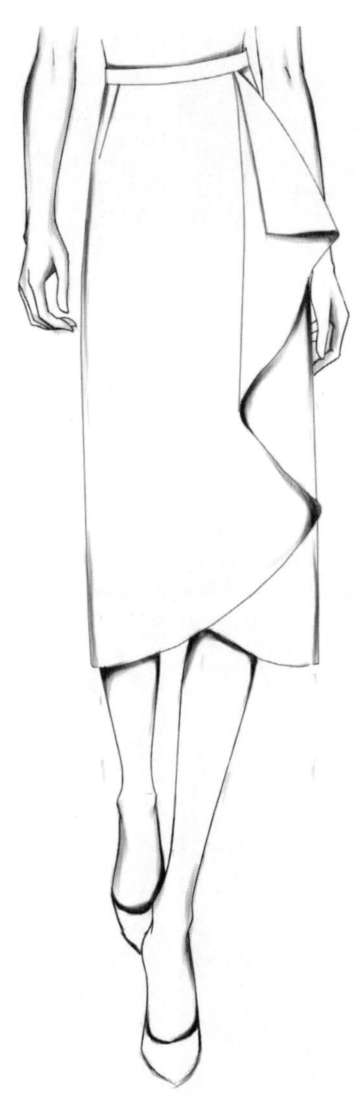

白坯布尺寸

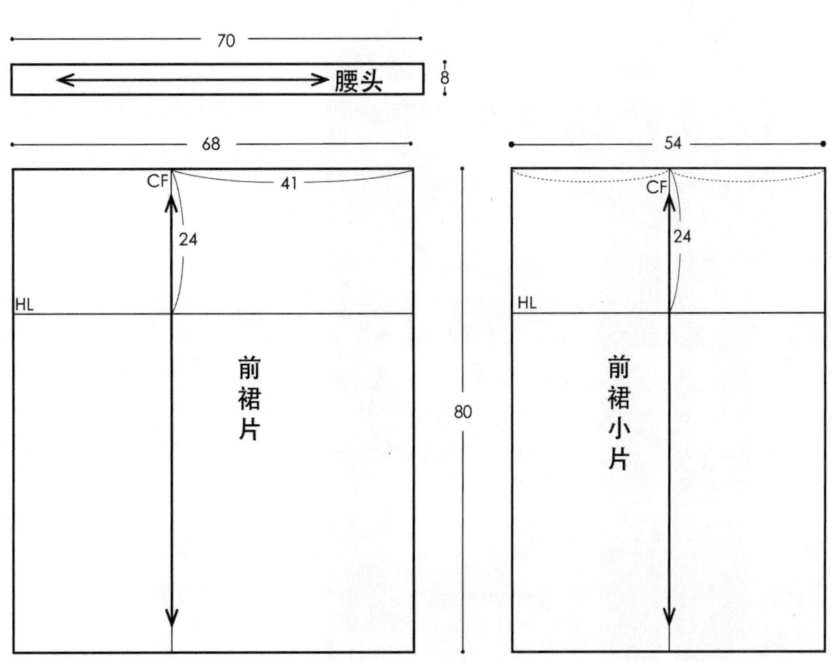

图6-3 白坯布基础尺寸

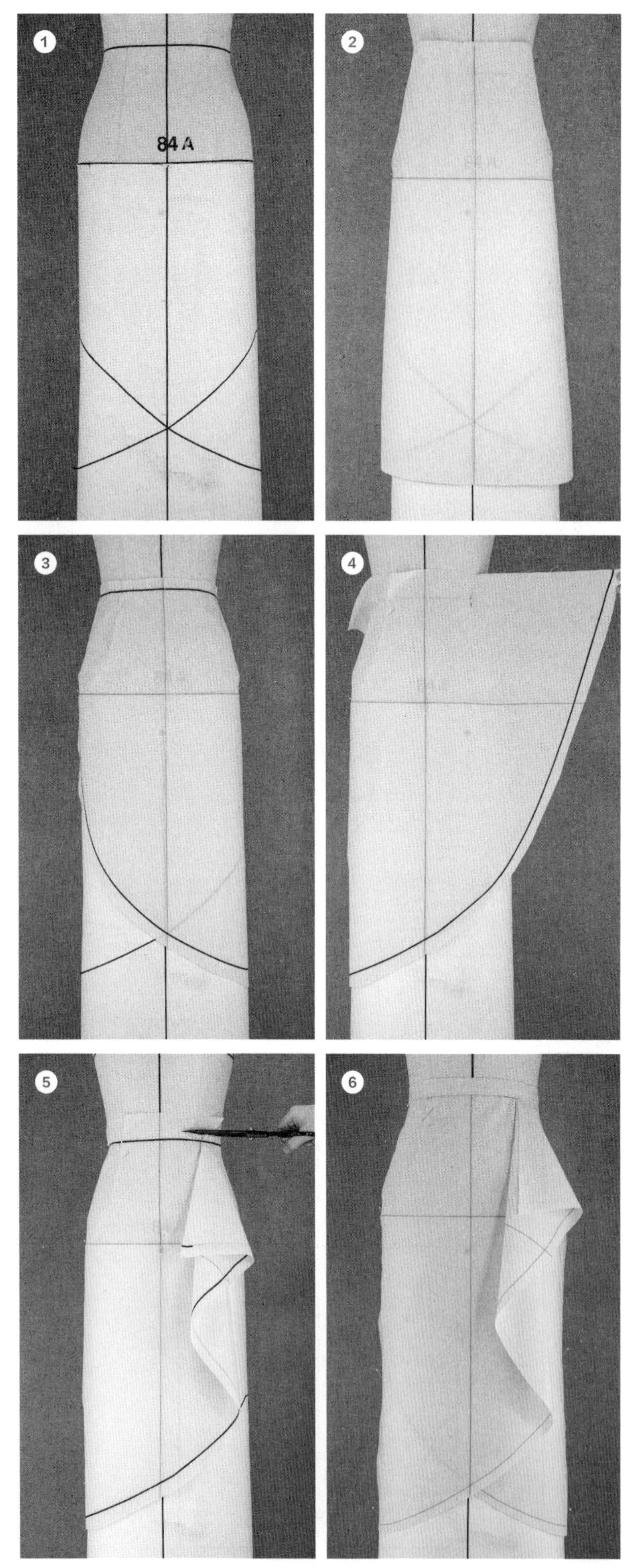

图6-4

贴标识带

① 为方便裙子制作，可选用卡纸沿臀围线包裹一圈，并在卡纸上贴出前、后中心线及侧缝线。根据效果图所示，距臀围线44cm的前中心线处为交汇点，用标识带对称贴出2条裙下摆线。

前裙小片

② 将前裙小片上所画的臀围线、前中心线与人台上相对应的标识带重叠，并固定。

③ 收省并做出前裙小片。

前裙片

④ 将前裙片上所画的臀围线、中心线与人台上相对应的标识带重叠并固定。收出右侧腰省，贴出造型线并粗裁。

⑤ 在左侧腰围线处固定，让裙摆下垂形成自然的层叠褶，画出褶皱位置，裁剪腰头。

立裁效果

⑥ 用隐藏针法绱腰头。

“垂褶”裙单品效果图。

平面结构

⑦“垂褶”裙单品结构图。

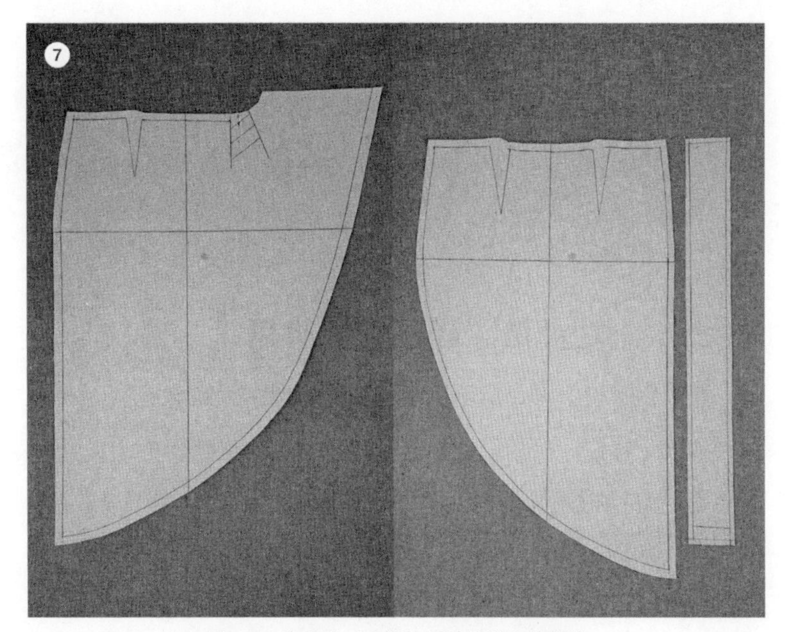

图6-4　先剪法“垂褶”裙单品的立裁制作

第17讲　波浪褶

6.17.1 定点法“百褶”裙单品

波浪褶轻松浪漫，广泛应用于立体裁剪中。定点法是通过固定褶位、打剪口以及拉伸等专业手法来获得褶的造型，并可根据需要确定褶的位置和大小（图6-5、图6-6）。

知识点:
打剪口拉伸

白坯布尺寸

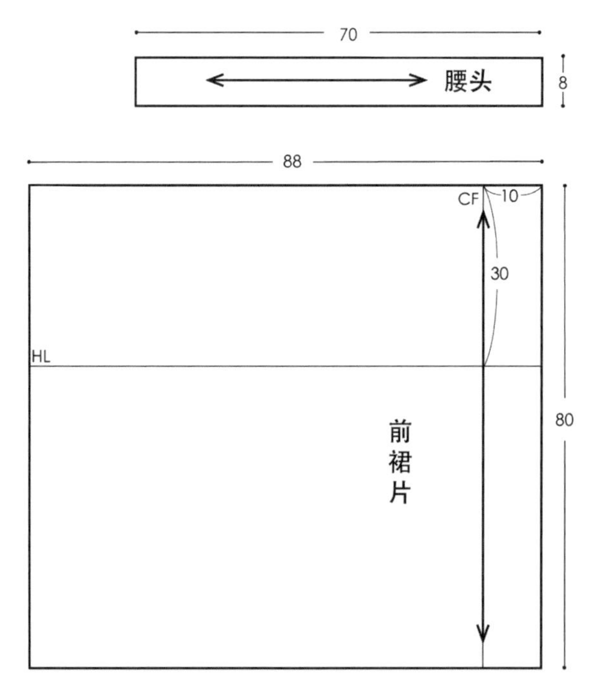

图6-5　白坯布基础尺寸

贴标识带

① 根据效果图所示，在腰围线处用标识带贴出剪口位置。

裙片

② 将前裙片上所画的臀围线、中心线与人台上相对应的标识带重叠，并固定。用珠钉固定第一个剪口位置，剪刀垂直向下剪到珠钉处。

③ 剪口处张开，下摆拉出波浪量。为使褶量不延展至剪口，需用力抹平腰部褶尖量。

④、⑤ 用珠钉固定第二个剪口位置，剪刀垂直向下剪到珠钉处，张开剪口，下摆垂式做出第二个波浪。

⑥ 做出第三个波浪，需均匀分配褶量，此时裙侧缝处的丝绺已由经纱转化为纬纱。将丁字尺垂直于地面，确定裙长做出标记并粗裁。

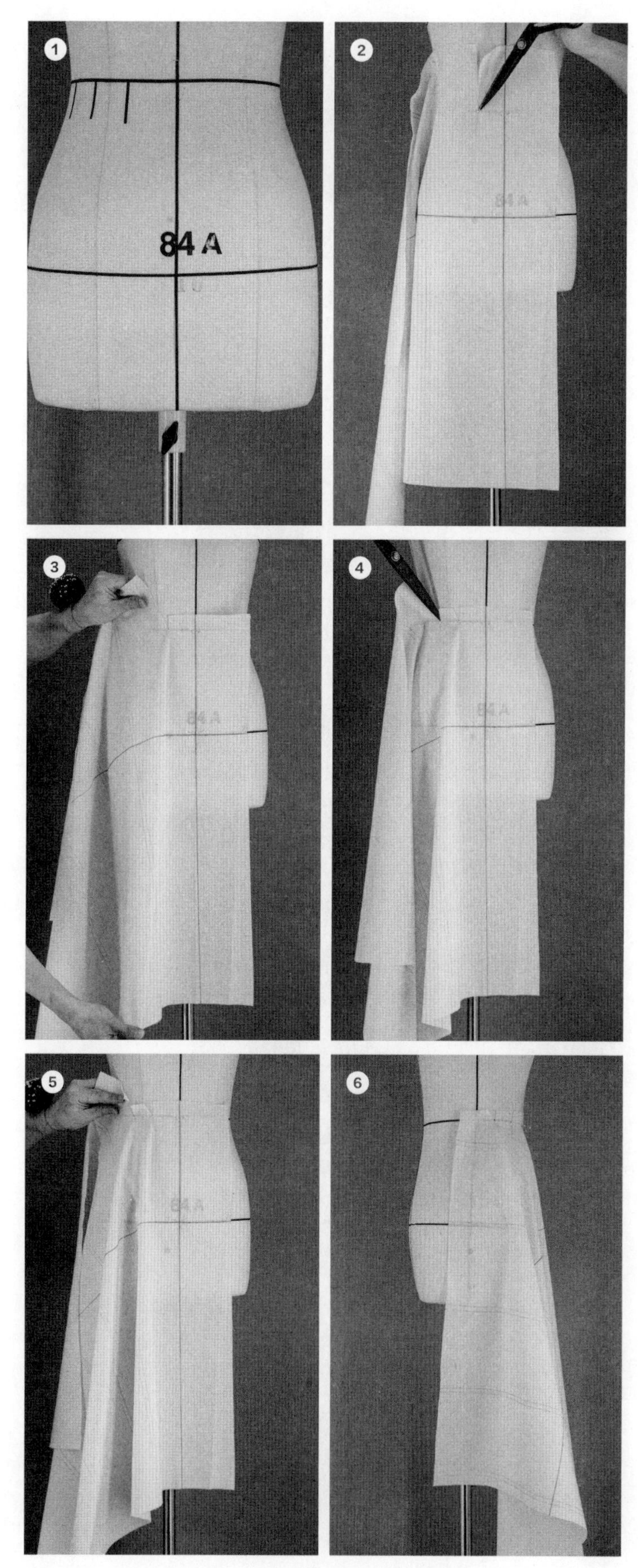

图6–6

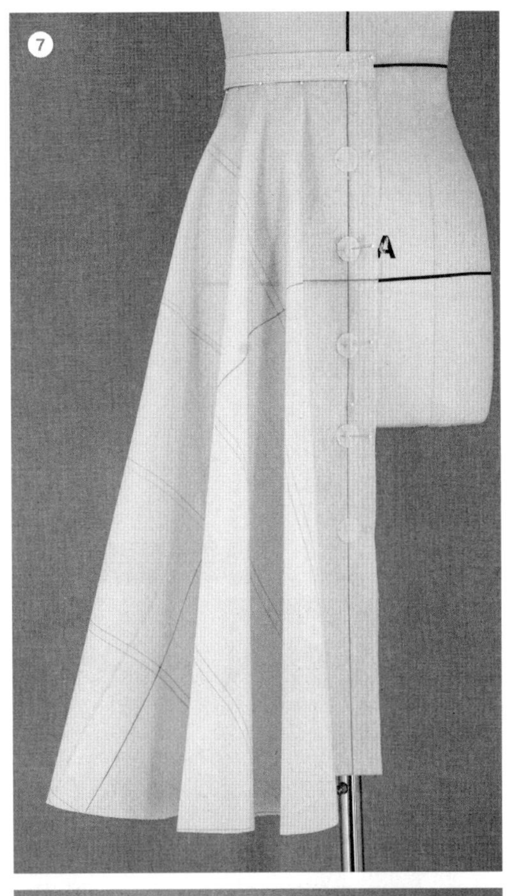

立裁效果

⑦ 用隐藏针法绱腰头，并画出标记线，确定扣位。

“百褶”裙单品效果图。

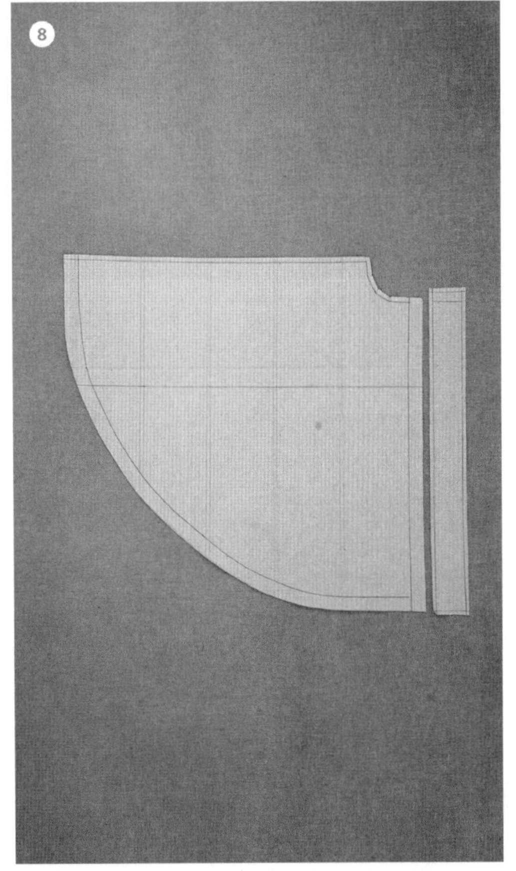

平面结构

⑧“百褶”裙单品结构图。

图6-6 定点法“百褶”裙单品的立裁制作

6.17.2 散点法“单肩荷叶”衣单品

散点法是通过改变曲率获得波浪褶的一种造型方法。由于曲率的不确定性，所产生的褶在位置、数量以及褶量大小等方面也具有一定的模糊性。特点是变化丰富，外观呈现自然的波浪形，也称荷叶边褶（图6-7、图6-8）。

知识点:
曲率与褶量

白坯布尺寸

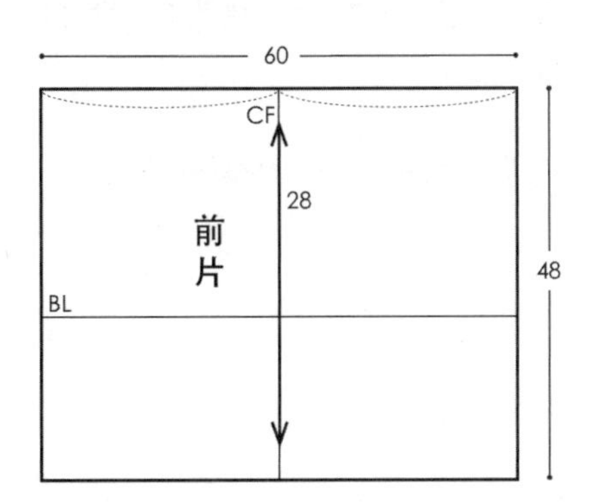

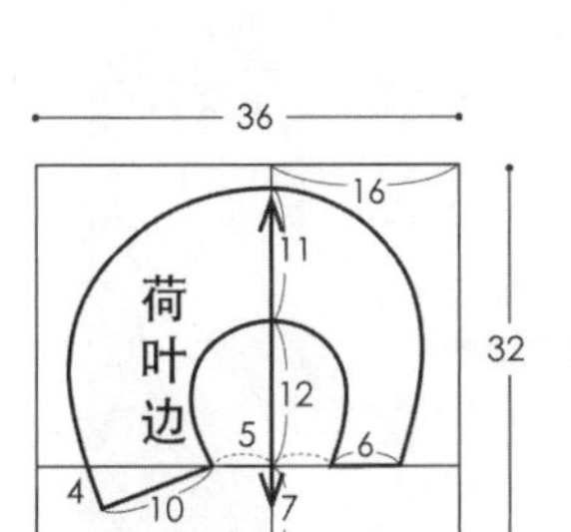

图6-7 白坯布基础尺寸

贴标识带

① 根据效果图所示，在人台上贴出领口造型线标识带。

前片

② 将衣片上所画的胸围线、前中心线与人台上相对应的标识带重叠，并固定。

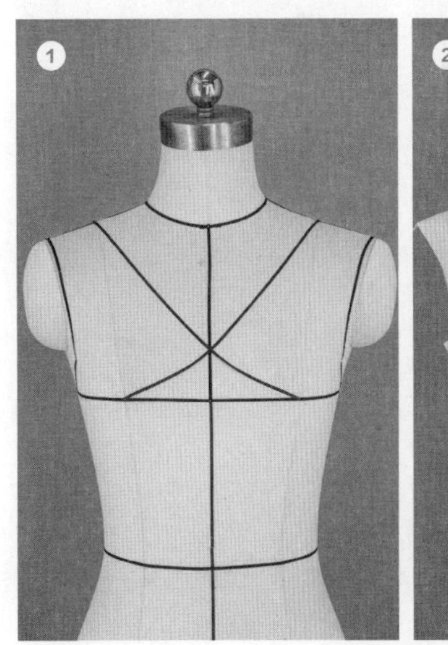

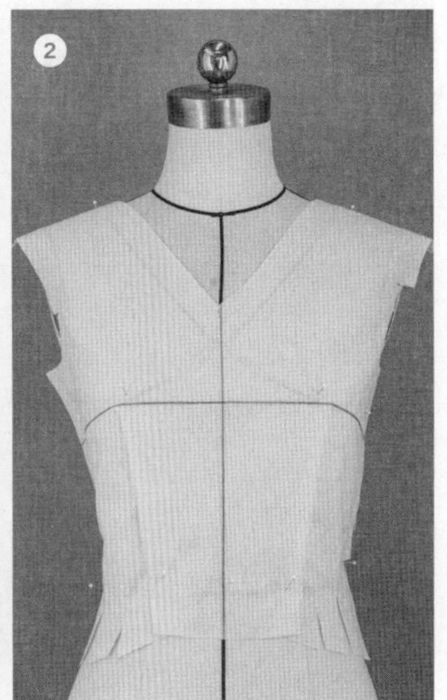

图6-8

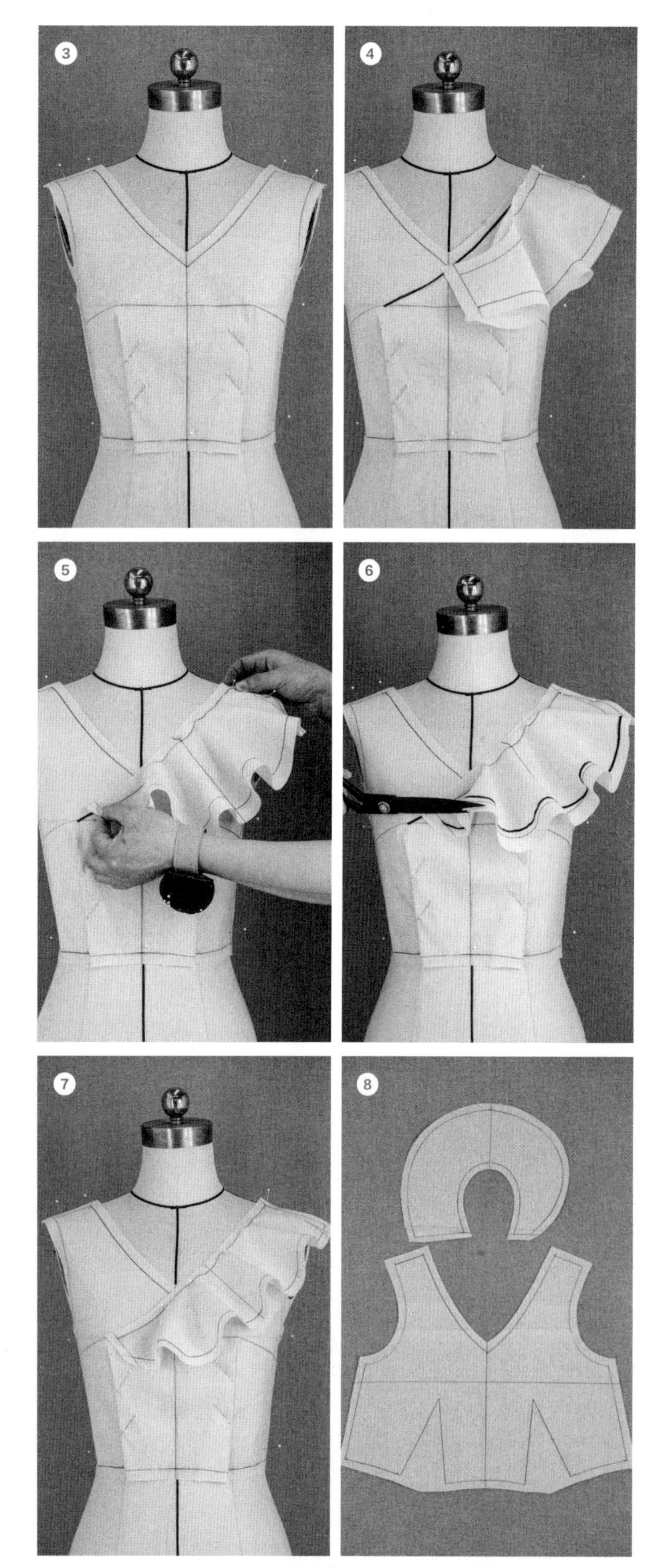

图6-8 散点法“单肩荷叶”衣单品的立裁制作

③ 进行省道转移，做出腰省，完成衣身制作。

④ 将裁好的荷叶边放置衣身上，并在肩部领口处固定。

⑤ 将荷叶边内弧线与衣身领口线拼合，由于荷叶边内弧线的曲率发生改变，会形成自然褶边。

⑥ 在前片上贴出荷叶边造型线并裁剪。

立裁效果

⑦“单肩荷叶”衣单品效果图。

平面结构

⑧“单肩荷叶”衣单品结构图。

第18讲 弧型褶

6.18.1 剪切提拉“单弧”衣单品

荡褶通过剪切与提拉的配合，使褶皱的中间部分产生空间，面料有垂荡感。多用于前胸及裙摆的造型（图6-9、图6-10）。

知识点:
成形方式

白坯布尺寸

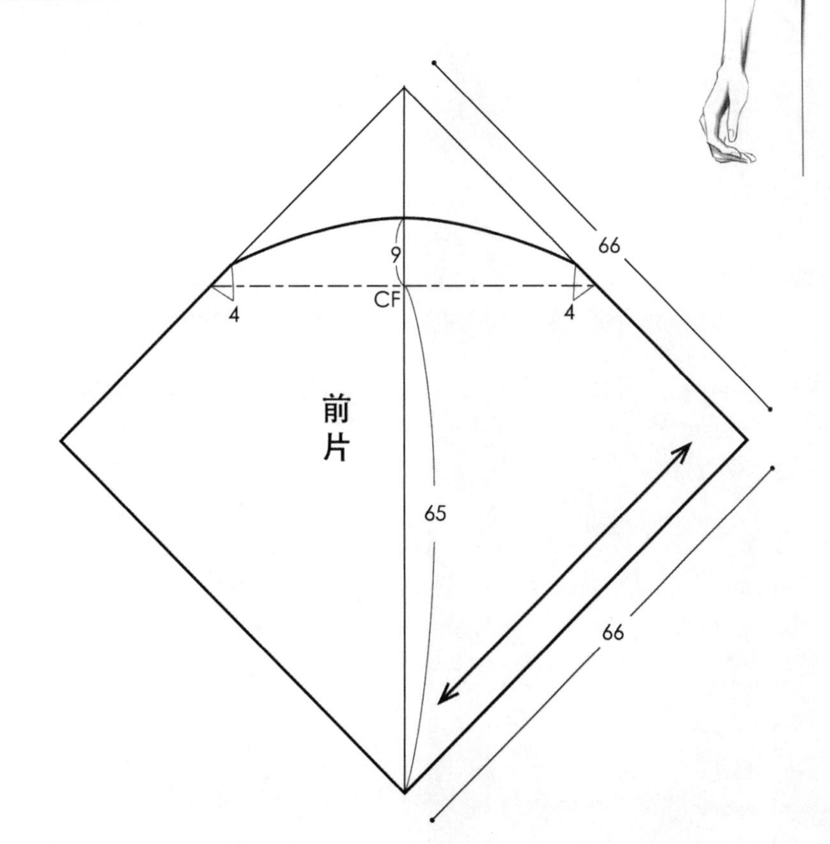

图6-9 白坯布基础尺寸

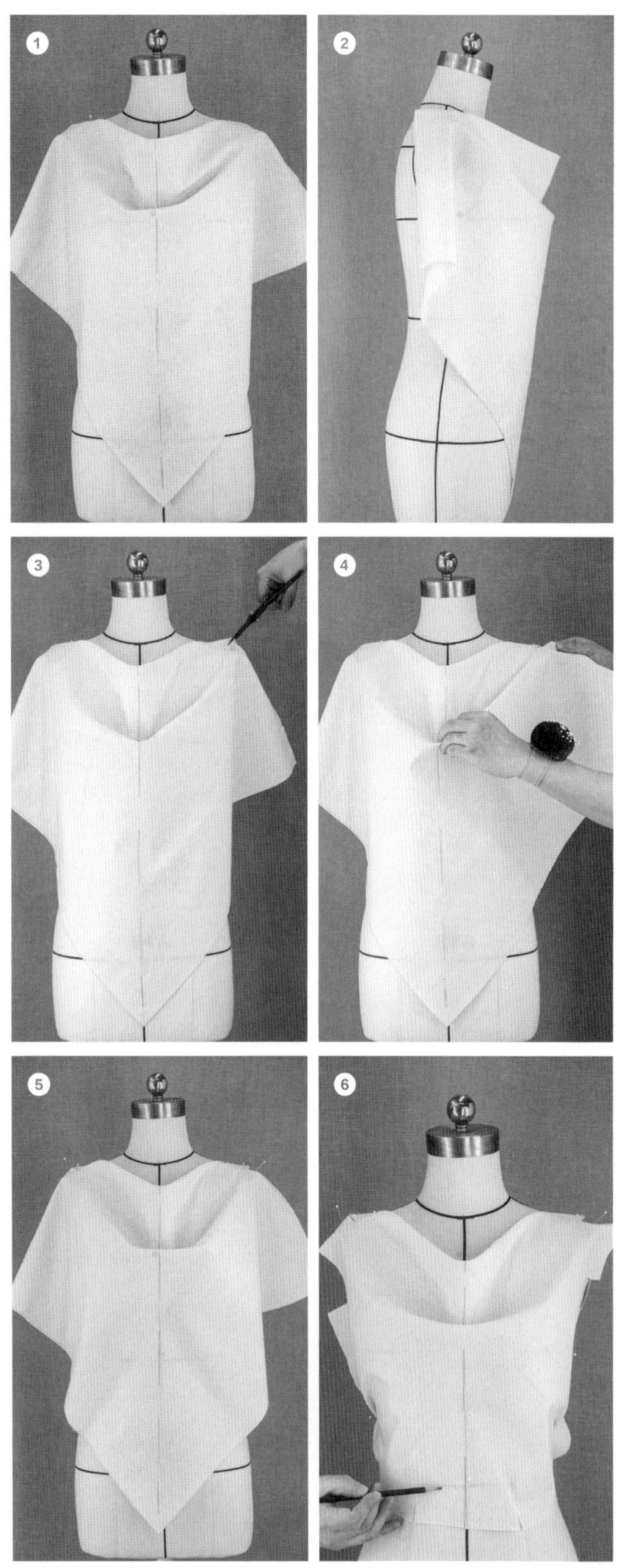

图6-10

前片

①、② 沿虚线向内翻折出领口线，在肩部公主线处固定，留出约5cm缝份量。从侧面观察领口线向下角度。

③、④ 用珠针固定前中心处褶量。肩部打剪口，向下转移做出褶量。

⑤ 做出另一侧褶量。

⑥ 粗裁、收侧腰省，并画出衣身标记点。

立裁效果

⑦“单弧”衣单品效果图。

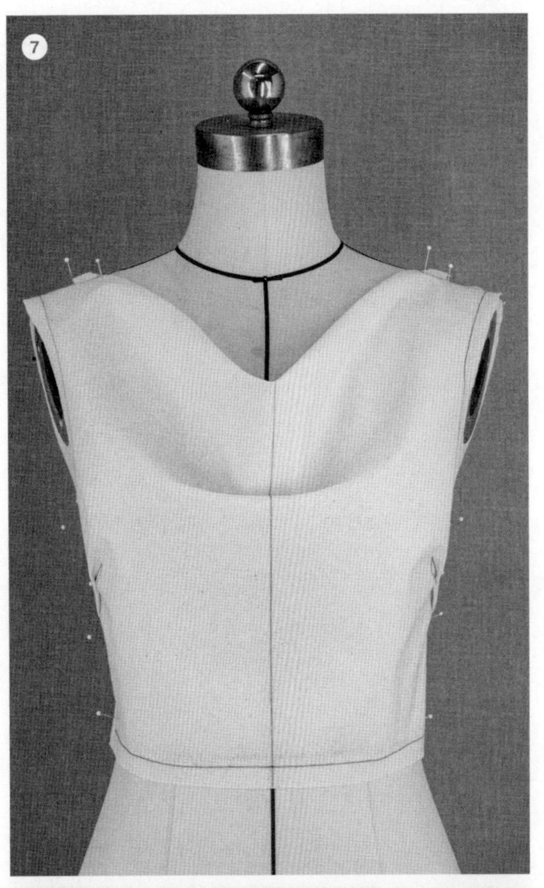

平面结构

⑧“单弧”衣单品结构图。

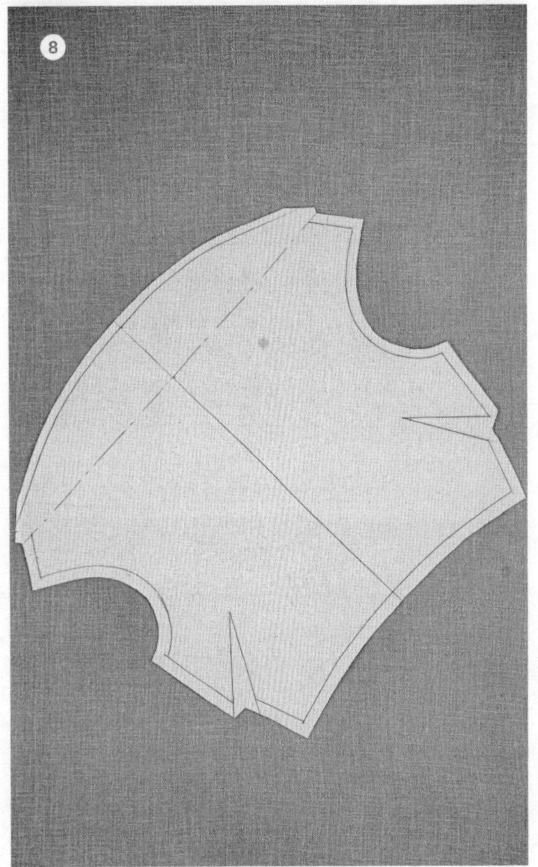

图6-10 剪切提拉“单弧”衣单品的立裁制作

6.18.2 折叠提拉“塔形”裙单品

通过折叠的形式完成的荡褶制作。折叠提拉的荡褶具有较强的装饰性，多用于表演装和礼服的设计（图6-11、图6-12）。

知识点：
褶量设计

白坯布尺寸

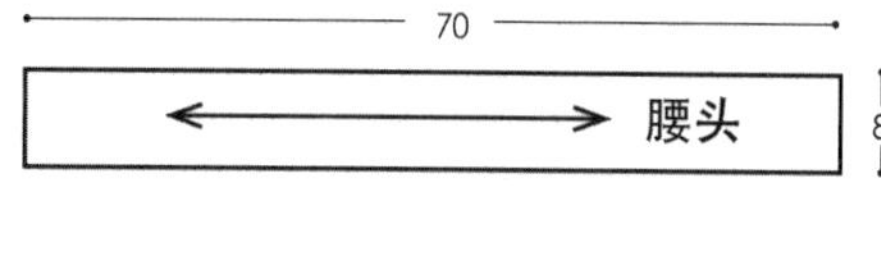

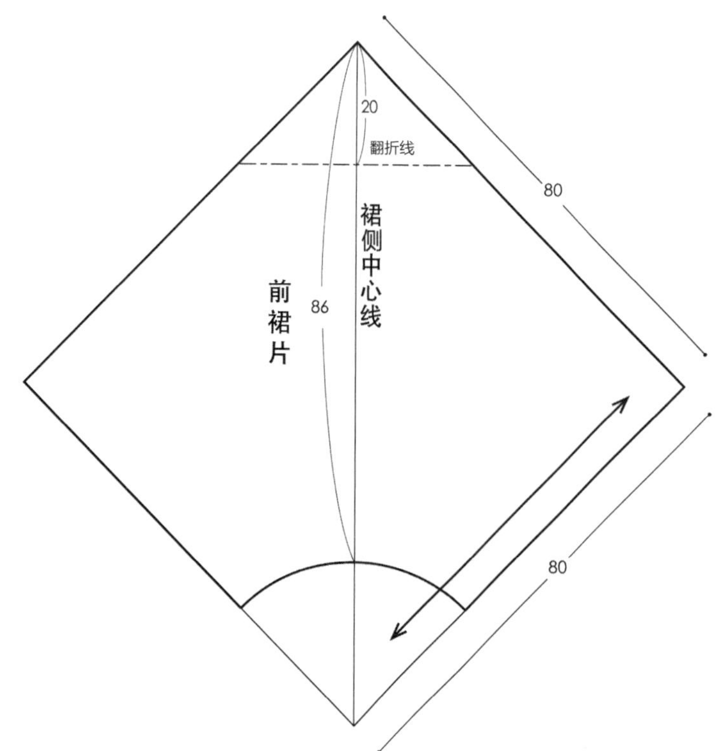

图6-11　白坯布基础尺寸

裙片

① 将裙片取斜丝方向，由上沿20cm处的虚线（图6-11）向内翻折，将翻折线的两端点分别固定在人台腰围线标识带上侧缝点处，形成第一个荡褶。

② 参考裙片上所画裙中心线，捏出荡褶量，向上提拉。

③ 分别在距腰围线侧缝点左、右2cm处固定，做出第二个荡褶。

④ 同理分别做出第三、第四个荡褶。

⑤ 注意保持荡褶量的均匀性，然后在裙片上腰围线处做标记，粗裁。做出腰头。

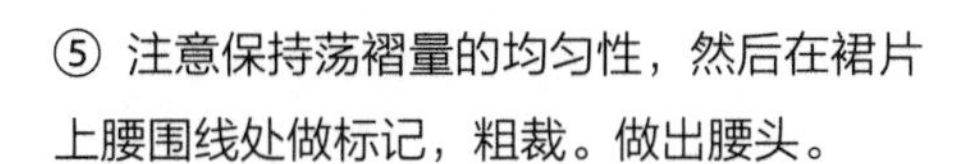

⑥ 侧面角度的“塔形”裙单品效果图。

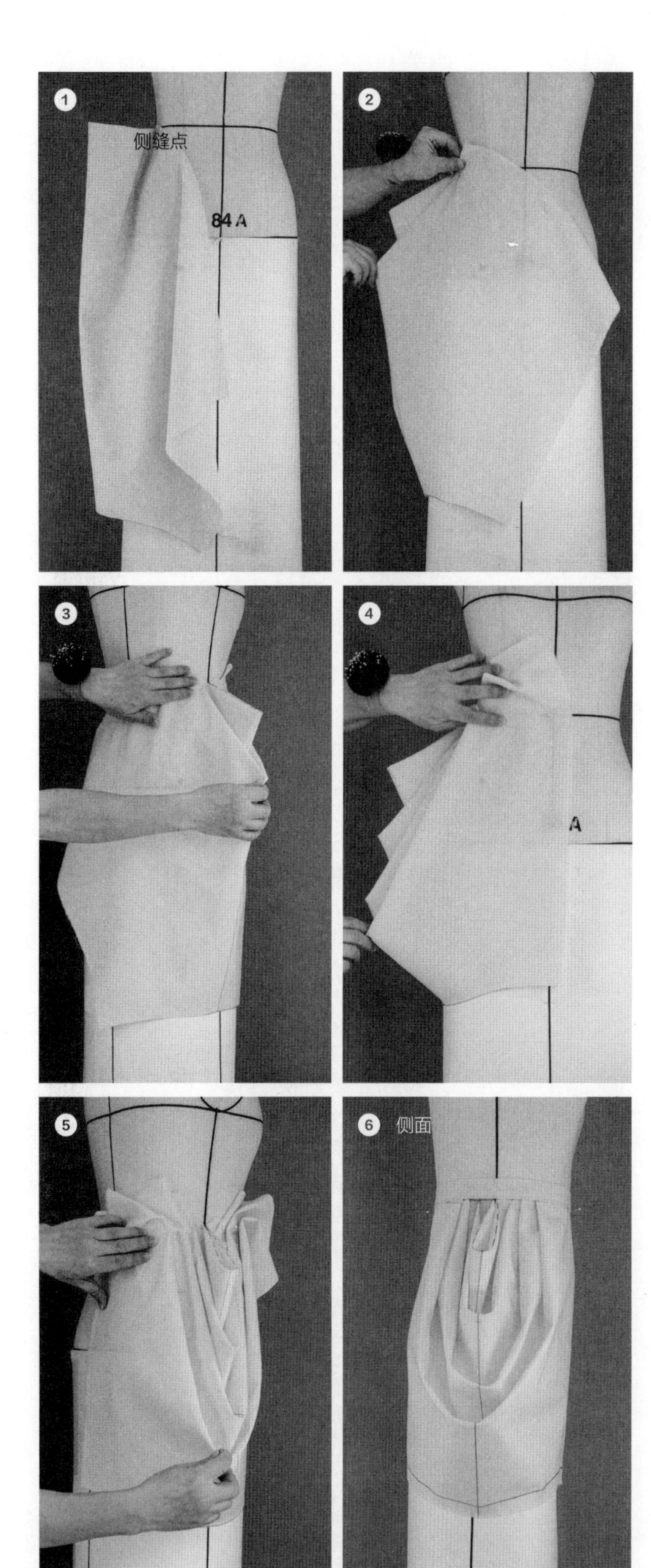

图6-12

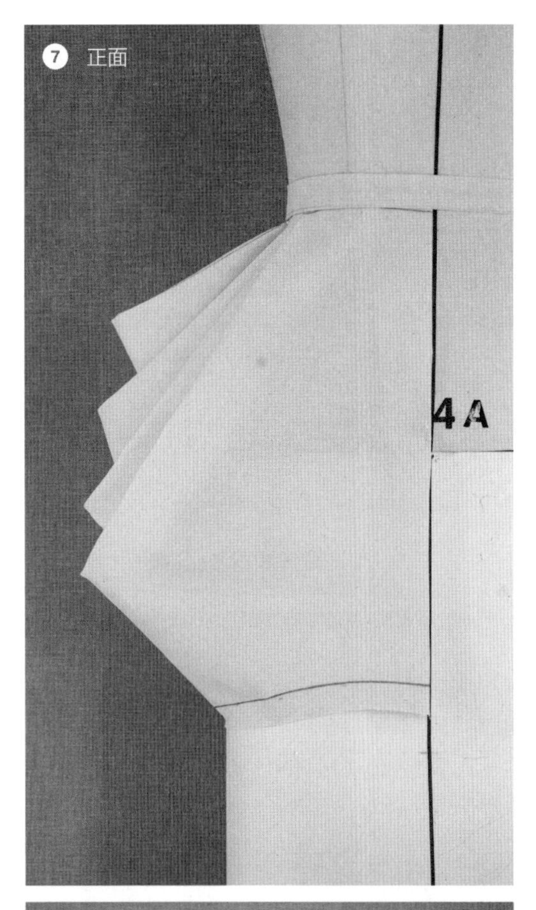

立裁效果

⑦ 正面角度的“塔形”裙单品效果图。

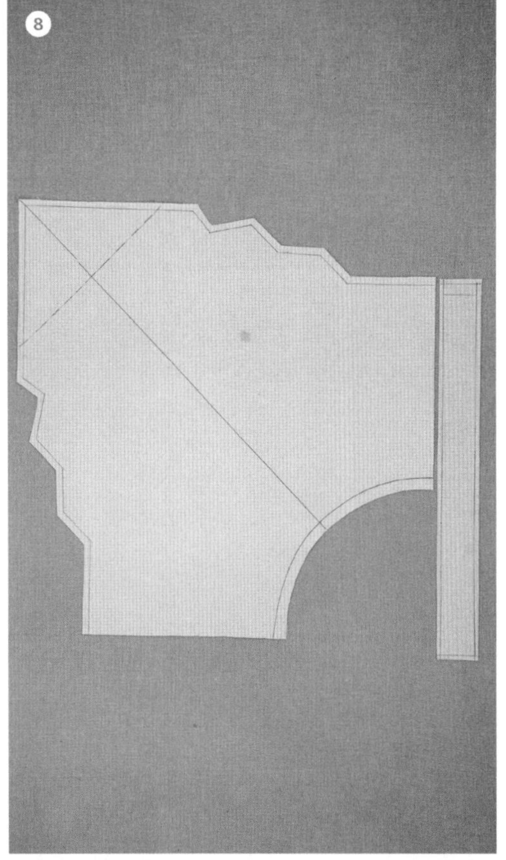

平面结构

⑧“塔形”裙单品结构图。

图6-12　折叠提拉“塔形”裙单品的立裁制作

6.18.3 单边提拉“多弧”衣单品

通过固定一边，提拉捏褶另一边的方式，完成的荡褶制作。该造型疏密结合，褶线舒展流畅，多用于各类礼仪性服装（图6-13、图6-14）。

知识点:
提拉成形

白坯布尺寸

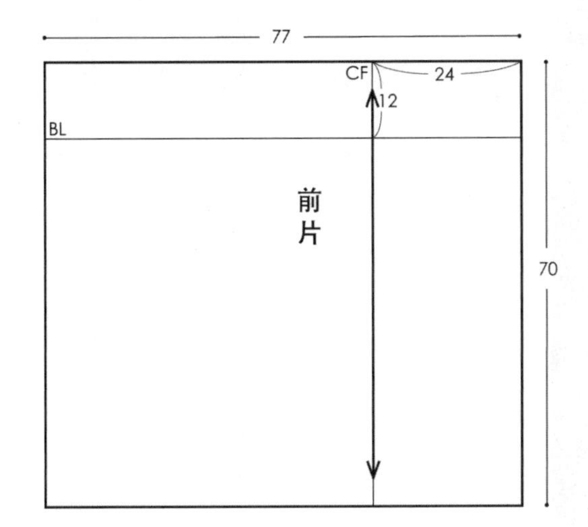

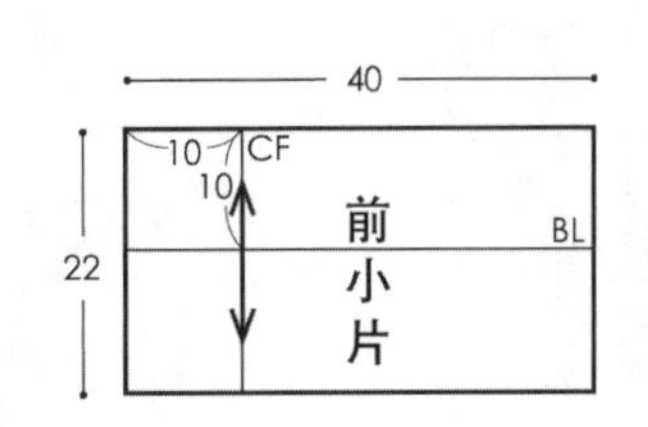

图6-13 白坯布基础尺寸

贴标识带

① 根据效果图所示，用标识带贴出胸部以及下摆造型线。

前片

② 将前小片上所画的胸围线、前中心线与人台上相对应的标识带重叠，并固定。向腋下方向转移省量，均匀做出三个褶，贴标识带并粗裁。

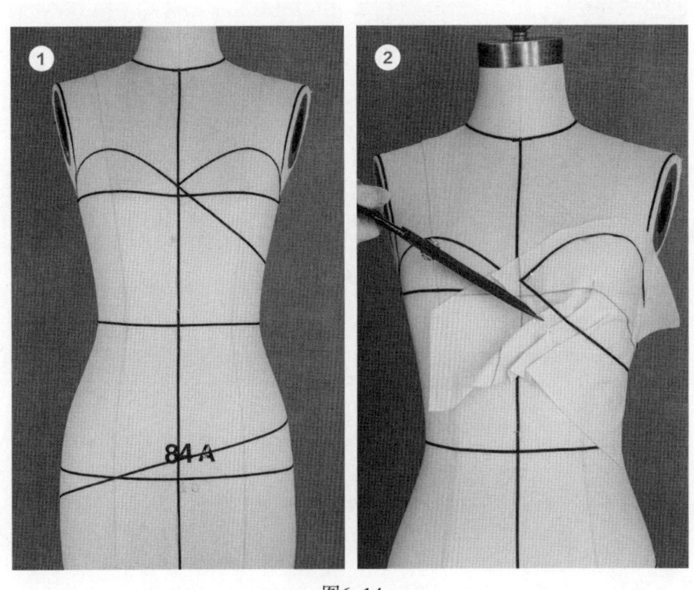

图6-14

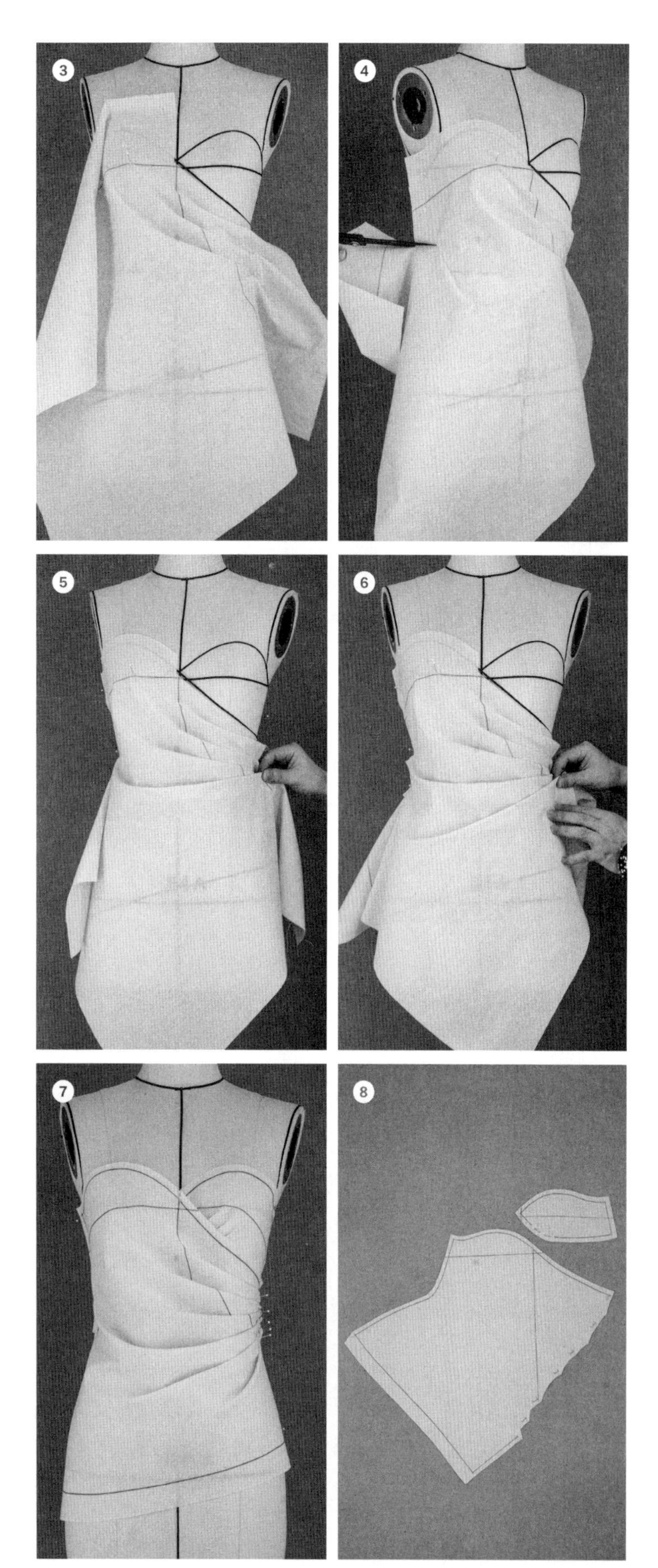

图6-14 单边提拉“多弧”衣单品的立裁制作

③ 将前片上所画的胸围线、前中心线与人台上相对应的标识带重叠，并固定。沿标识带进行裁剪，将缝份向内翻折，将省量转移，并均匀分配成三个褶量。

④ 沿右侧缝线向下裁剪，在腰围线上方4cm处，钉珠针、打剪口。

⑤ 张开剪口处，向上提拉出第四个褶。

⑥ 在腰围线处钉珠针、打剪口，做出第五个褶和第六个褶。

立裁效果

⑦“多弧”衣单品效果图。

平面结构

⑧“多弧”衣单品结构图。

第19讲 穿插

6.19.1 分片穿插“Y型褶”衣单品

通过剪切、交叉等技术手段，使不同裁片组合在同一造型中。穿插处打破成形是主要造型手法，具有较强的隐蔽性和新颖性（图6-15、图6-16）。

知识点:
穿插点剪切

白坯布尺寸

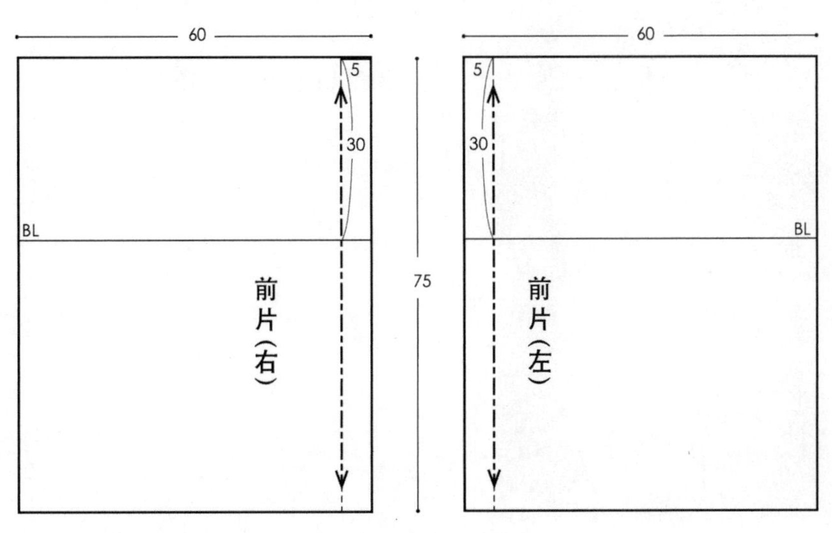

图6-15 白坯布基础尺寸

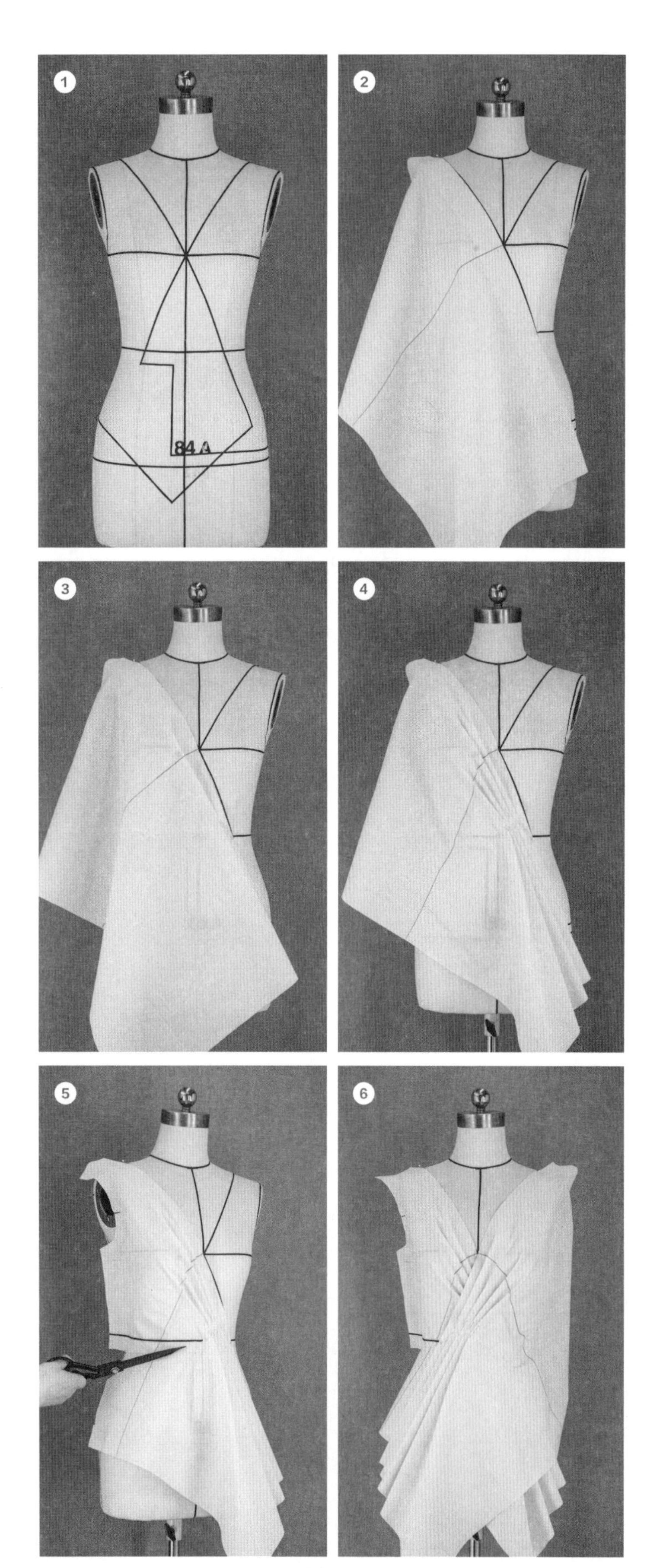

图6-16

贴标识带

① 根据效果图所示贴标识带。

衣身

② 将衣片边缘向内翻折5cm，并按标识带所示固定衣片。

③ 转移适当省量获得第一个褶。

④ 继续转移余下省量，做出另外三个褶。完成后的褶量应超过前中心线，同时也为方便剪切穿插的部位。

⑤ 从腰围线下1.5cm处，在前中心线与腰围线交点处剪出交叉线。

⑥ 参照以上步骤，做出左衣片。

⑦、⑧ 根据标识带所示，剪出衣片造型。

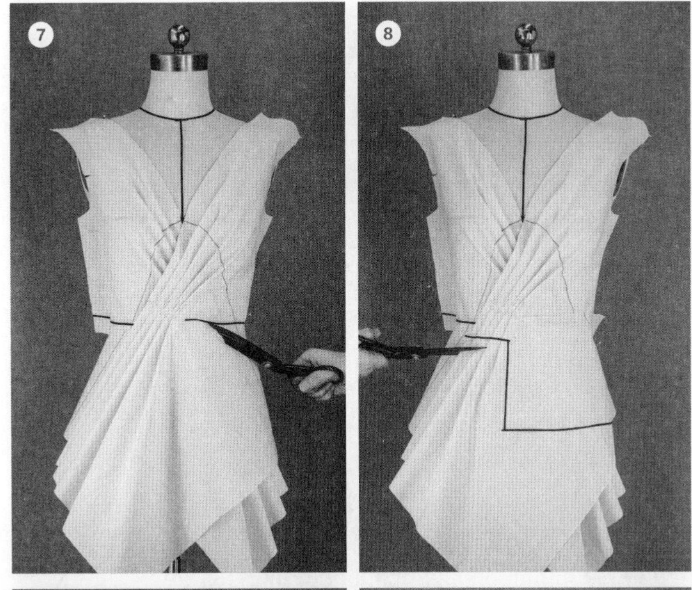

⑨、⑩ 穿插固定左右衣片，贴出下摆造型线，并粗裁。

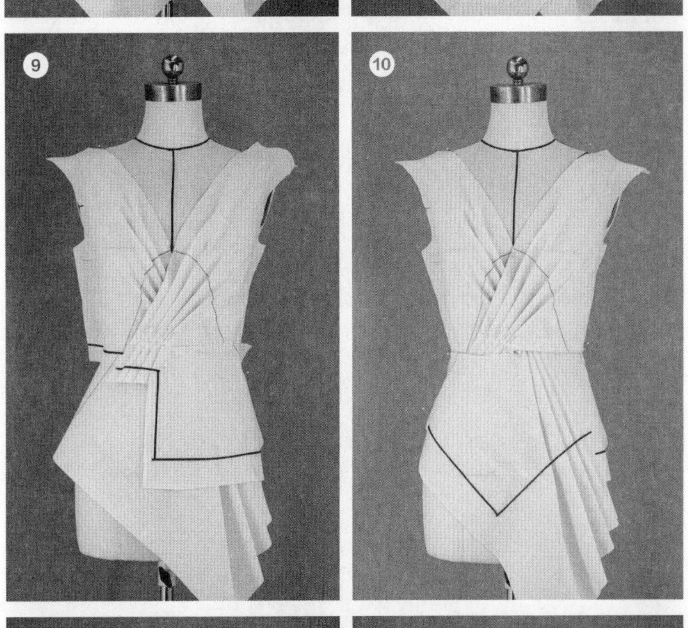

⑪、⑫ 完成下摆剪切。

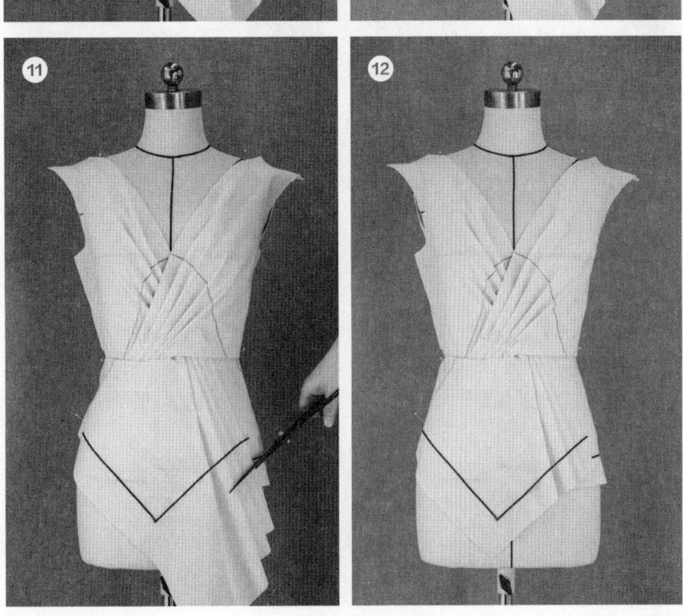

图6-16

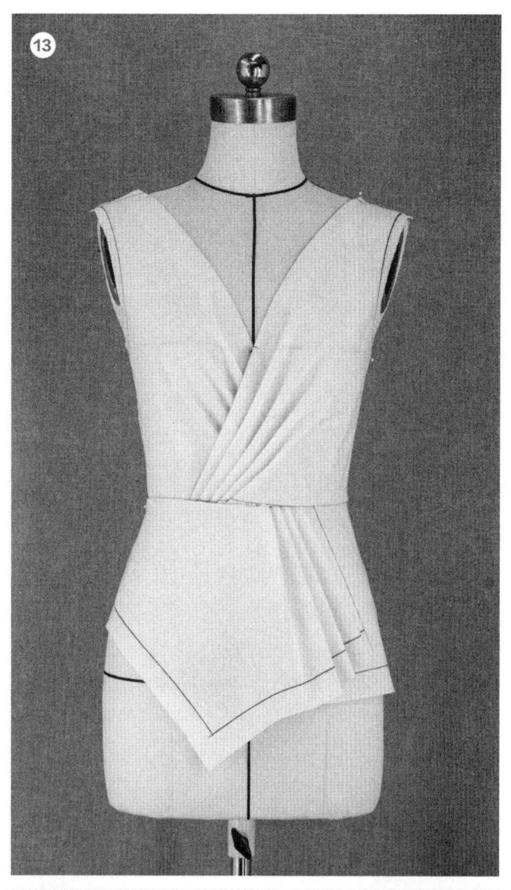

立裁效果

⑬“Y型褶”衣单品效果图。

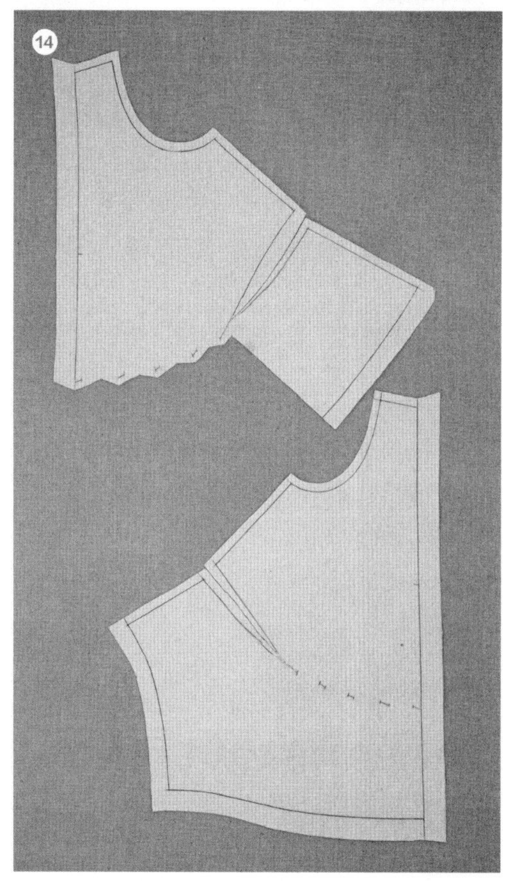

图6–16　分片穿插“Y型褶”衣单品的立裁制作

平面结构

⑭“Y型褶”衣单品结构图。

6.19.2 同片穿插“人型褶”裙单品

通过剪切等技术手段，使不同方向的线组合在同一裁片上的造型。该设计通过穿插成形后，呈现“人”型造型，裙款优雅、大气（图6-17、图6-18）。

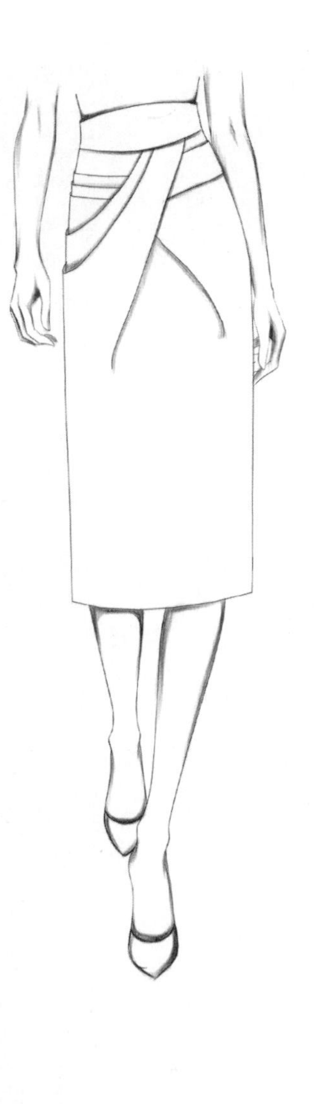

知识点:
操作步骤

白坯布尺寸

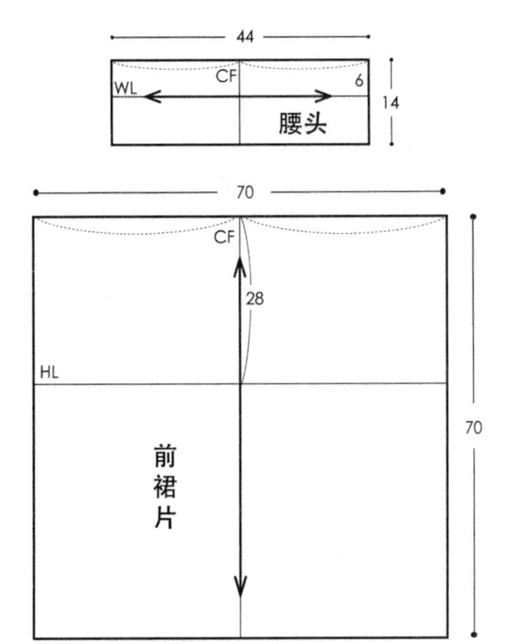

图6-17 白坯布基础尺寸

贴标识带

① 根据效果图所示，贴出腰头（前中心处宽8cm、侧缝处宽5cm）、裙长（臀围线向下35cm）以及“人”型标识带。

裙片

② 将裙片上所画的臀围线、中心线与人台上相对应的标识带重叠,并固定。距标识带1cm，剪切至交叉点下2cm处。

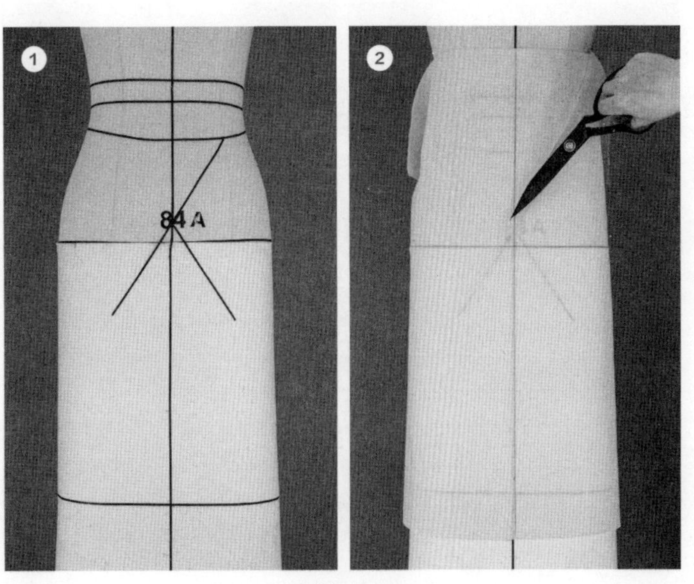

图6-18

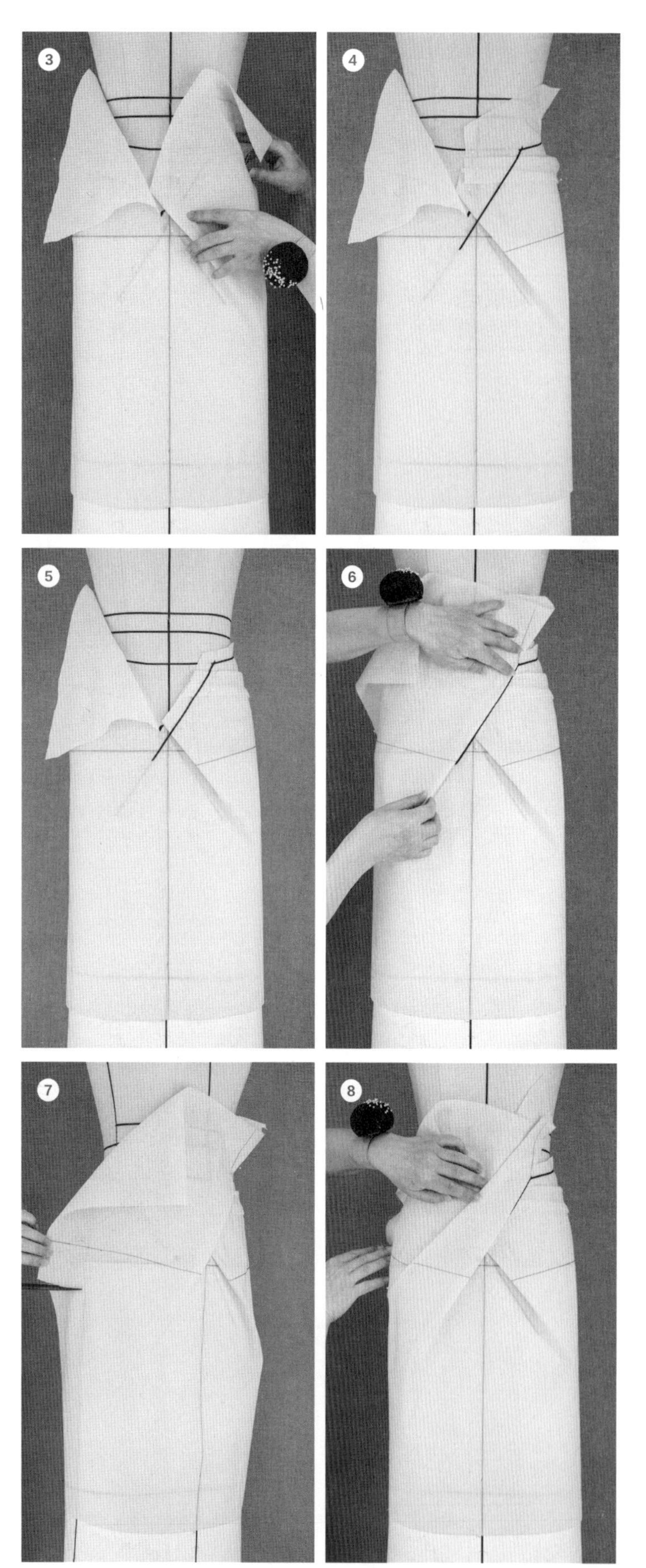

图6-18

③ 将部分腰省转移至标识带处，做出第一个褶（根据需要可适当增加褶量）。

④、⑤ 按效果图所示叠出人形褶，并距标识带1cm处裁剪。

⑥ 将腰省转移至标识带处，做出对侧第一个褶。

⑦、⑧ 按效果图所示在臀围线下4cm处打剪口并做出第二个褶。

⑨ 在臀围线上4cm处打剪口并做出第三个褶。

⑩ 沿第三个褶尖部1cm处向下剪切，并水平叠出余下三个横褶。

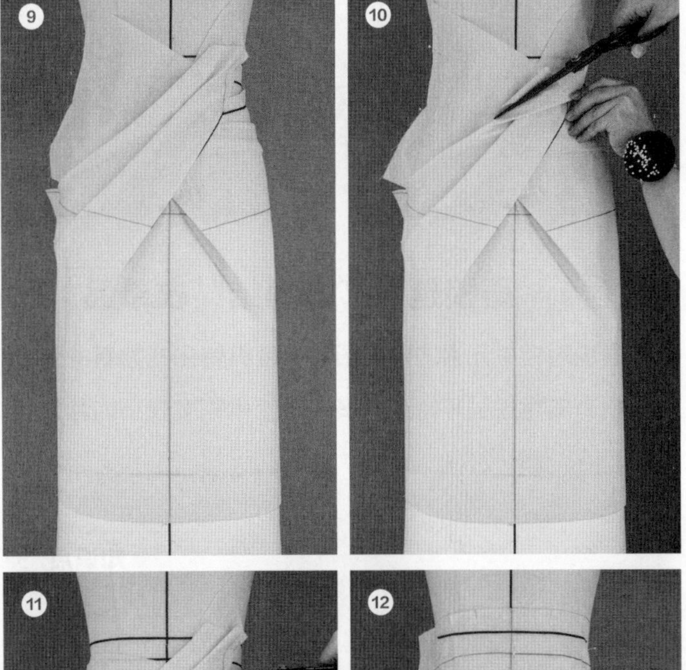

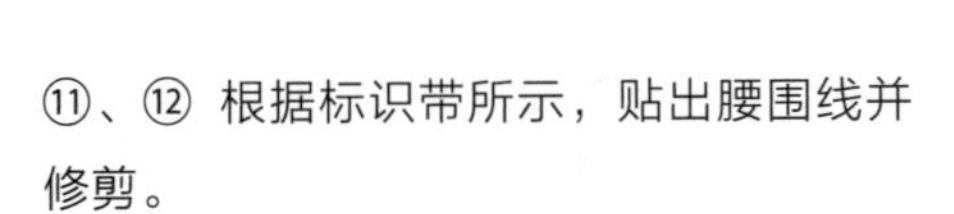

⑪、⑫ 根据标识带所示，贴出腰围线并修剪。

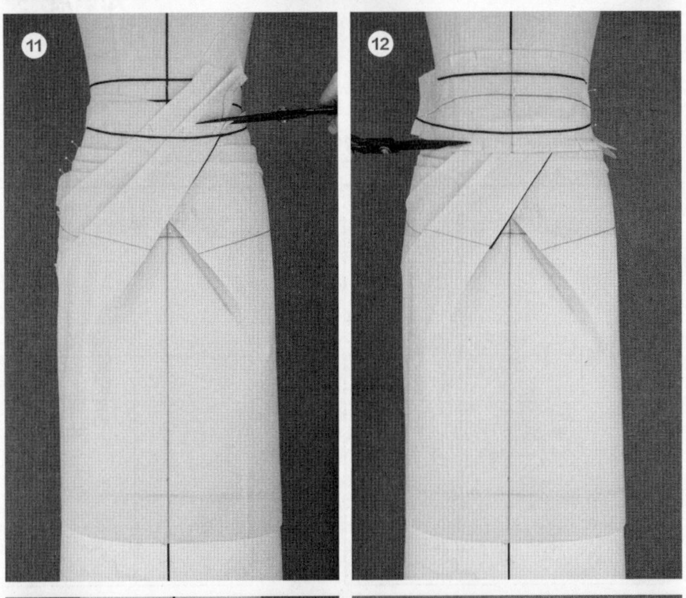

立裁效果

⑬“人型褶”裙单品效果图。

平面结构

⑭“人型褶”裙单品结构图。

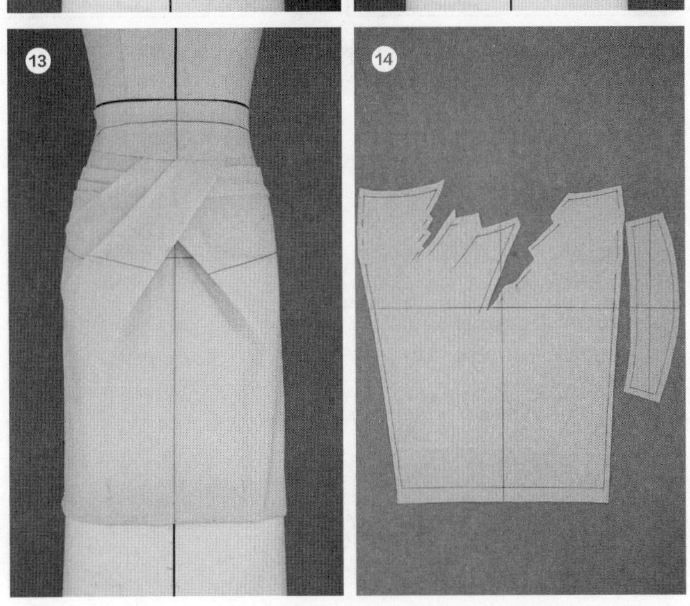

图6-18 同片穿插“人型褶”裙单品的立裁制作

第20讲 延展

6.20.1 直接延展“蝴蝶结”衣单品

通过对相关元素的延伸拓展，使其转化成为新的造型。具有实用性强等特点，多用于变化幅度较小的款式（图6-19、图6-20）。

知识点:
造型设计

白坯布尺寸

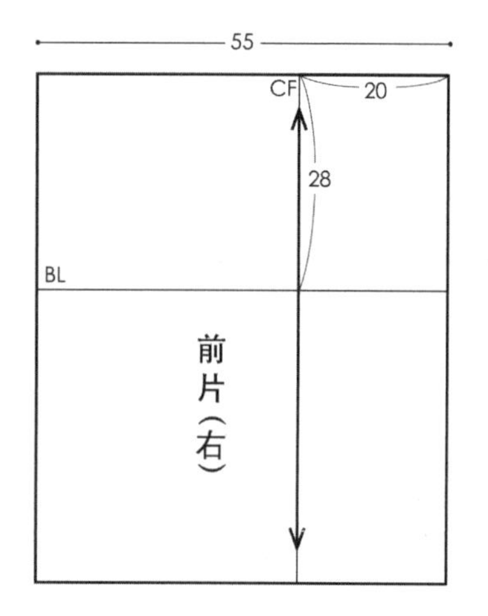

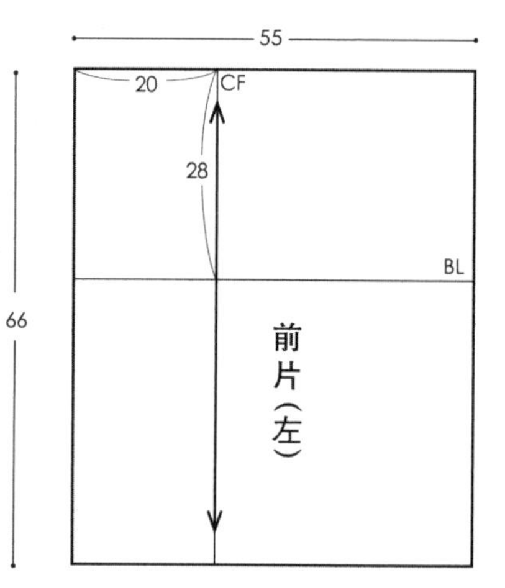

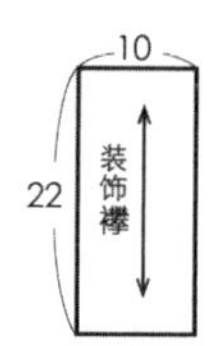

图6-19　白坯布基础尺寸

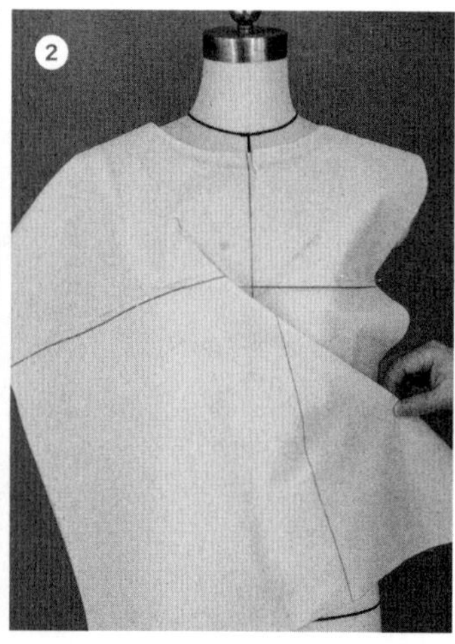

图6-20

贴标识带

① 根据效果图所示，用标识带贴出衣领及衣身蝴蝶结造型线。

右前片

② 将衣片上所画的胸围线、前中心线与人台上相对应的标识带重叠，固定前中心线及褶尖点处。合并省量后，朝褶尖点处做出第一个褶的造型。

③ 将余下省量做出其他褶的造型（可根据需要借入褶量）。

④ 根据标识带所示，距装饰褶边缘1.5cm处裁剪（裁剪止点须通过蝴蝶结交叉处）。

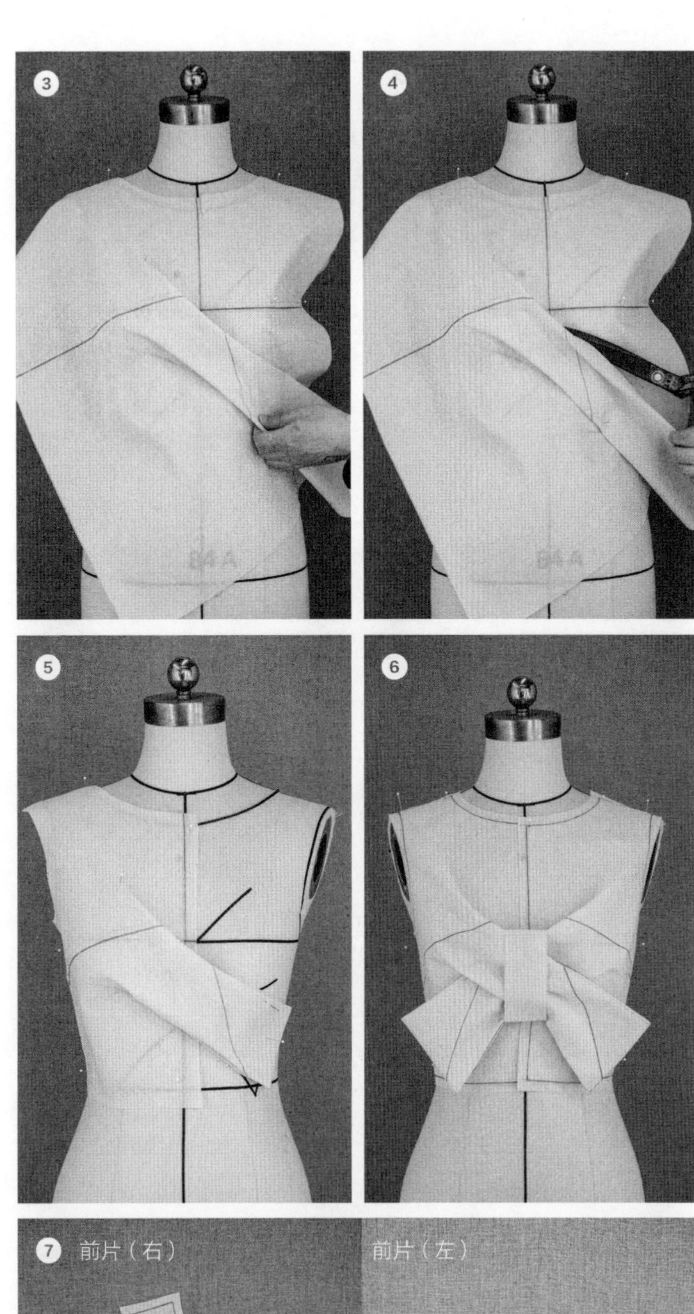

⑤ 修剪衣片，整理好蝴蝶结造型，并用相同的方法做出另一半衣片。

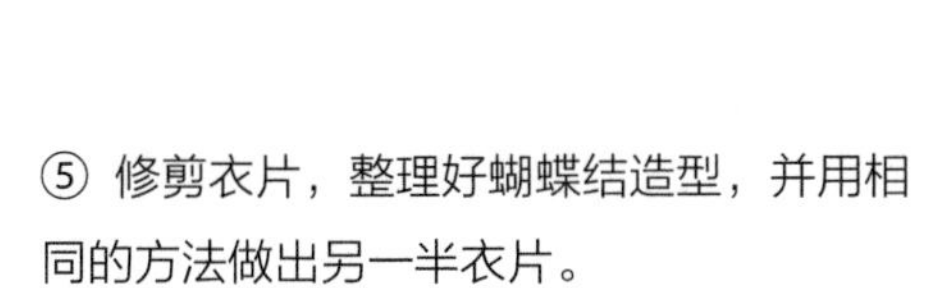

立裁效果

⑥“蝴蝶结”衣单品效果图。

平面结构

⑦“蝴蝶结”衣单品结构图。

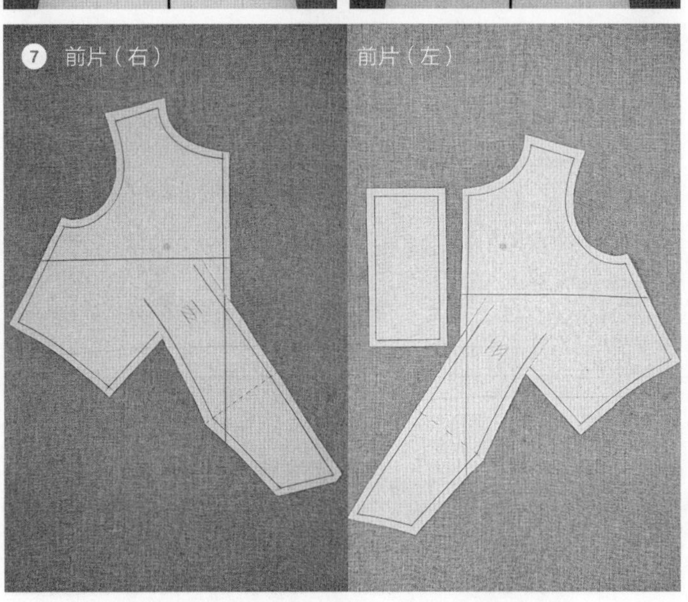

图6-20　直接延展“蝴蝶结”衣单品的立裁制作

6.20.2 相加延展“蝴蝶结”裙单品

以直接延展法为基础，通过对相关元素解构重组后，获得新的造型。转化过程具有较强的主观性，为设计师提供了创新空间（图6-21、图6-22）。

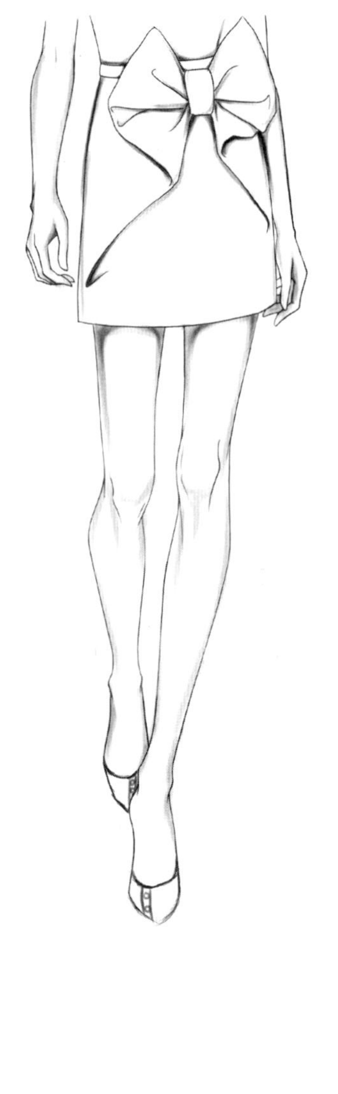

知识点:
不同元素的组合

白坯布尺寸

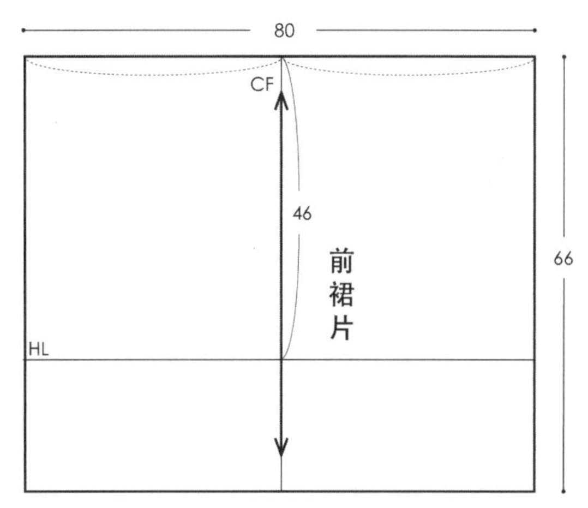

图6-21 白坯布基础尺寸

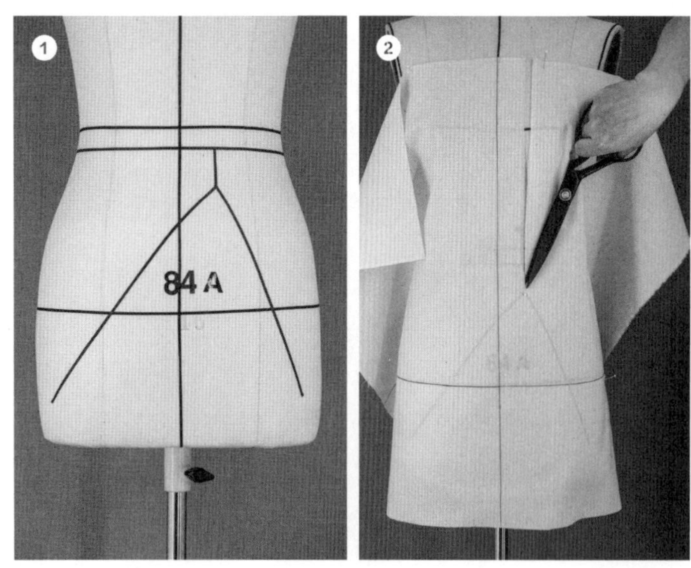

图6-22

贴标识带

① 根据效果图所示，用标识带在人台上贴出造型线。

前裙片

② 将裙片上所画的臀围线、前中心线与人台上相对应的标识带重叠，并固定。依标识带所示裁剪裙片。

③ 将面料向左侧倒伏，依标识带做出褶量，并固定。

④、⑤ 画出裙片右侧标记并裁剪出腰头。

⑥ 理顺褶量并裁剪。

⑦ 完成裙片右侧褶量制作。

⑧ 将面料向右侧倒伏，依标识带做出褶量并固定。

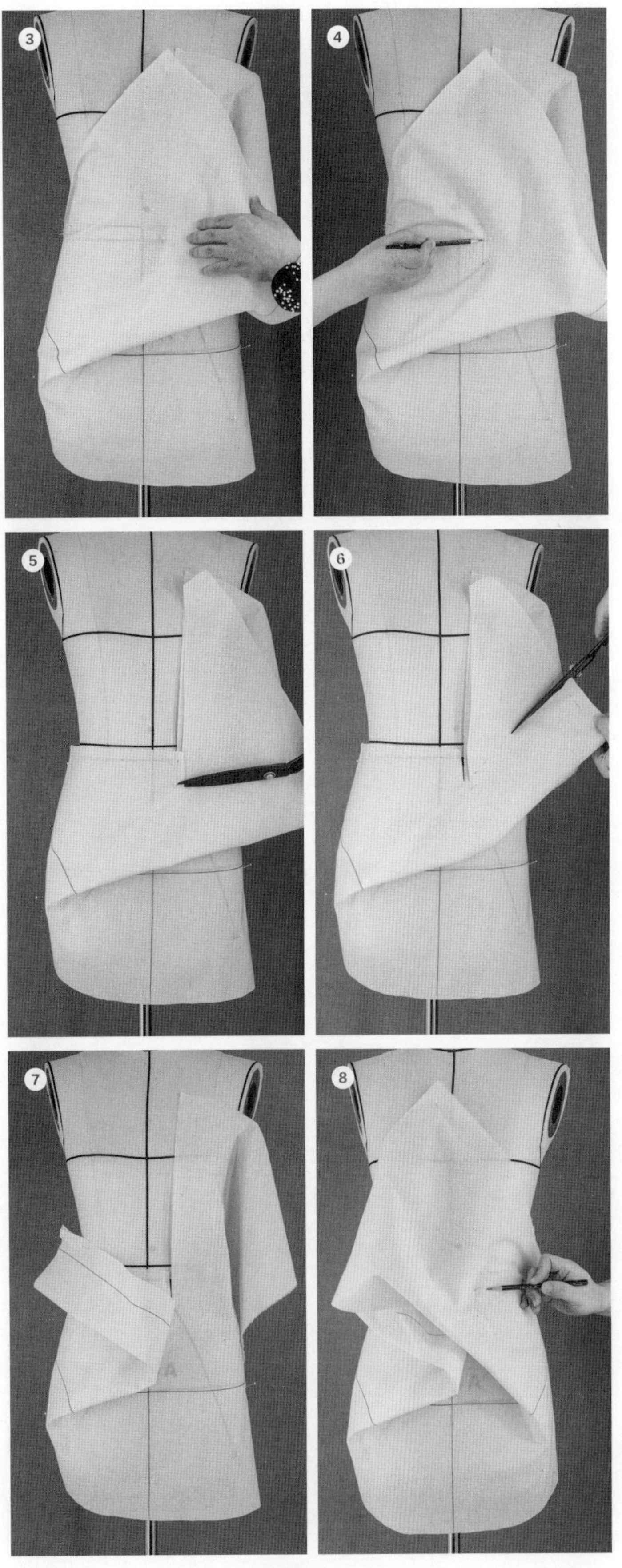

图6-22

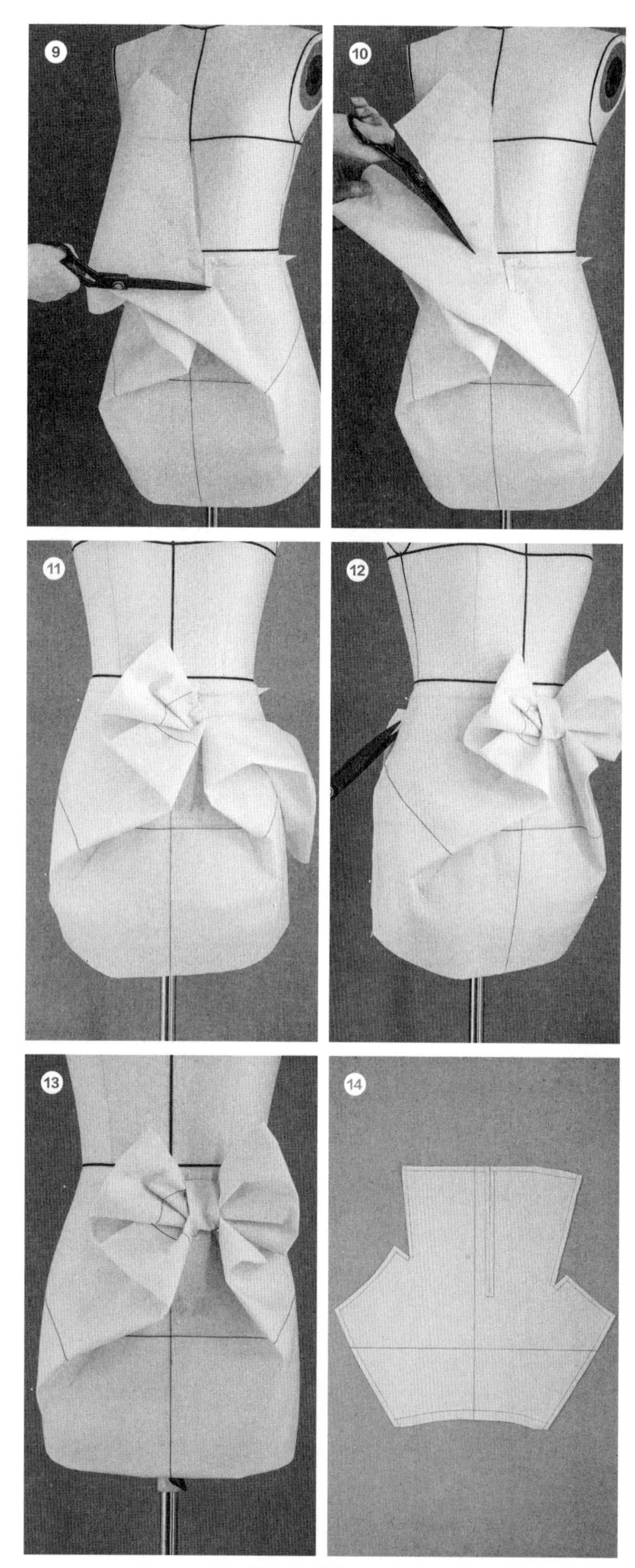

图6–22 相加延展“蝴蝶结”裙单品的立裁制作

⑨ 画出裙片左侧标记并裁剪出腰头。

⑩ 理顺褶量并裁剪。

⑪ 完成蝴蝶结装饰的制作。

⑫ 修剪裙侧缝。

立裁效果

⑬“蝴蝶结”裙单品效果图。

平面结构

⑭“蝴蝶结”裙单品结构图。

第21讲 塑造

6.21.1 嵌入成体“喇叭褶”衣单品

通过嵌入体，获得新空间的一种造型方法。用于体与衣身的组合，以增强服装的体积感和空间感。分为分割线嵌入和非分割线嵌入（图6-23、图6-24）。

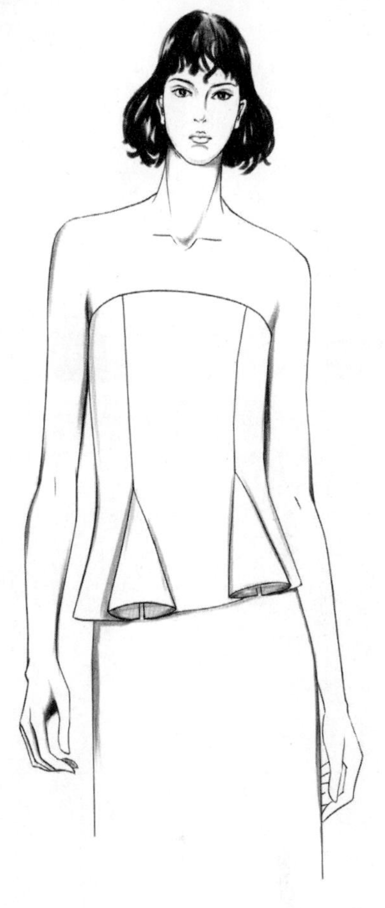

知识点:
体的设计

白坯布尺寸

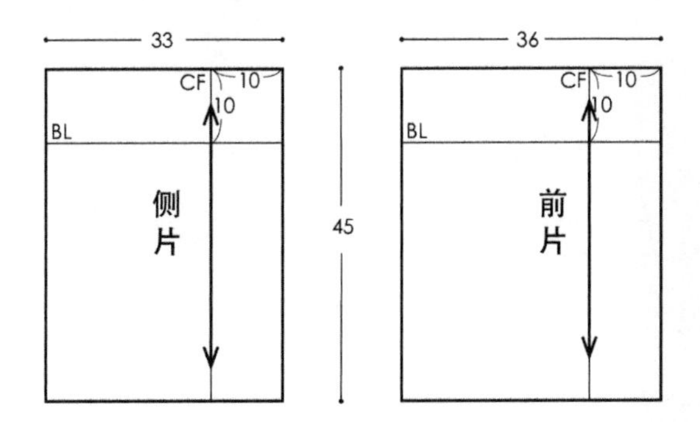

图6-23 白坯布基础尺寸

贴标识带

① 根据效果图所示，贴出标识带。

前片

② 将前片上所画的胸围线、前中心线与人台上相对应的标识带重叠，并固定。

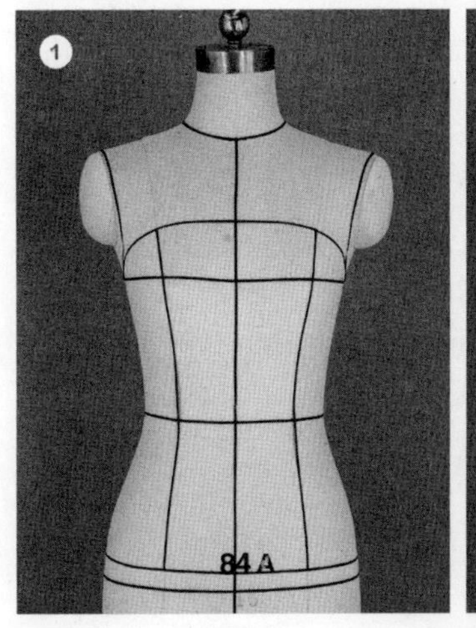

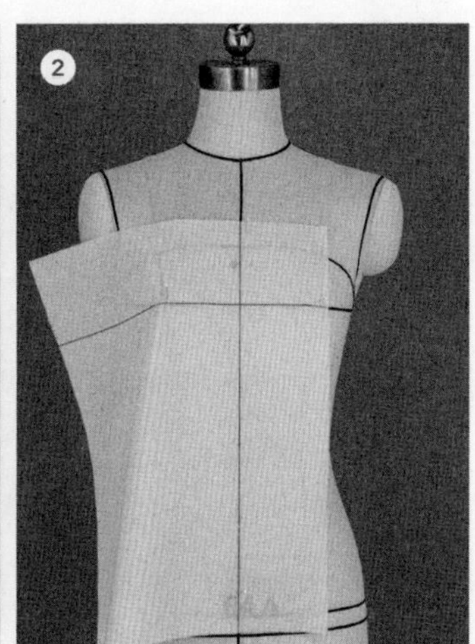

图6-24

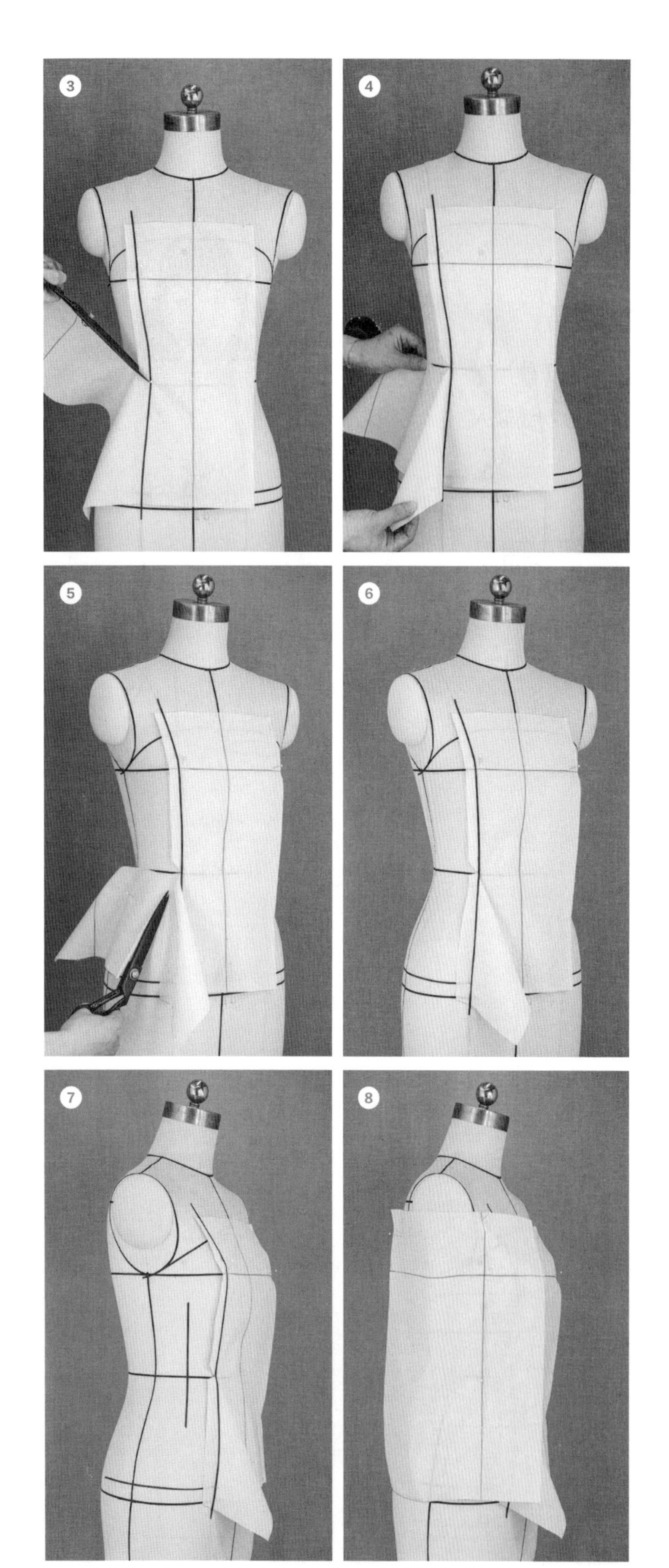

图6-24

③ 在前片坯布上贴出分割线、标识带并裁剪，同时在腰围处打剪口。

④ 向右下方转移出一定的褶量。

⑤、⑥ 沿标识带裁剪出前衣片的造型。

侧片

⑦ 在人台上贴出侧中线标识带。

⑧ 并按标识带固定侧片。

⑨ 沿标识带剪出侧缝，并在侧片上贴出侧缝标识带。

⑩ 在腰围处打剪口，适当打开剪口，同时转移出一定的褶量并固定。

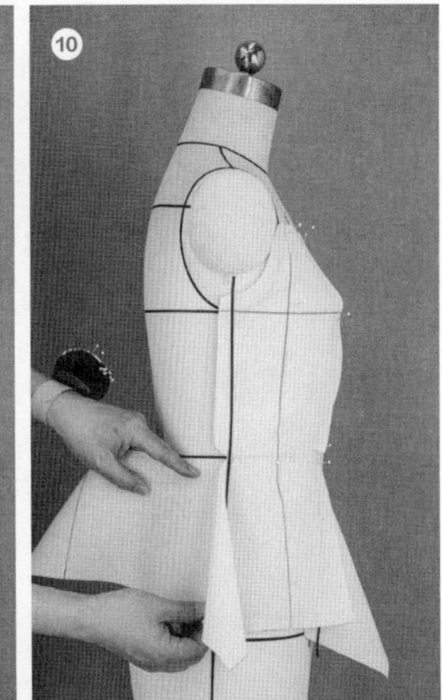

拼合前片、侧片

⑪ 沿标识带修剪出体的造型。

⑫ 调整衣片轮廓线。

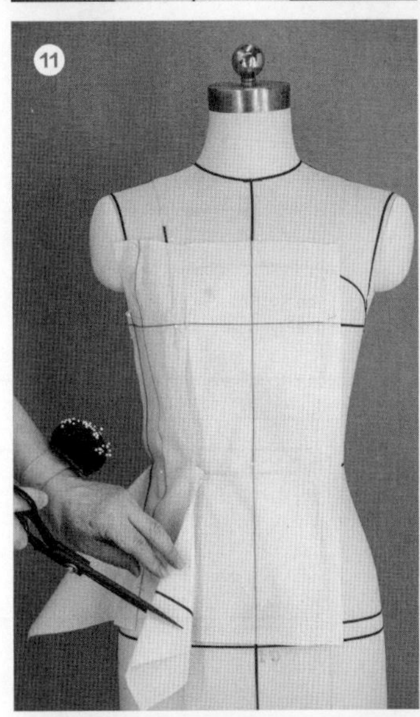

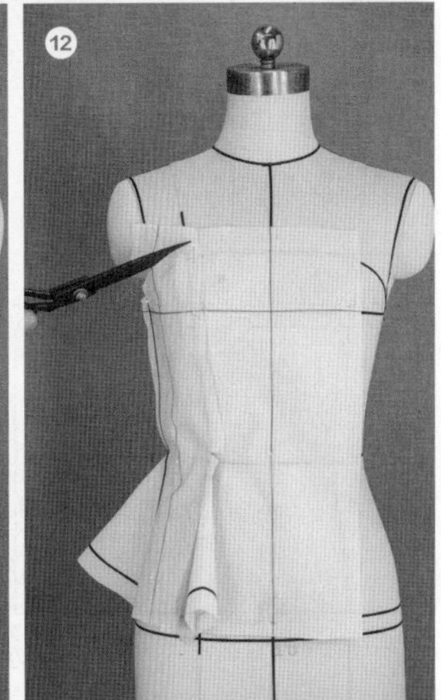

立裁效果

⑬ “喇叭褶”衣单品效果图。

平面结构

⑭ “喇叭褶”衣单品结构图。

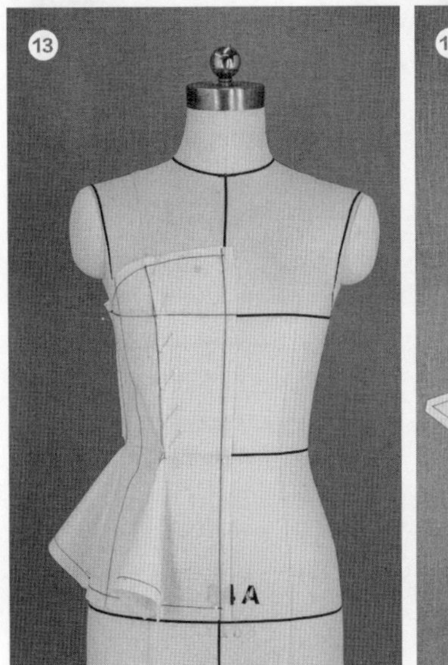

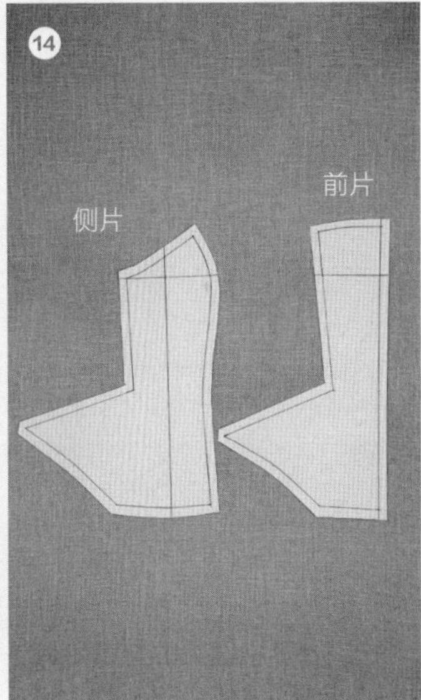

图6-24 嵌入成体“喇叭褶”衣单品的立裁制作

6.21.2 收省造型“几何形”衣单品

利用收省原理，达到立体造型的目的。通过对省的再创造，进一步丰富服装的造型（图6-25、图6-26）。

知识点:
操作方法与步骤

白坯布尺寸

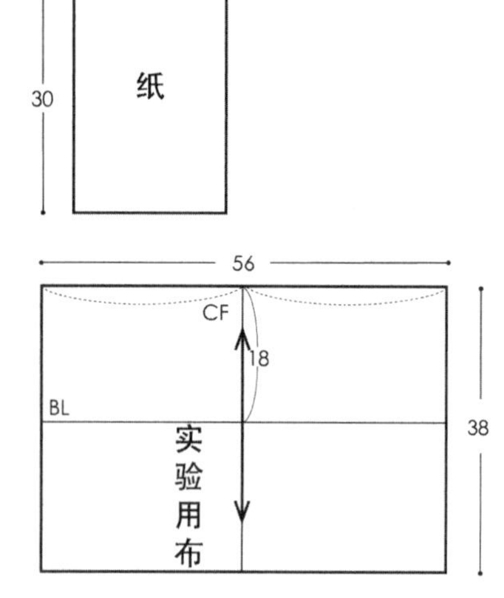

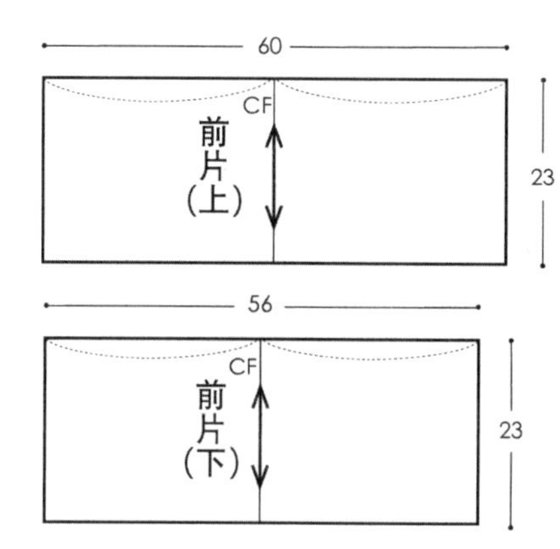

图6-25　白坯布基础尺寸

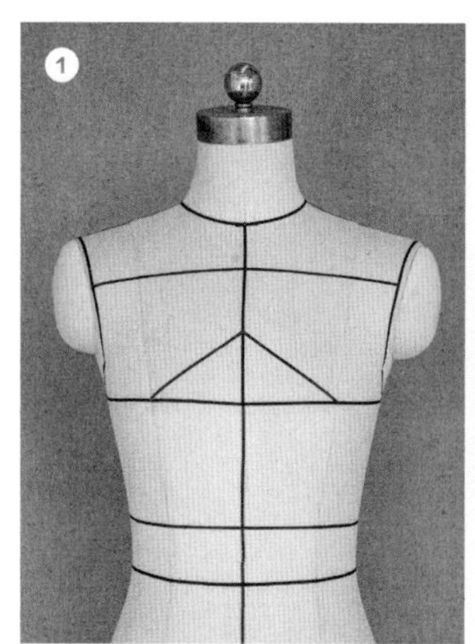

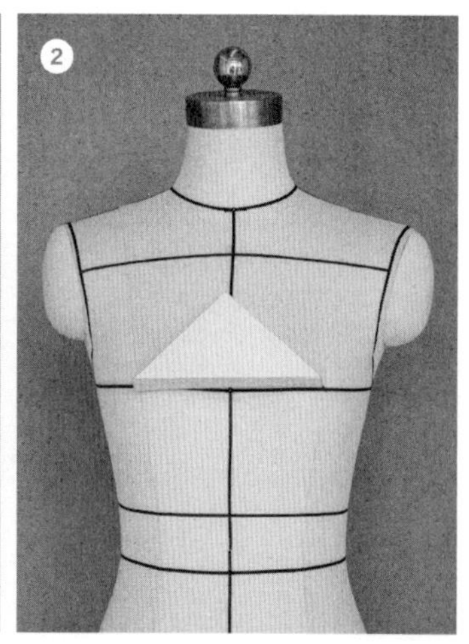

图6-26

贴标识带

① 根据效果图所示，用标识带在人台上贴出造型线及立体三角的位置。

纸

② 用纸做出立体三角的造型，并固定在相应位置。

实验用布

③ 根据人台标识带所示，固定实验用布并贴出三角形状标识带。

④ 贴出三角形角分线的标识带。

⑤ 重新将纸质体放到实验用布上，并固定。

⑥ 在实验用布上用标识带沿前中心线和胸围线贴出三条分割线。

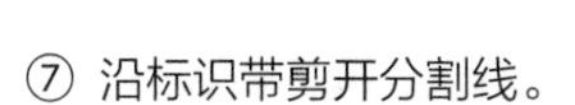

⑦ 沿标识带剪开分割线。

⑧ 将纸质体与实验用布连为一体，并使其平面化。

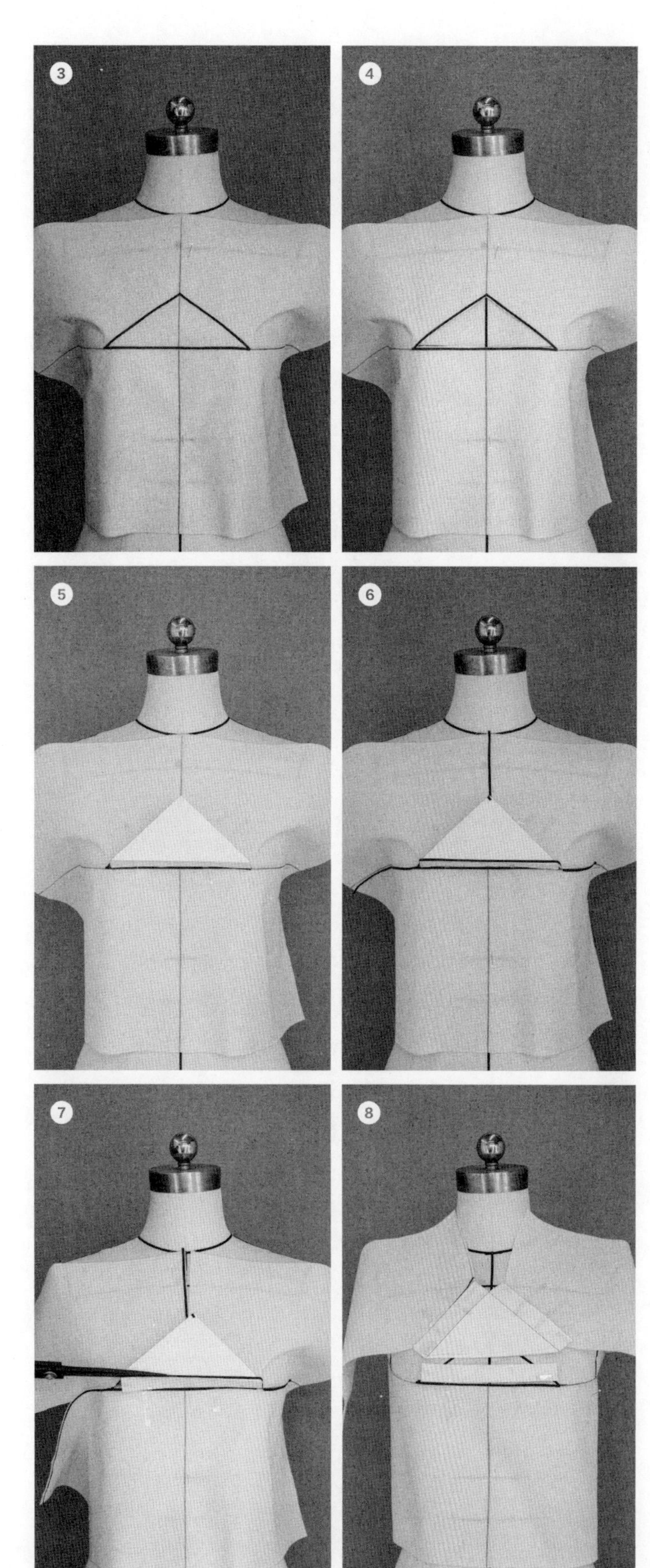

图6-26

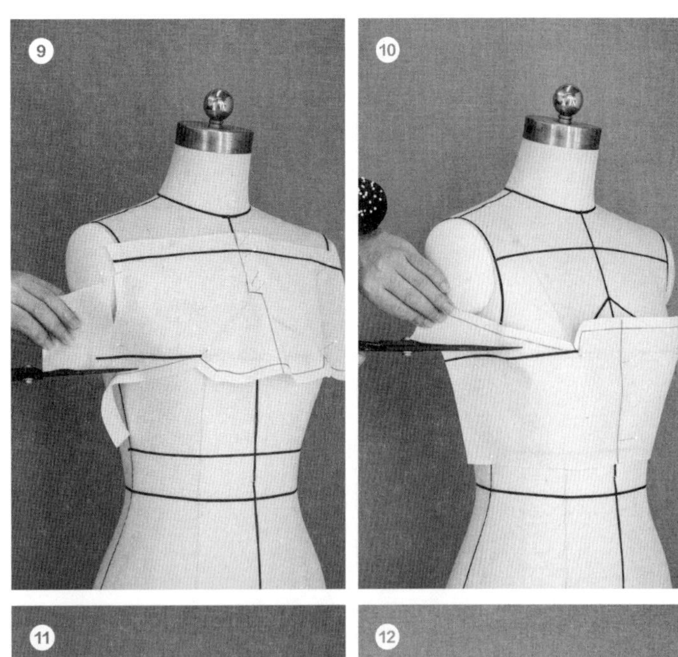

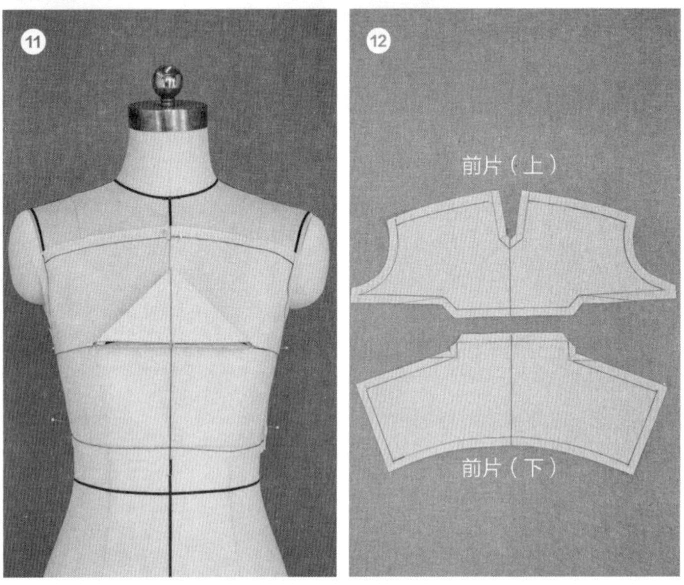

图6-26　收省造型“几何形”衣单品的立裁制作

前片（上）、前片（下）

⑨ 替换掉实验用布，做出前片上半部分。

⑩ 做出前片下半部分。

立裁效果

⑪“几何形”衣单品效果图。

平面结构

⑫“几何形”衣单品结构图。

第七章 基础礼服案例

第22讲 H型礼服

H型褶边小礼服造型典雅，适用于各类礼仪性场合。特别是单肩装饰性褶边的不对称设计运用，一正一反、一多一寡，不仅丰富了作品的外观，且延伸出作品在动与静、明与暗下的唯美效果，使着装者魅力得到进一步体现。省道转移，将定点褶、自由褶以及提拉褶等褶皱运用方法融为一体，完善了学生的训练内容，提升了作品的技术难度（图7-1、图7-2）。

知识点:
褶在H造型中的综合运用

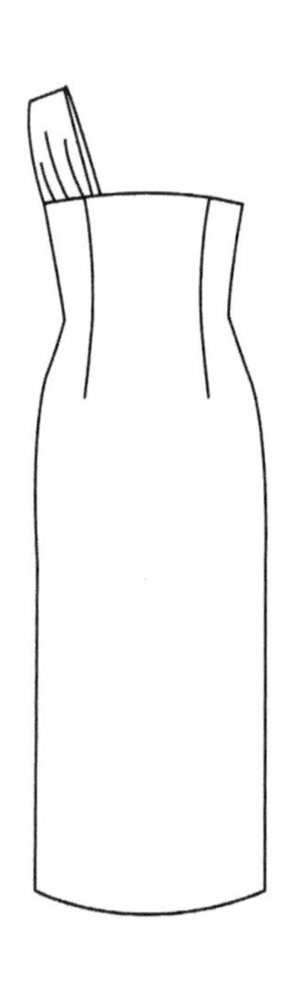

白坯布尺寸

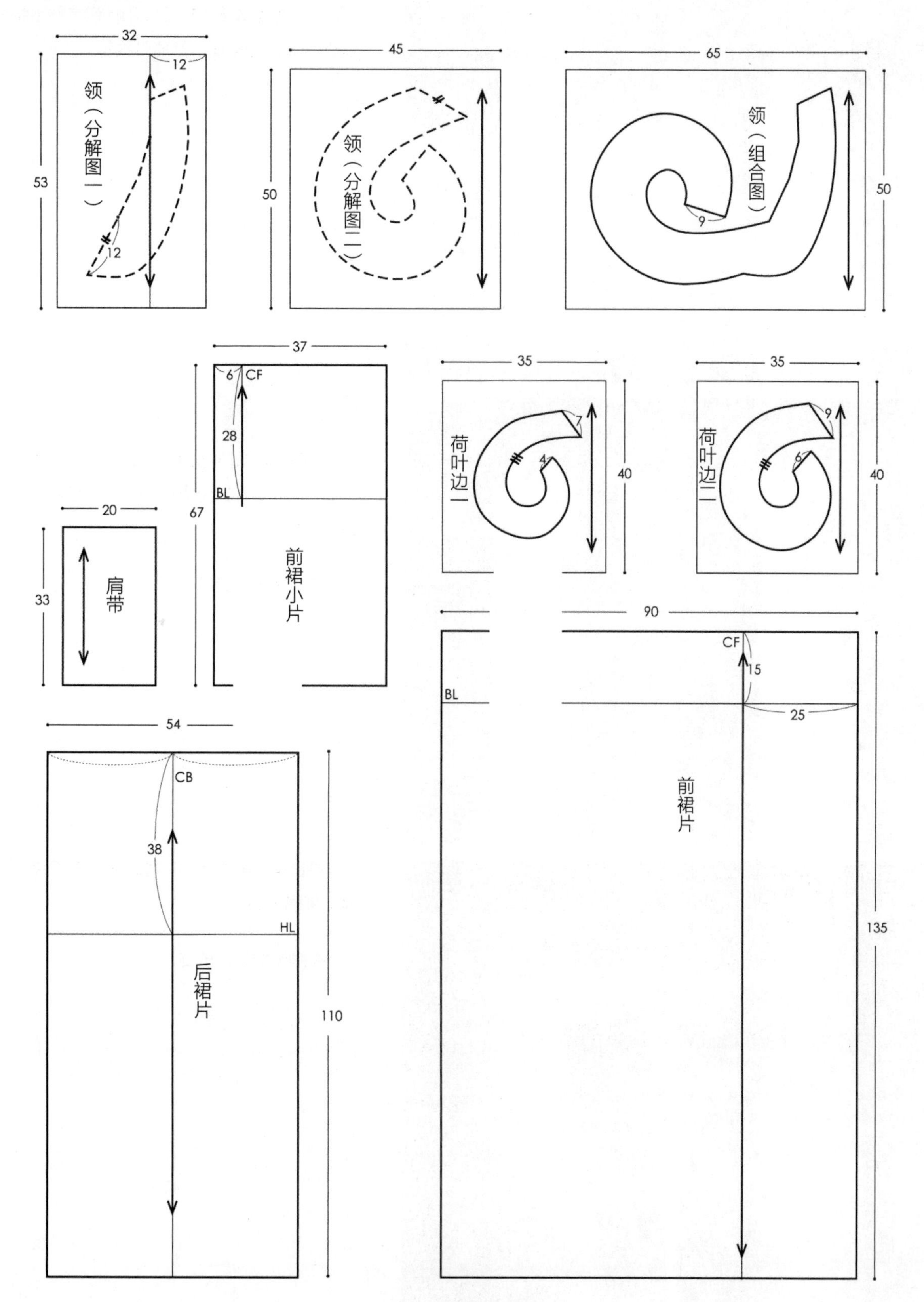

图7-1 白坯布基础尺寸

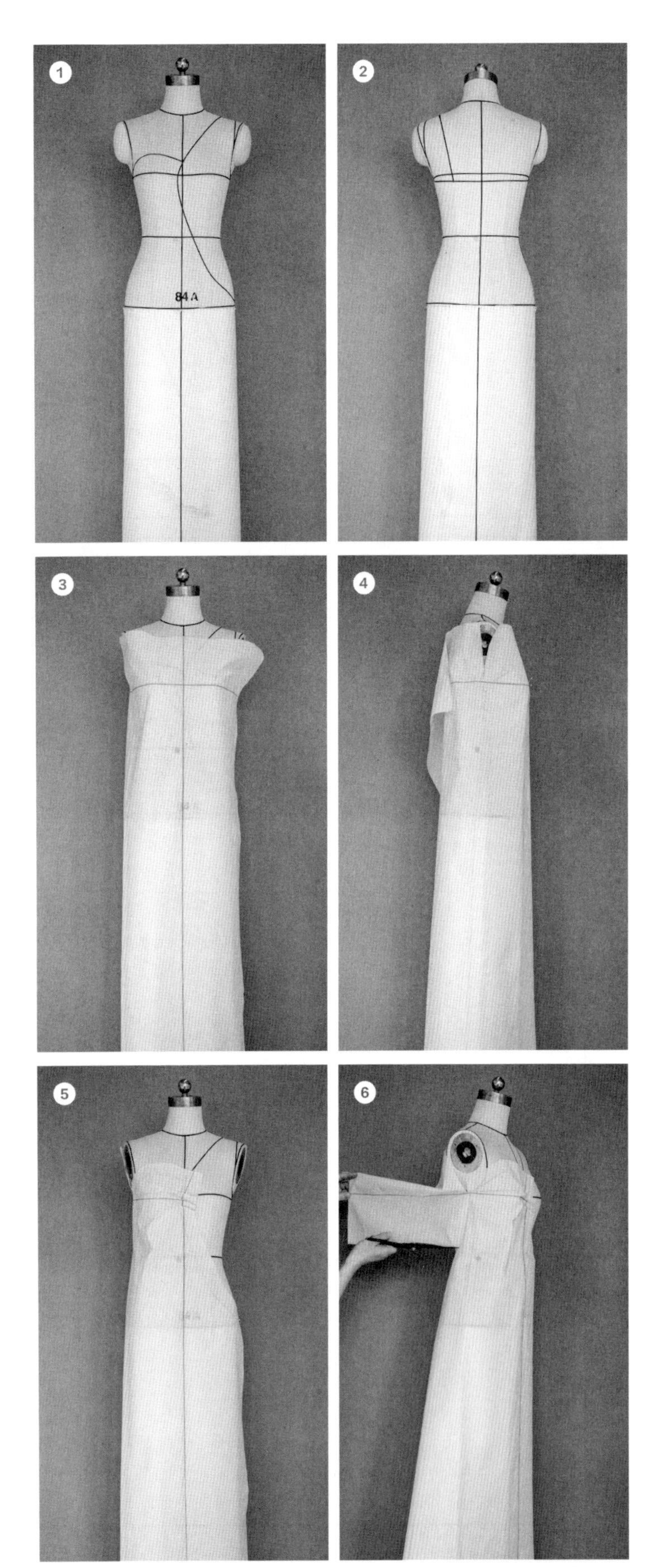

图7–2

贴标识带

①、② 根据效果图所示，用标识带贴出胸部造型线、分割线以及肩带线等。

前裙片

③ 将前裙片上所画的胸围线、前中心线与人台上相对应的标识带重叠，固定胸高点及中心线。

④ 在袖窿处打剪口。

⑤ 将省量向前中转移，均匀做出三个装饰褶，粗裁裙片。

⑥ 在腰侧缝处打剪口。

⑦ 在腰围处捏出适量装饰褶。

⑧ 在臀围线上3cm处用珠针固定、打剪口。

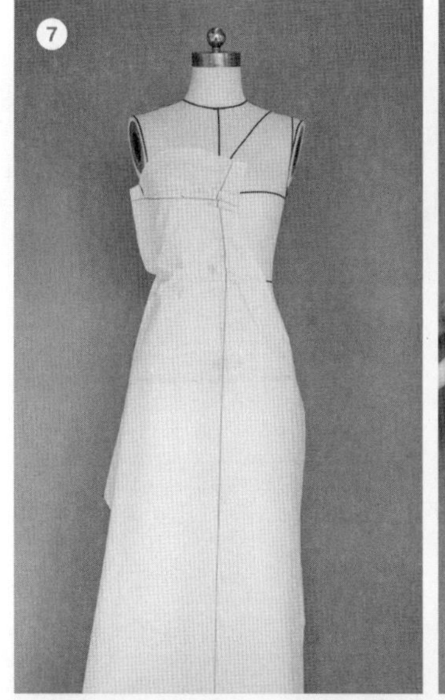

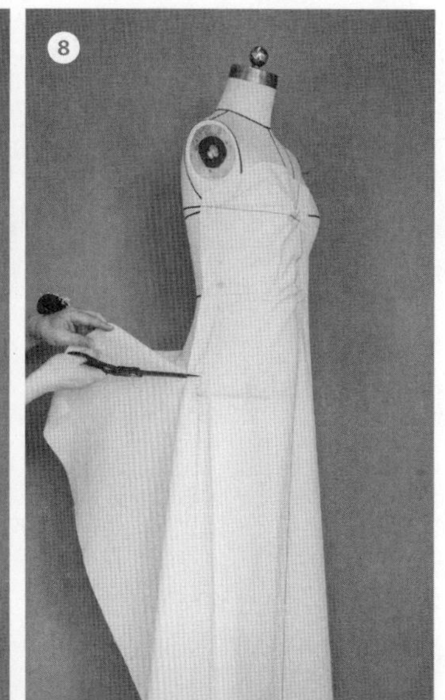

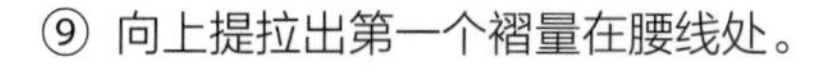

⑨ 向上提拉出第一个褶量在腰线处。

⑩ 在臀围线下4cm和13cm处用珠针固定、打剪口。分别做出第二和第三个褶量（各褶量之间可适当配合一定量的碎褶，使其更显自然灵活）。

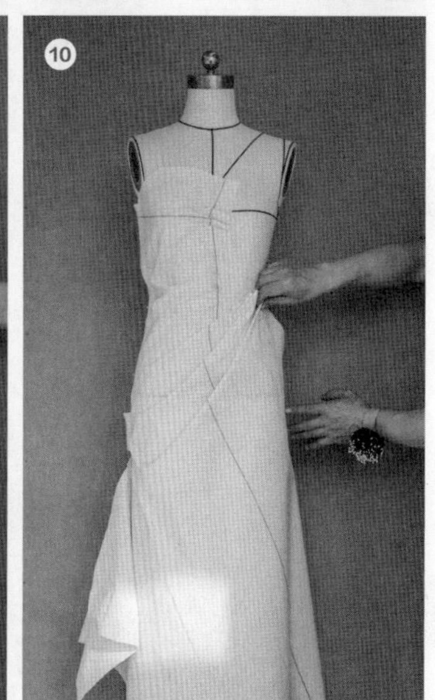

前裙小片

⑪ 贴出胸部造型线、分割线以及裙摆标识带，并粗裁。

⑫ 将裙小片上所画的胸围线、前中心线与人台上相对应的标识带重叠，并固定。对袖窿及领部打剪口粗裁。省量转省至前胸处，做出相应的装饰褶。

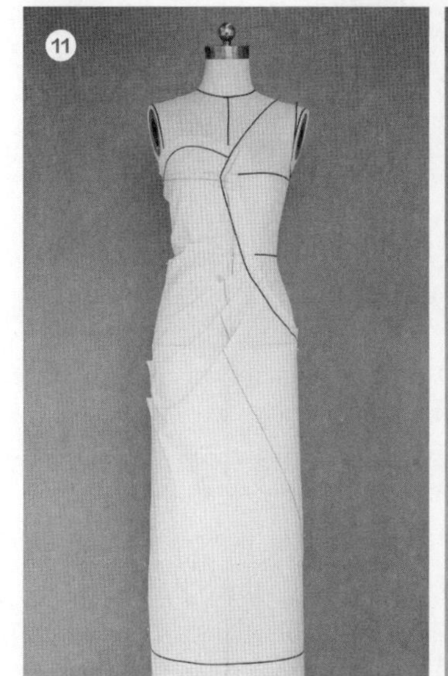

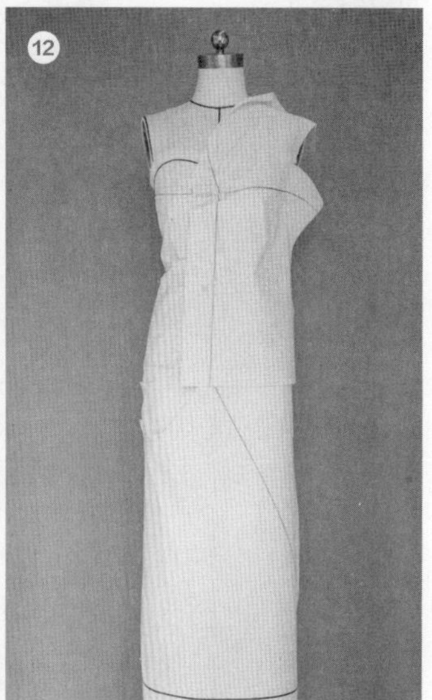

图7-2

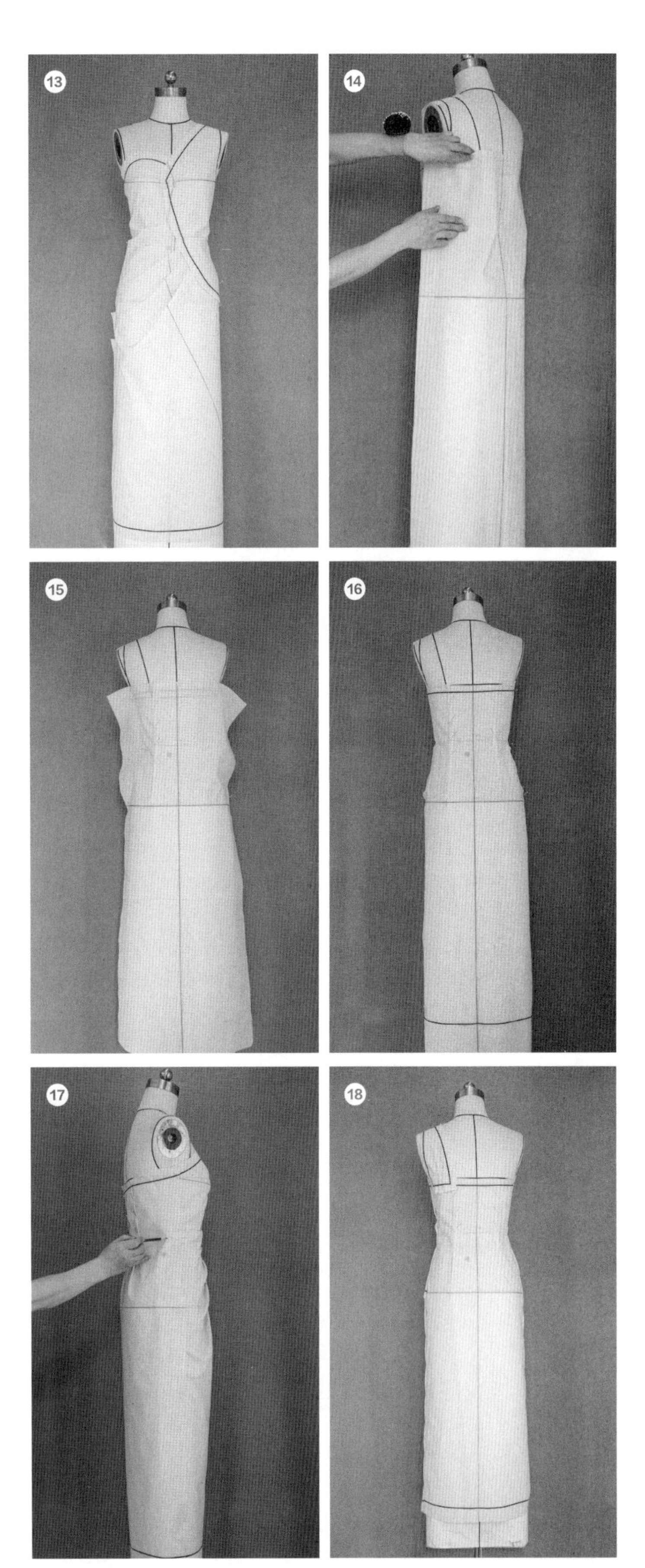

图7-2

⑬ 在腰部做出适量装饰褶。贴出分割线及袖窿标识带，并裁剪。

后裙片

⑭ 将裙后片上所画的臀围线、中心线与人台上相对应的标识带重叠，固定侧中线获得省的分配量。

⑮ 参考公主线的位置收后腰省。

⑯ 贴标识带，粗裁裙侧缝，完成裙后片的制作。

⑰ 在侧缝处推放出适当松量，做标记拼合侧缝。

⑱ 做出肩带。

领片 荷叶边

⑲ 将领片（分解图1）上所画的参考线与相对应的领口线标识带重叠。

⑳ 从肩线向下在领口线8cm和17cm处分别钉珠针、打剪口，做出两个荷叶边造型。

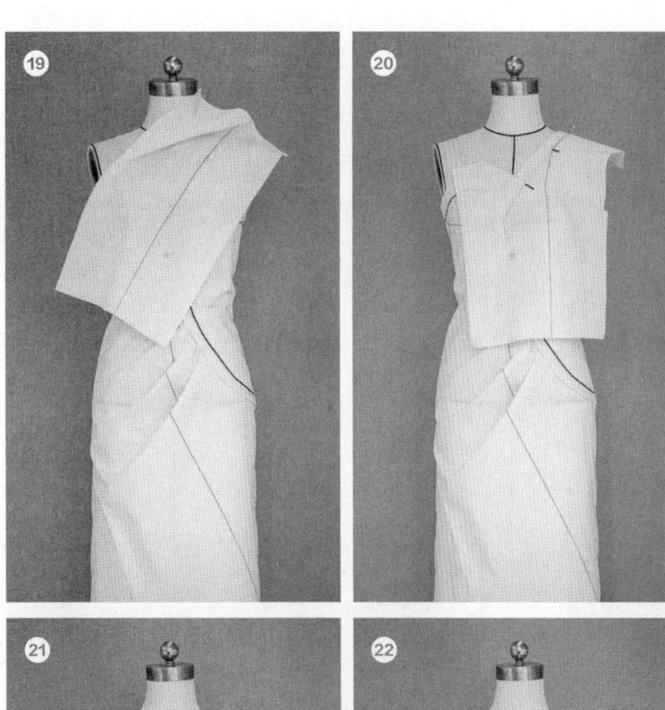

㉑ 在胸围线处钉珠针。从胸围线顺领口线向下12cm贴出衣领造型线并粗裁，完成衣领（分解图1）的制作。

㉒ 从衣领(分解图2)中裁剪出衣领的下半部分，在12cm处拼合衣领。取下拼合好的衣领，在衣领（组合图）上完成新衣领的裁剪。

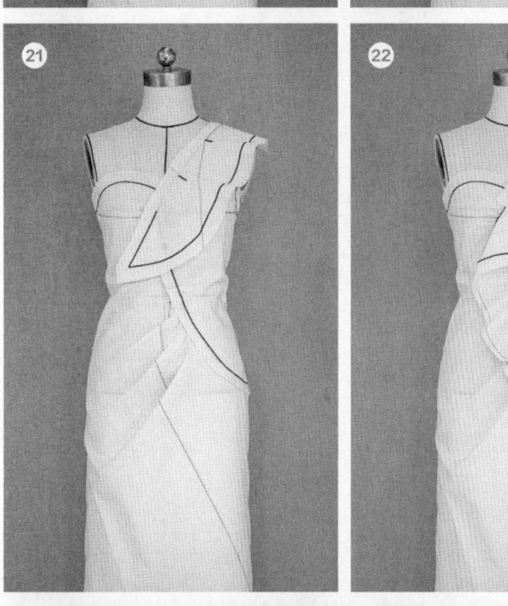

㉓ 换上新衣领裁片并将另两片荷叶边沿分割线别到衣身上，完成衣领及装饰花边的制作。

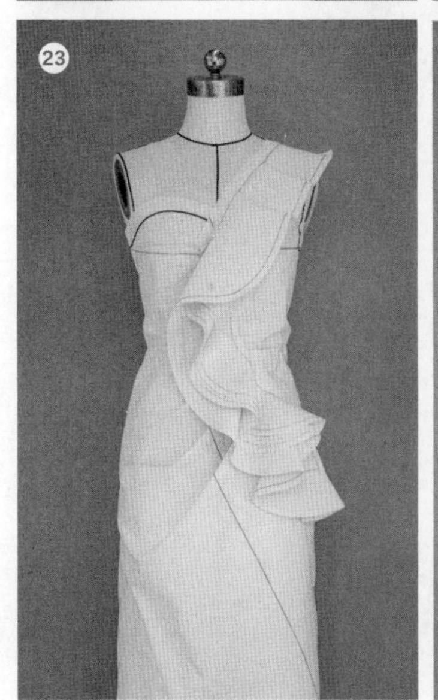

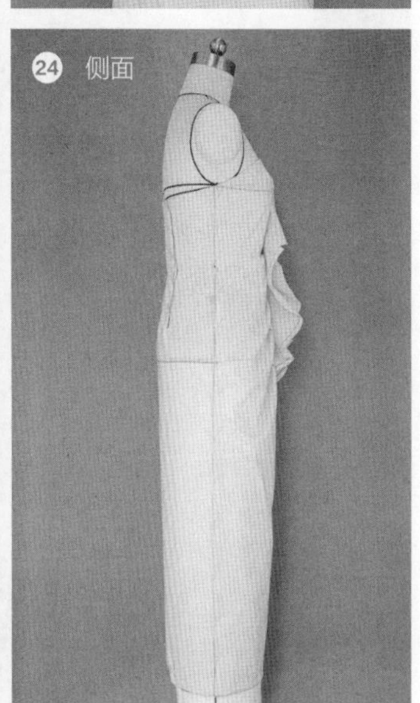

图7-2

立裁效果

㉔、㉕、㉖ 不同角度的“H型”单肩褶边礼服效果图。

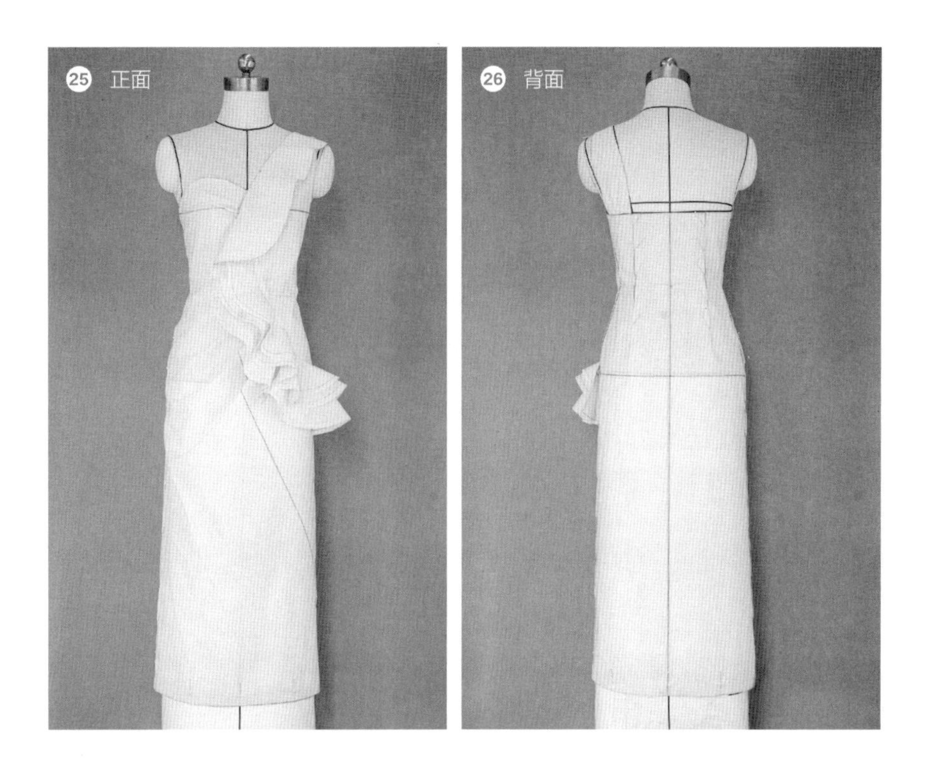

平面结构

㉗“H型”单肩褶边礼服结构图。

图7-2 “H型”单肩褶边礼服的立裁制作

第23讲 A型礼服

A型小礼服是通过修饰肩部、扩大裙下摆来凸显外轮廓的造型。围绕公主线在小礼服中的运用展开，上半身通过公主线分割完成收省，下半身通过公主线分割完成裙摆增量。该设计轻松自然、动静相宜（图7-3、图7-4）。

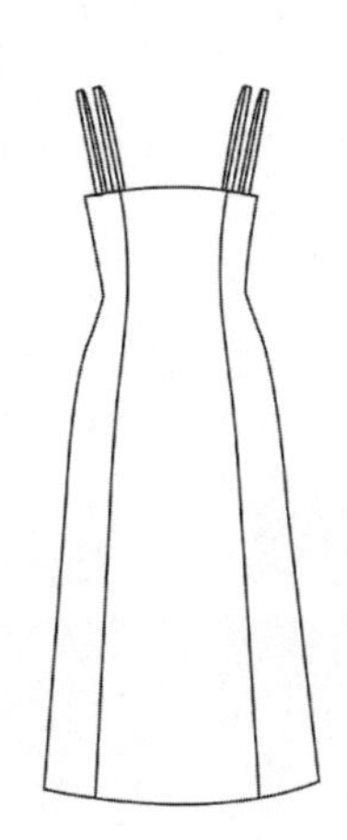

知识点：
A造型裙摆量的设计制作

白坯布尺寸

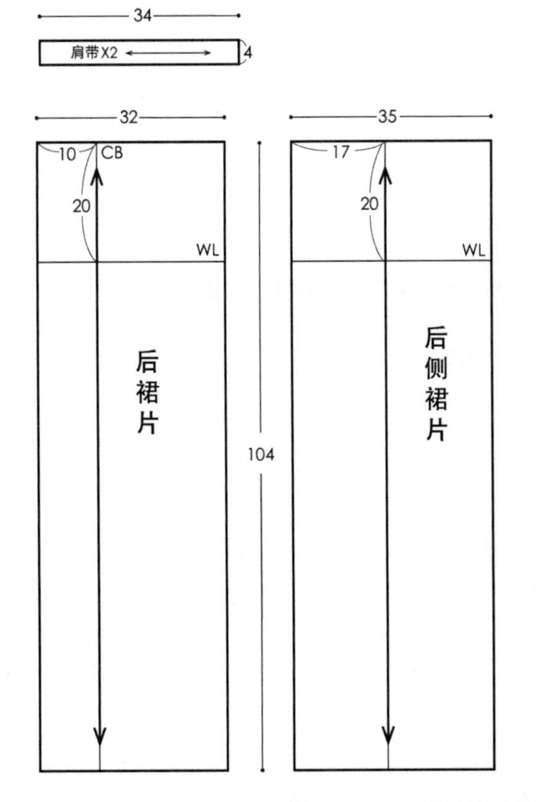

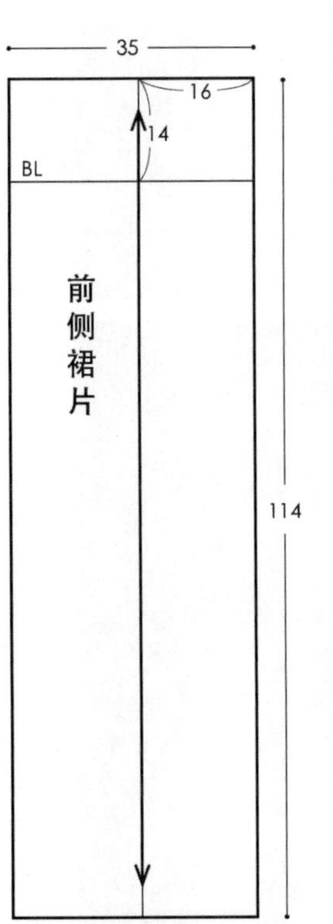

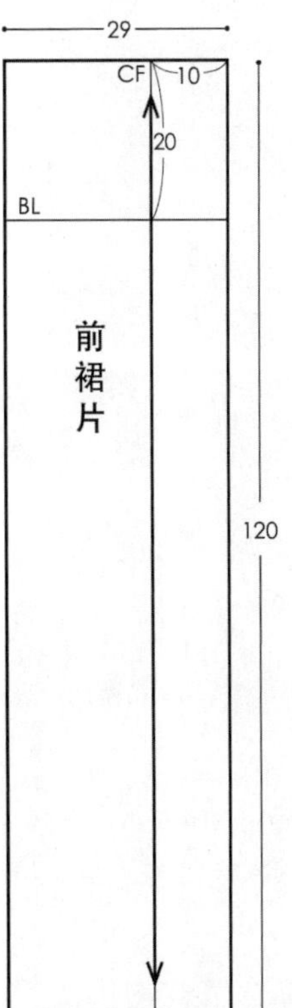

图7-3 白坯布基础尺寸

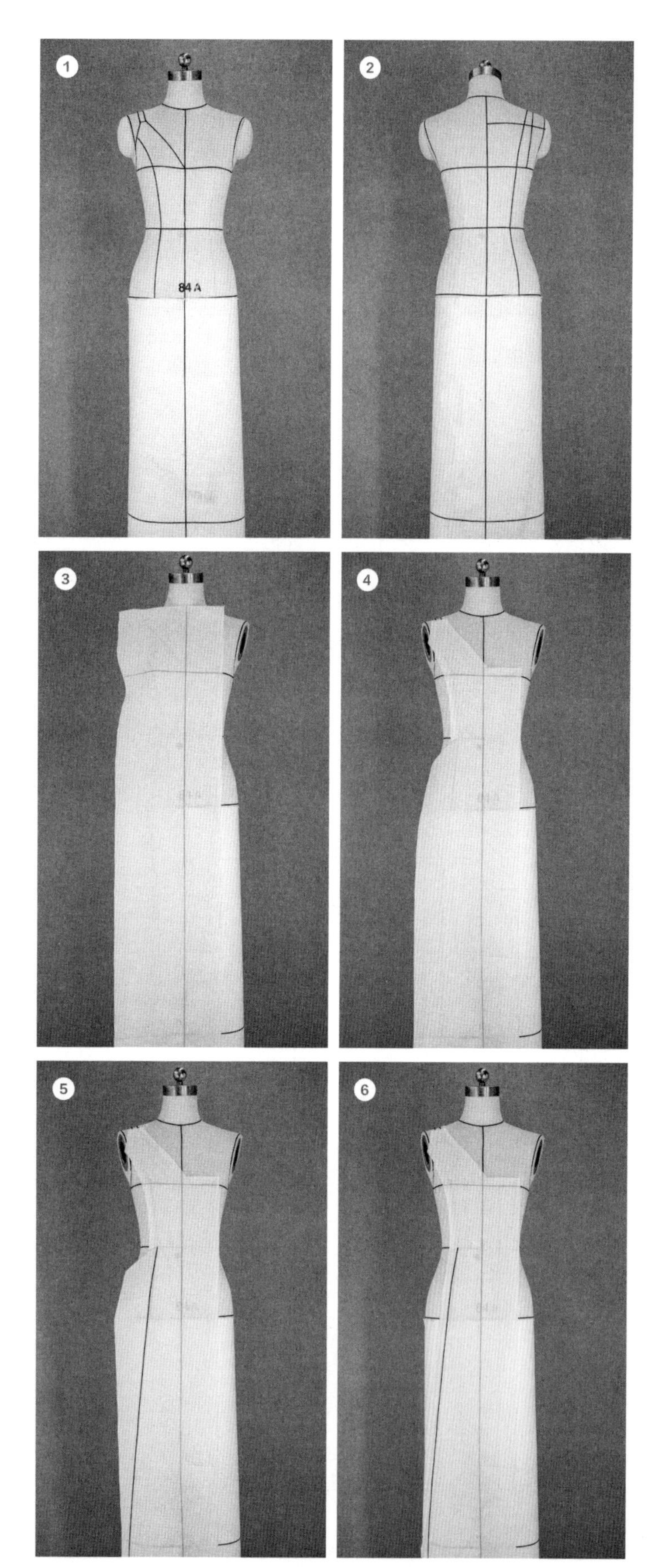

图7-4

贴标识带

① 根据效果图所示，在人台前身用标识带贴出领口造型线、公主线、肩带及裙底边线（臀围线下60cm）。

② 同理贴出人台后身标识带。

前裙片

③ 将前片上所画的胸围线、中心线与人台上相对应的标识带重叠，并固定。

④ 对上半部分进行粗裁，向分割线处推出省量并固定。

⑤ 从腰围处向下贴出裙摆分割线。

⑥ 并粗裁。

前侧裙片

⑦ 将前侧片上所画的胸围线、侧中线与人台上相对应的标识带重叠，并固定。

⑧ 向分割线处推出省量，贴出裙摆线。

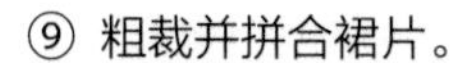

⑨ 粗裁并拼合裙片。

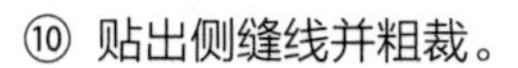

⑩ 贴出侧缝线并粗裁。

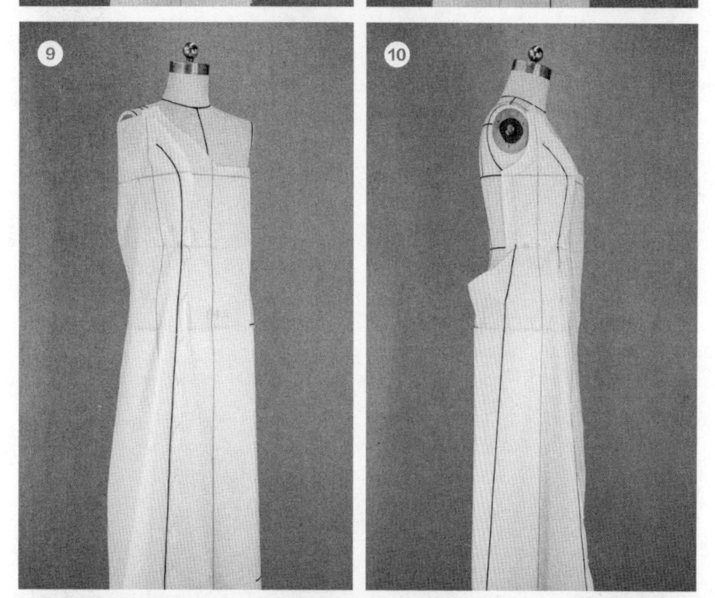

后裙片

⑪ 将后片上所画的腰围线、中心线与人台上相对应的标识带重叠，用珠针固定。

⑫、⑬ 向分割线处推出省量并固定。用标识带贴出裙摆分割线并粗裁。

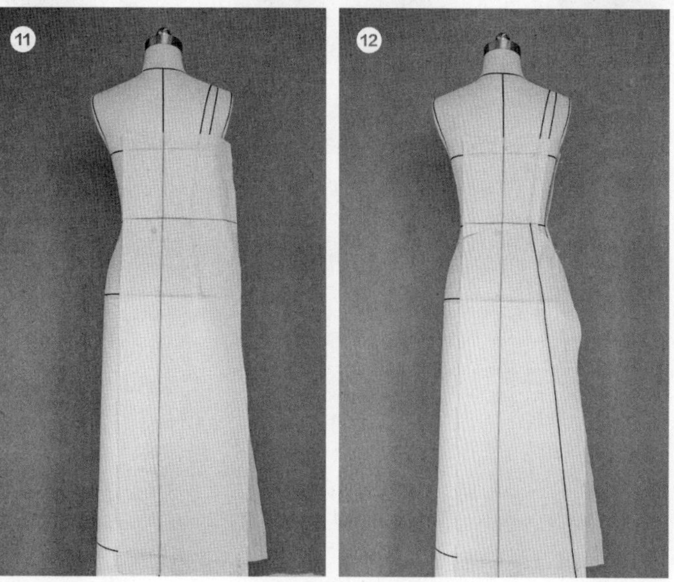

图7–4

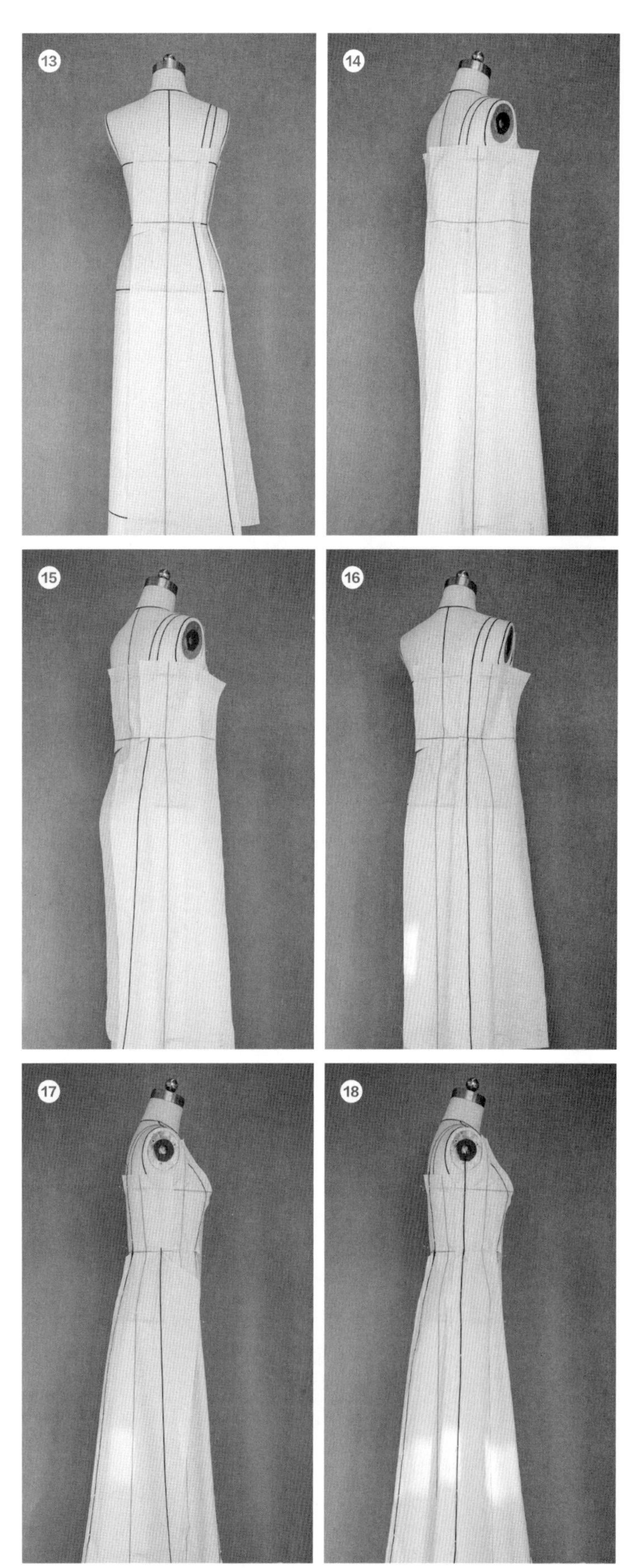

图7-4

后侧裙片

⑭ 将后侧片上所画的腰围线、侧中线与人台上相对应的标识带重叠，并固定。

⑮ 推出省量，贴出裙摆分割线并粗裁。

⑯ 拼合衣片。

⑰ 贴出侧缝线并粗裁。

⑱ 推放出适当松量，拼合前后衣片。

⑲ 画出胸、腰、臀等对位记号及裙长，绱肩带。

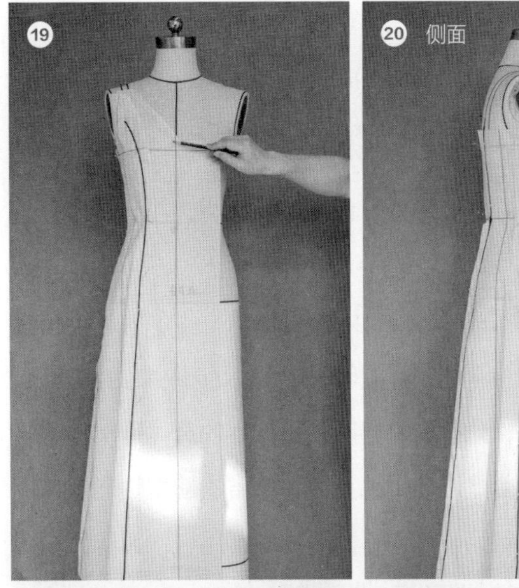

立裁效果

⑳、㉑、㉒ 不同角度的“A型”吊带小礼服效果图。

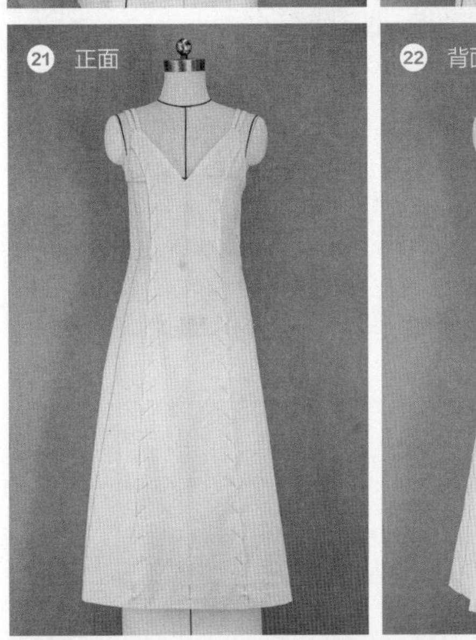

平面结构

㉓“A型”吊带小礼服结构图。

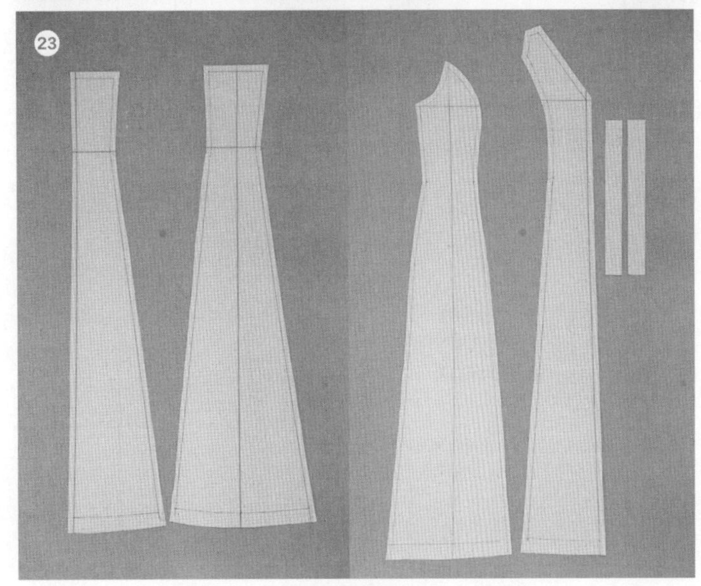

图7-4 “A型”吊带礼服的立裁制作

第24讲 X型礼服

7.24.1 小立领简约小礼服

中式领小礼服通过胸、腰省的处理，使衣身端庄合体，较好地呈现出女性体型美，是服装基础型的具体运用。胸省与衣领的巧妙结合是设计中的亮点，将省的造型功能、实用功能与衣身设计融为一体。借肩短袖的运用，也为作品增添了一分婉约与内敛（图7-5、图7-6）。

知识点:
X造型的中式风格

白坯布尺寸

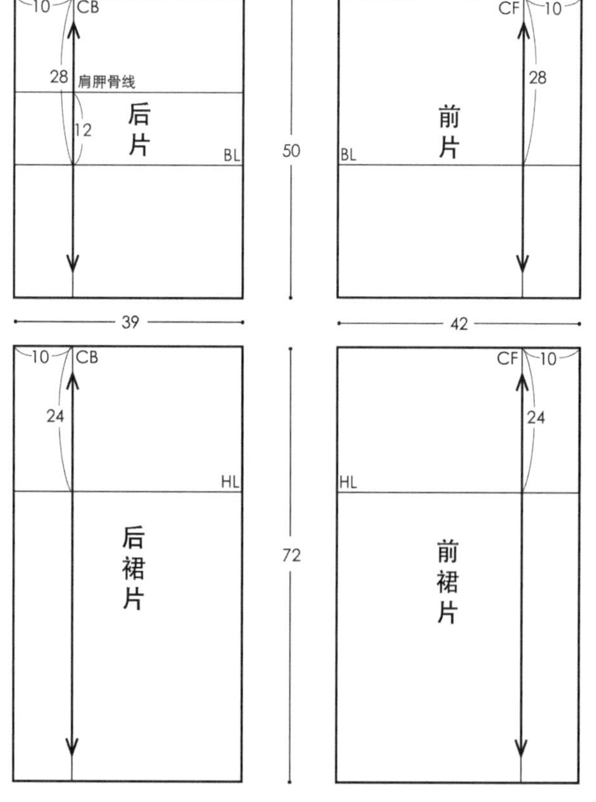

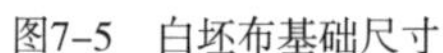
图7-5 白坯布基础尺寸

贴标识带

① 根据效果图所示，用标识带贴出衣领造型线并设计出裙长（臀围线下42cm）。

前片

② 将前衣片上所画的胸围线、中心线与人台上相对应的标识带重叠，并固定。参考衣领造型线位置，将省量合并转移至衣领标识带处并固定。

③ 粗裁衣领及袖窿等处。

④ 在侧缝处推放出适当松量，并画出标记点。

前裙片

⑤ 将裙片上所画的臀围线、中心线与人台上相对应的标识带重叠，并固定。保证侧腰处丝绺顺直，做出腰省。

⑥ 推放出适当松量，画出腰围、省道及侧缝等处标记点。

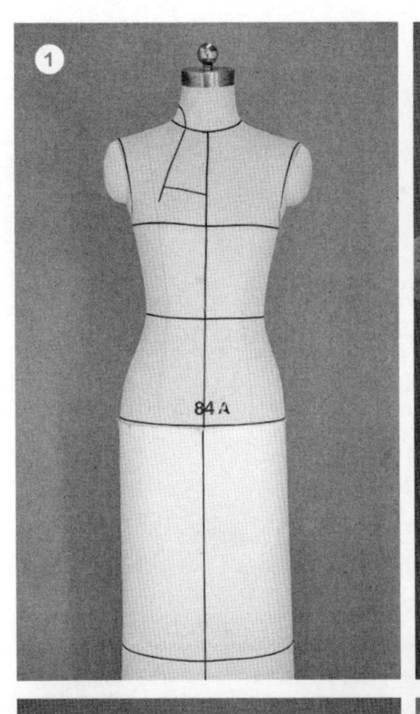

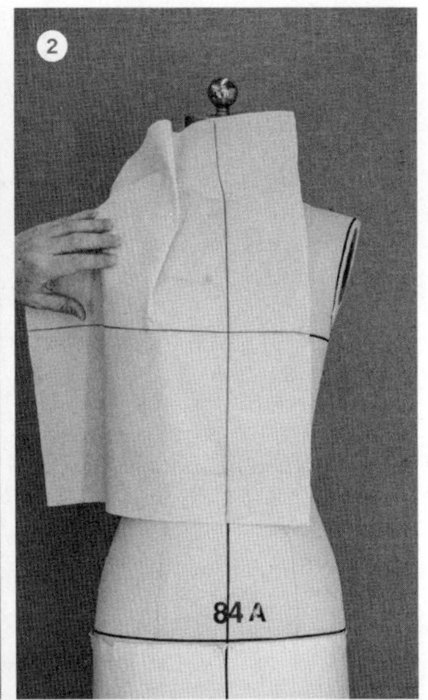

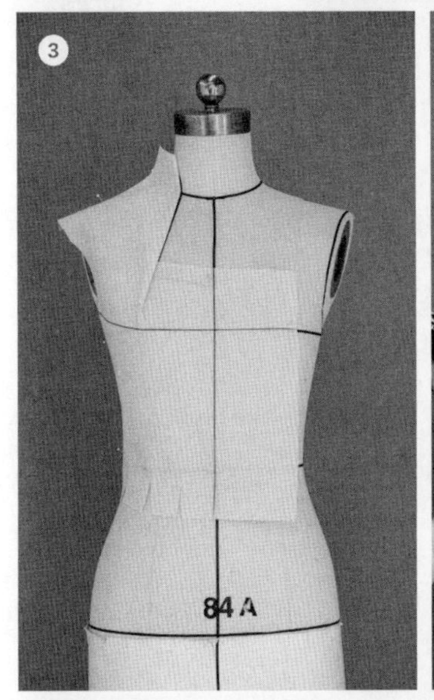

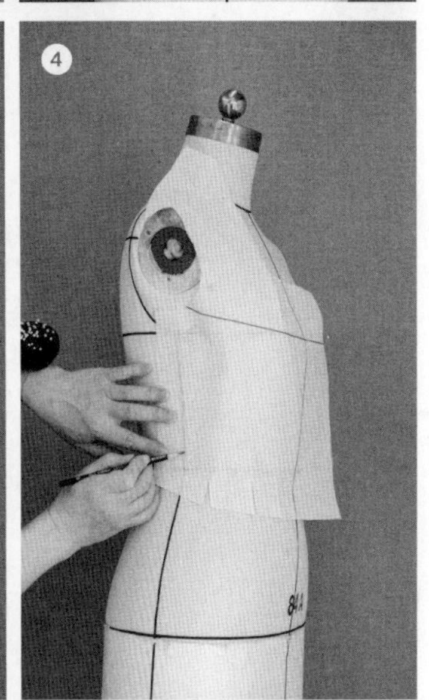

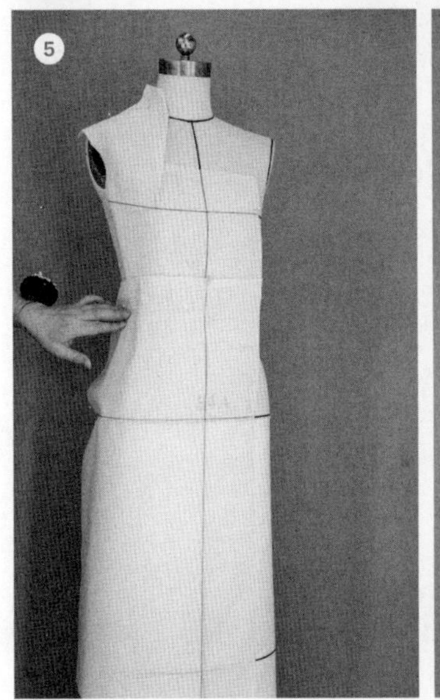

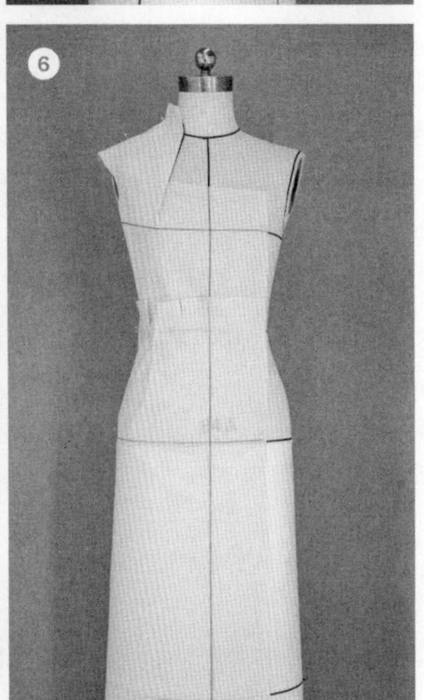

图7-6

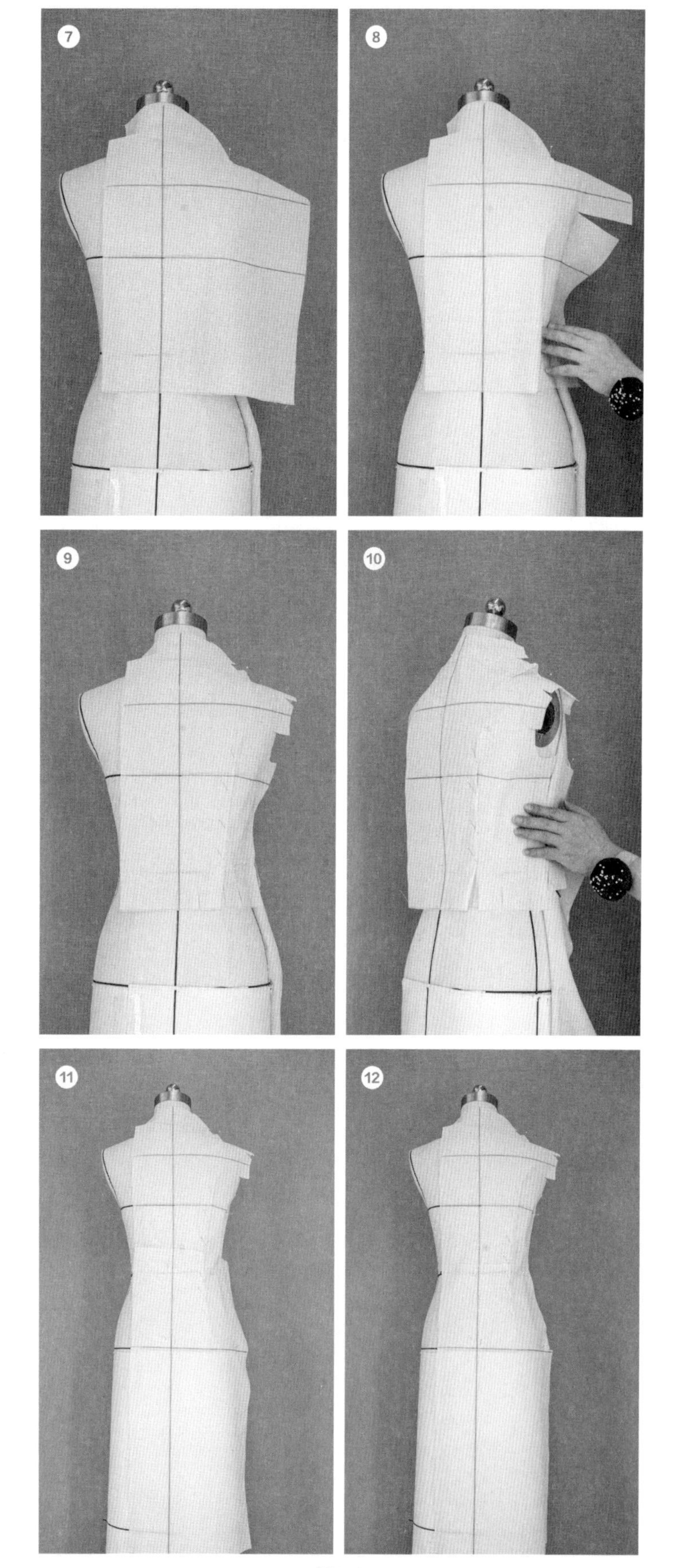

图7-6

后片

⑦ 将后衣片上所画的中心线、肩胛骨线与人台上相对应的标识带重叠，并固定。保证肩部丝绺顺直，将面料倒向肩部，做出肩省。

⑧、⑨ 将侧腰处丝绺顺直帖服于人台，做出腰省量，并粗裁。

⑩ 在侧缝处推放出适当松量，并画出衣身标记点。

后裙片

⑪ 将裙片上所画的参考线与人台上相对应的标识带重叠，并固定。保证侧腰处丝绺顺直,做出腰省，使腰省位置上下连贯。

⑫ 对腰部及侧缝进行粗裁。

⑬ 在侧缝处推放出适当松量，并画出标记点。

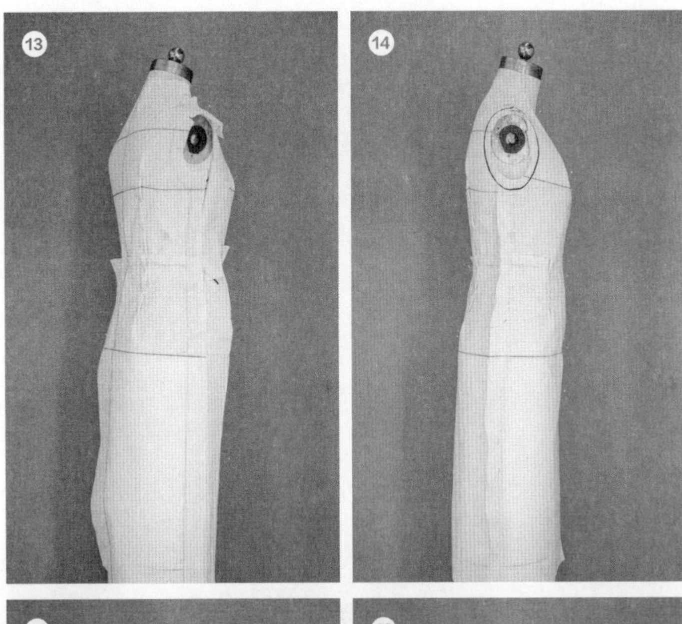

袖片

⑭、⑮ 对合肩缝及侧缝，贴出袖窿弧线（为体现中式服装造型特色，肩宽向里收 0.8cm），并安装手臂。

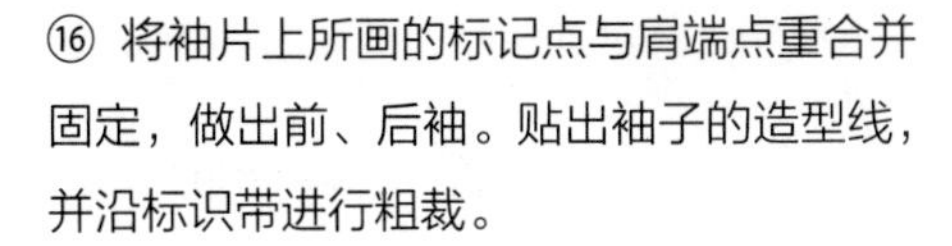

⑯ 将袖片上所画的标记点与肩端点重合并固定，做出前、后袖。贴出袖子的造型线，并沿标识带进行粗裁。

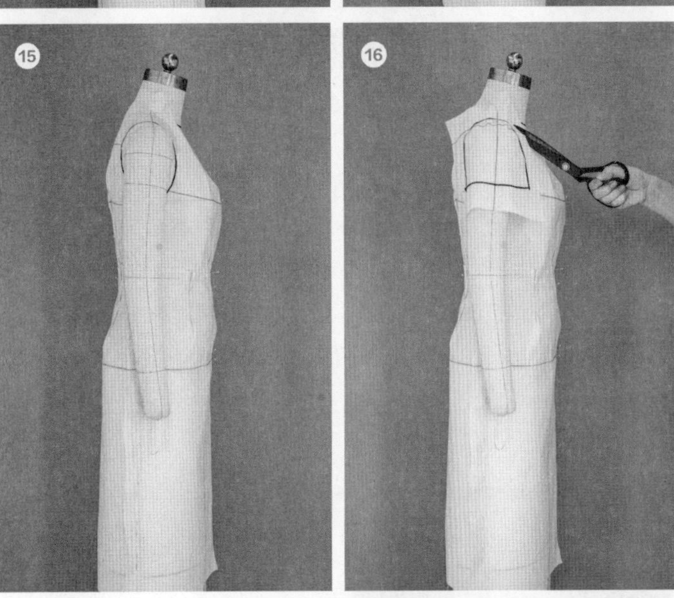

立裁效果

⑰、⑱、⑲ 不同角度的“X型”小立领小礼服效果图。

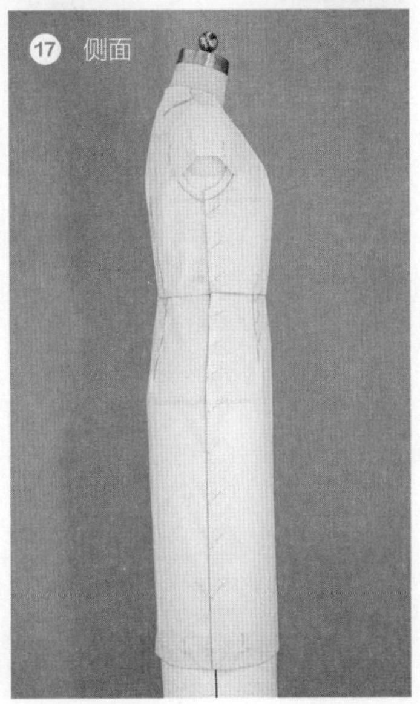

图7-6

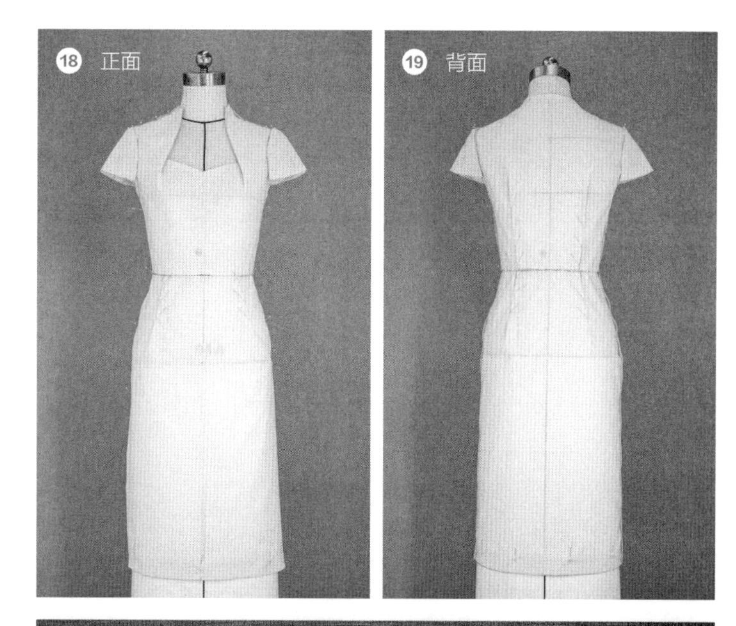

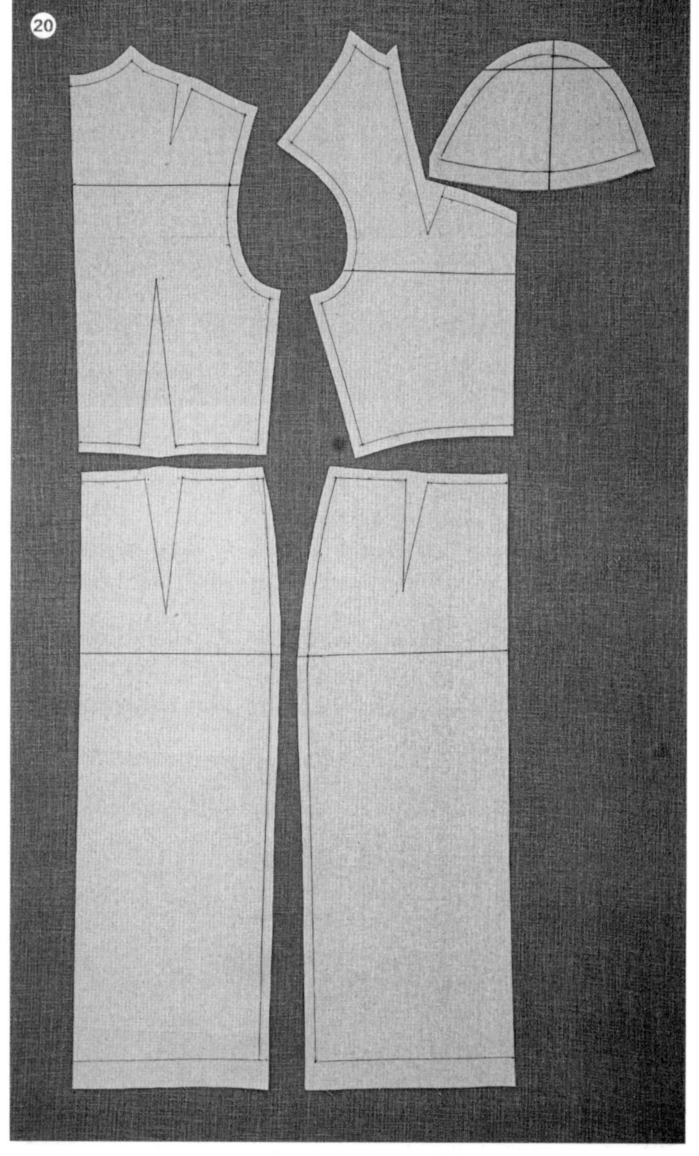

图7-6 “X型”小立领简约小礼服的立裁制作

平面结构

⑳“X型”小立领简约小礼服结构图。

7.24.2 鱼尾裙大礼服

鱼尾裙礼

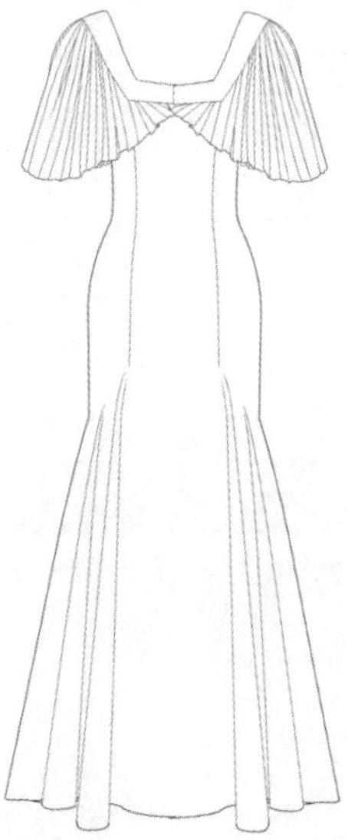

知识点:
X造型中的定点求褶

面料尺寸

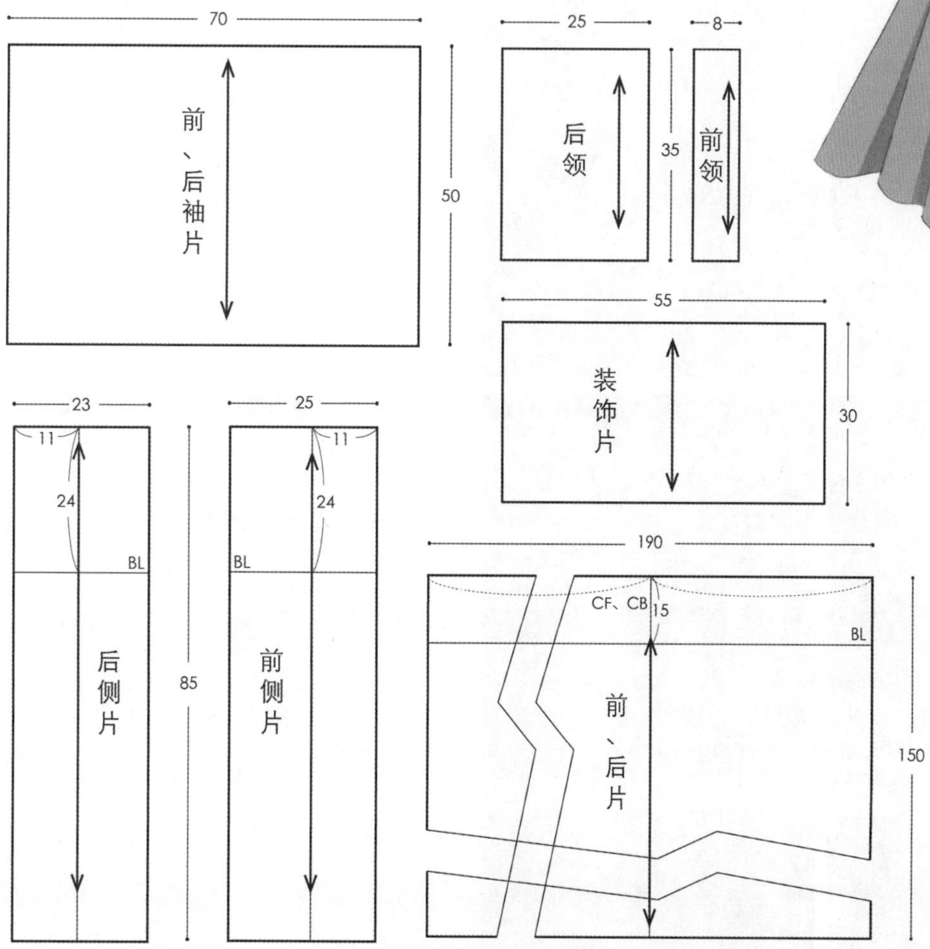

70
前、后袖片
50
25
后领
35
8
前领
55
装饰片
30
23
11
24
BL
后侧片
85
25
11
24
BL
前侧片
190
CF、CB
15
BL
前、后片
150

图7-7 面料基本尺寸

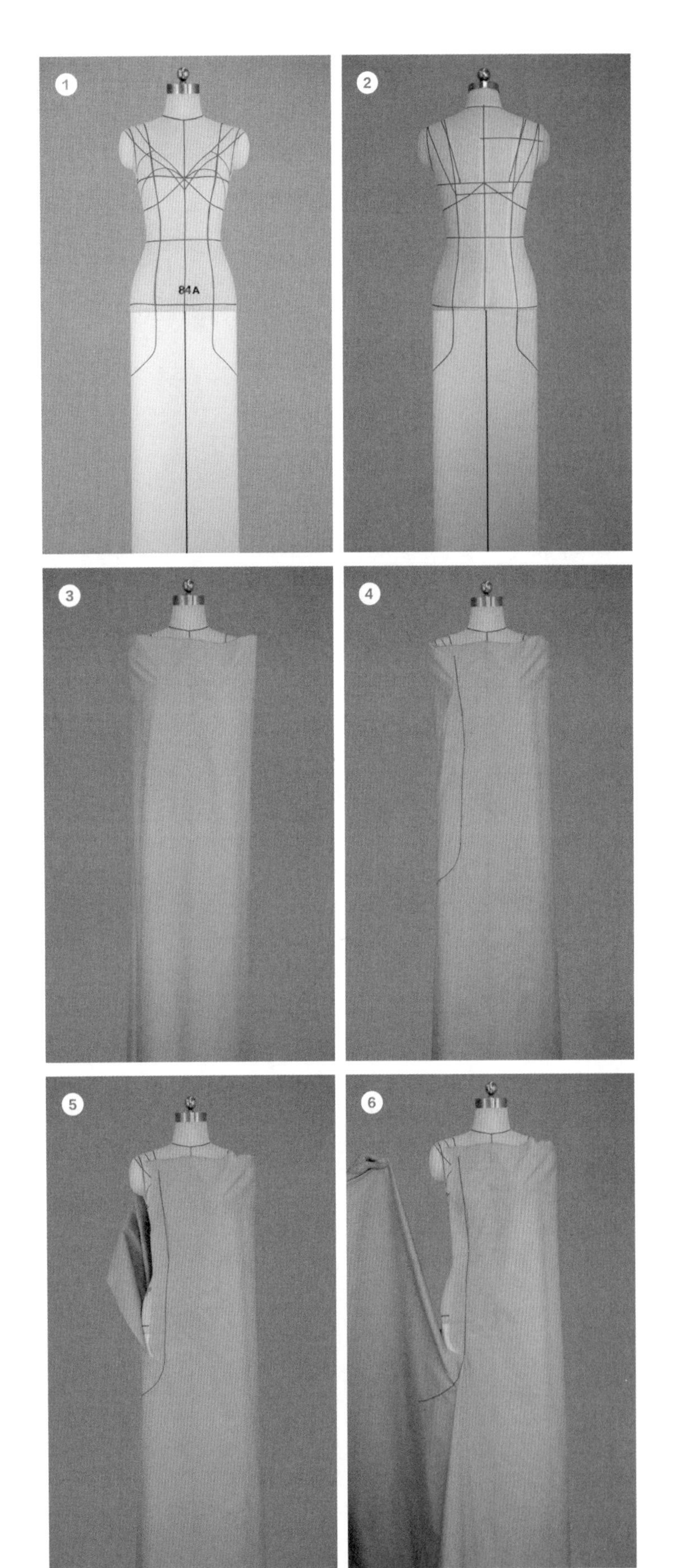

图7-8

贴标识带

①、② 根据效果图所示，在人台上贴出前、后衣片的造型线。

前片

③ 将前片上所画的胸围线、中心线与人台上相对应的标识带重叠，并固定。

④ 将省量推出分割线并固定，再贴出标识带。

⑤ 在臀围线下约11cm处用珠针固定，沿分割线粗裁并打剪口。

⑥ 做出第一个波浪褶。

前侧裙片

⑦ 将剩余分割线三等分，分别在等分点处用珠针固定、打剪口，做出第二和第三个褶量。

⑧ 用同样的方式做出左裙褶量，完成前片的制作。

⑨ 将前侧片上所画的胸围线、侧中线与人台上相对应的标识带重叠，并固定。

⑩ 保持侧中线固定不动，分别向两边推出省量，贴出侧缝线、分割线并粗裁。

⑪ 拼合衣片，完成前片的制作。

后裙片

⑫ 将后片上所画的胸围线、中心线与人台上相对应的标识带重叠，并固定

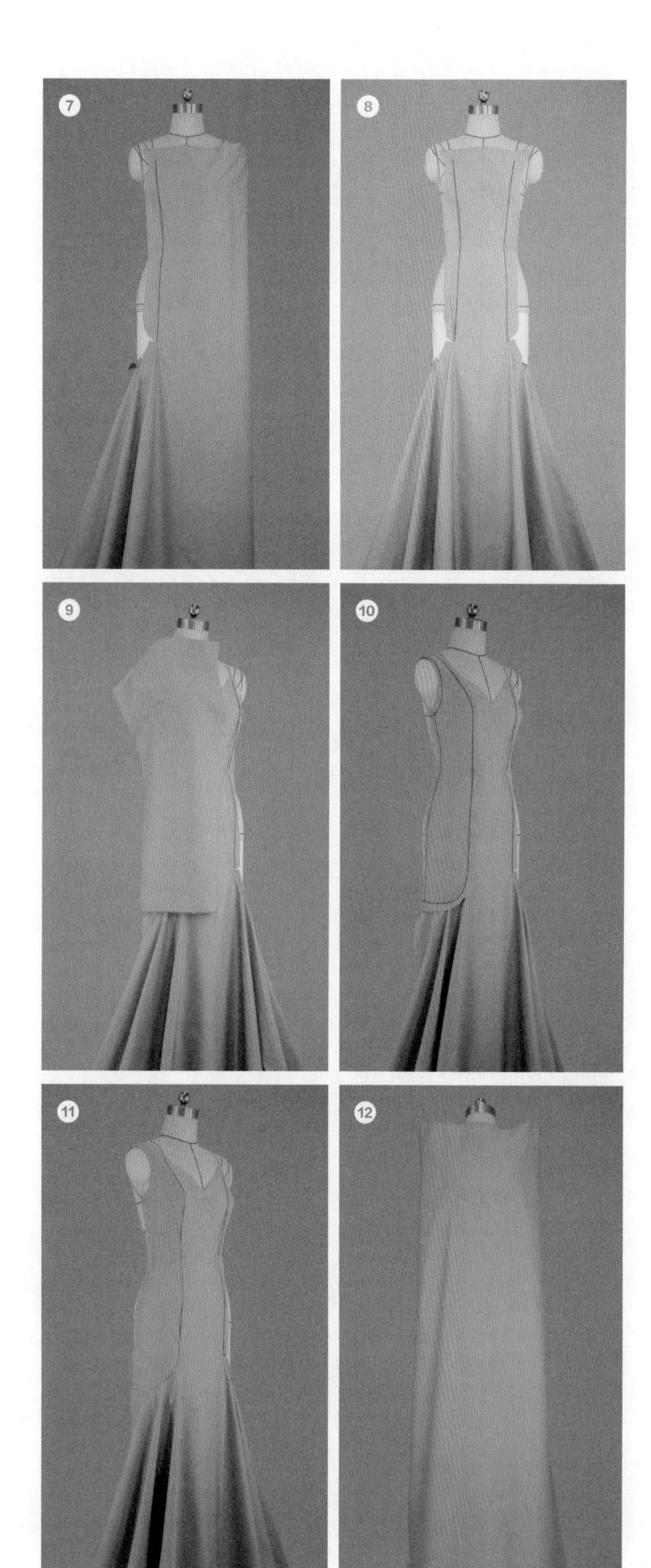

图7-8

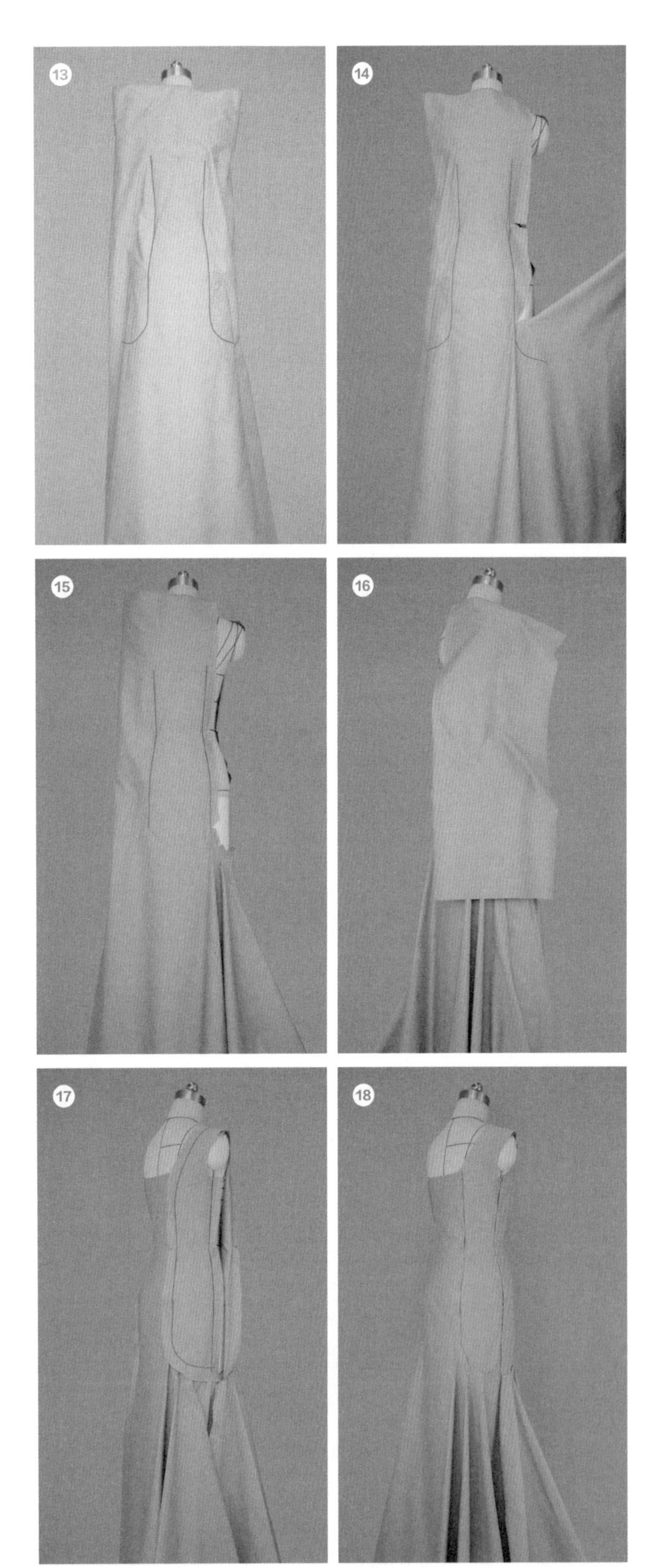

图7-8

⑬ 推出省量，贴出分割线。

⑭ 用珠针在臀围线下11cm处固定，沿分割线粗裁并在珠钉处打上剪口，做出第一个波浪褶。

⑮ 在剩余分割线处分别钉上另外两个珠针，并打剪口做出另外两个褶量。

⑯ 将后侧片上所画的胸围线、侧中线与人台上相对应的标识带重叠并固定。

⑰ 推出省量，贴出侧缝线、分割线并粗裁。

⑱ 拼合衣片。

⑲ 贴出底摆参考线并修剪裙摆，完成裙身的制作。

袖及风琴褶

⑳ 将装饰片依效果图所示烫出褶皱，并放置在相应位置。

㉑ 做出胸口装饰褶。

㉒ 将前袖片依效果图所示烫出装饰褶，并放置在相应位置。

㉓ 做出前袖片。

㉔ 贴出后袖参考线并粗裁，拼合前、后袖片，完成衣袖的制作。

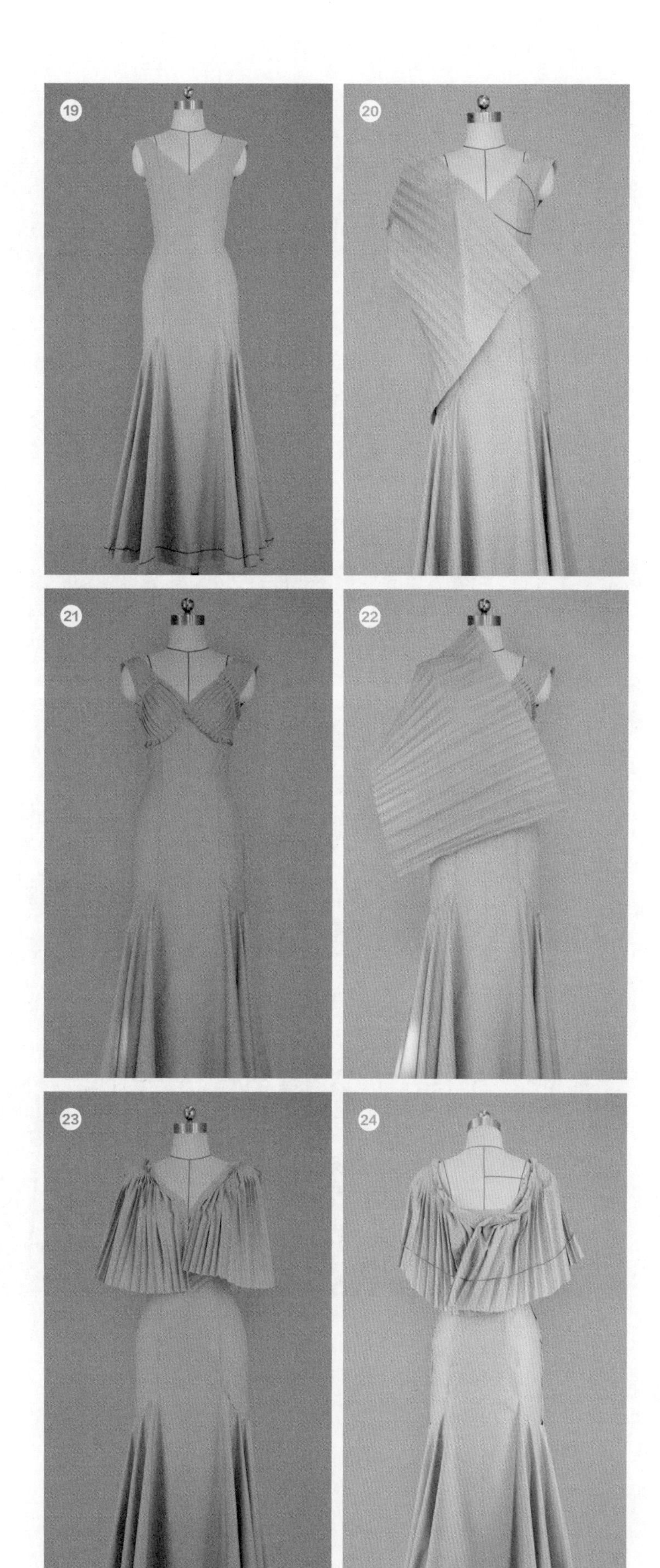

图7-8

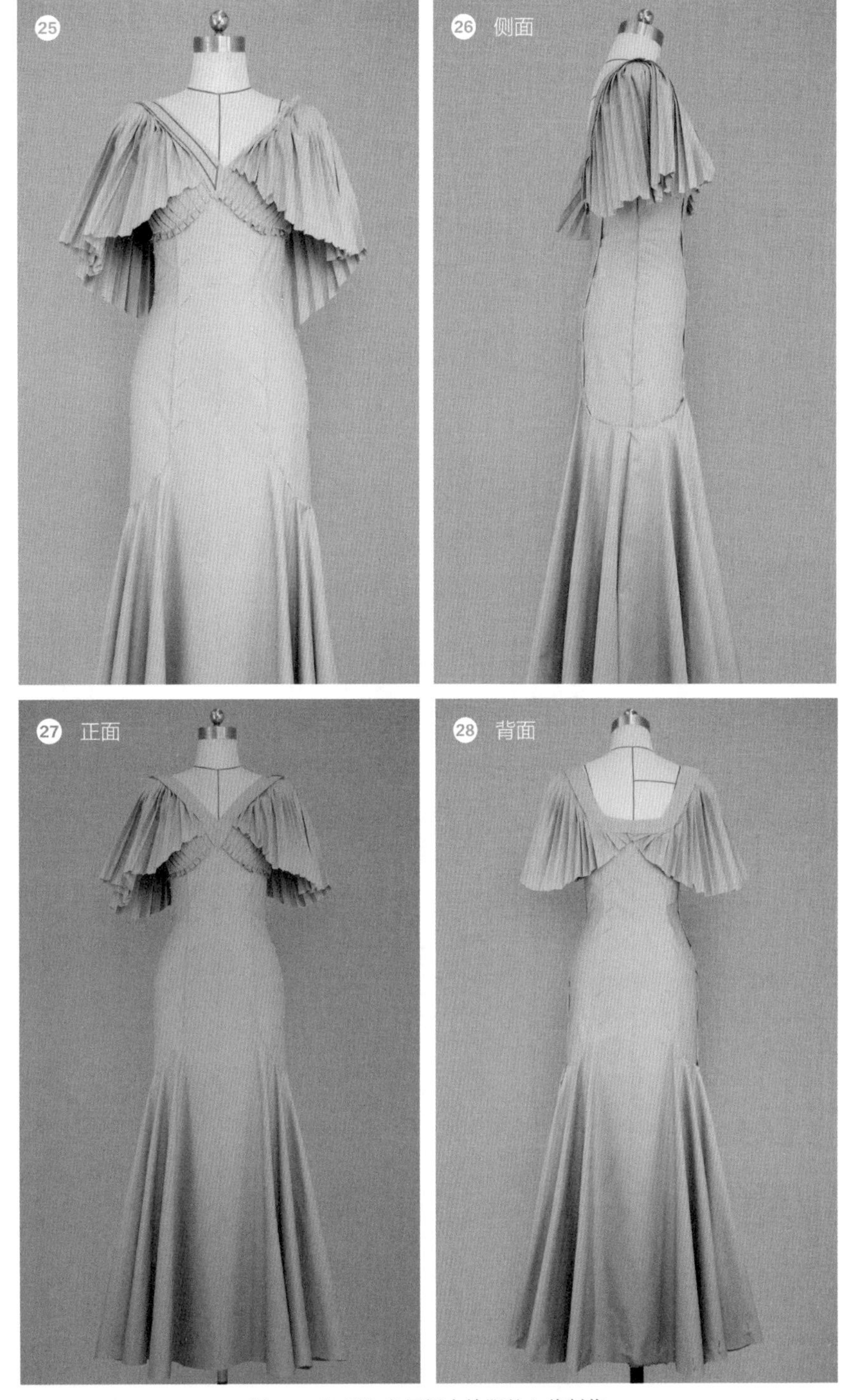

图7-8 “X型”鱼尾裙大礼服的立裁制作

㉕ 贴出前、后衣领造型线，并完成衣领的制作。

立裁效果

㉖、㉗、㉘ 不同角度的“X型”鱼尾裙大礼服效果图。

7.24.3 荷叶褶大礼服

该款礼服在荷叶边褶与叠褶的综合运用下呈现出错落有致的外观，波动的曲线造型在神秘奢华的酒红色材质衬托下充满魅力，挺立的肩袖设计衬托出作品的空间感与独特性（图7-9、图7-10）。

知识点：
褶在X造型中的综合运用

面料尺寸

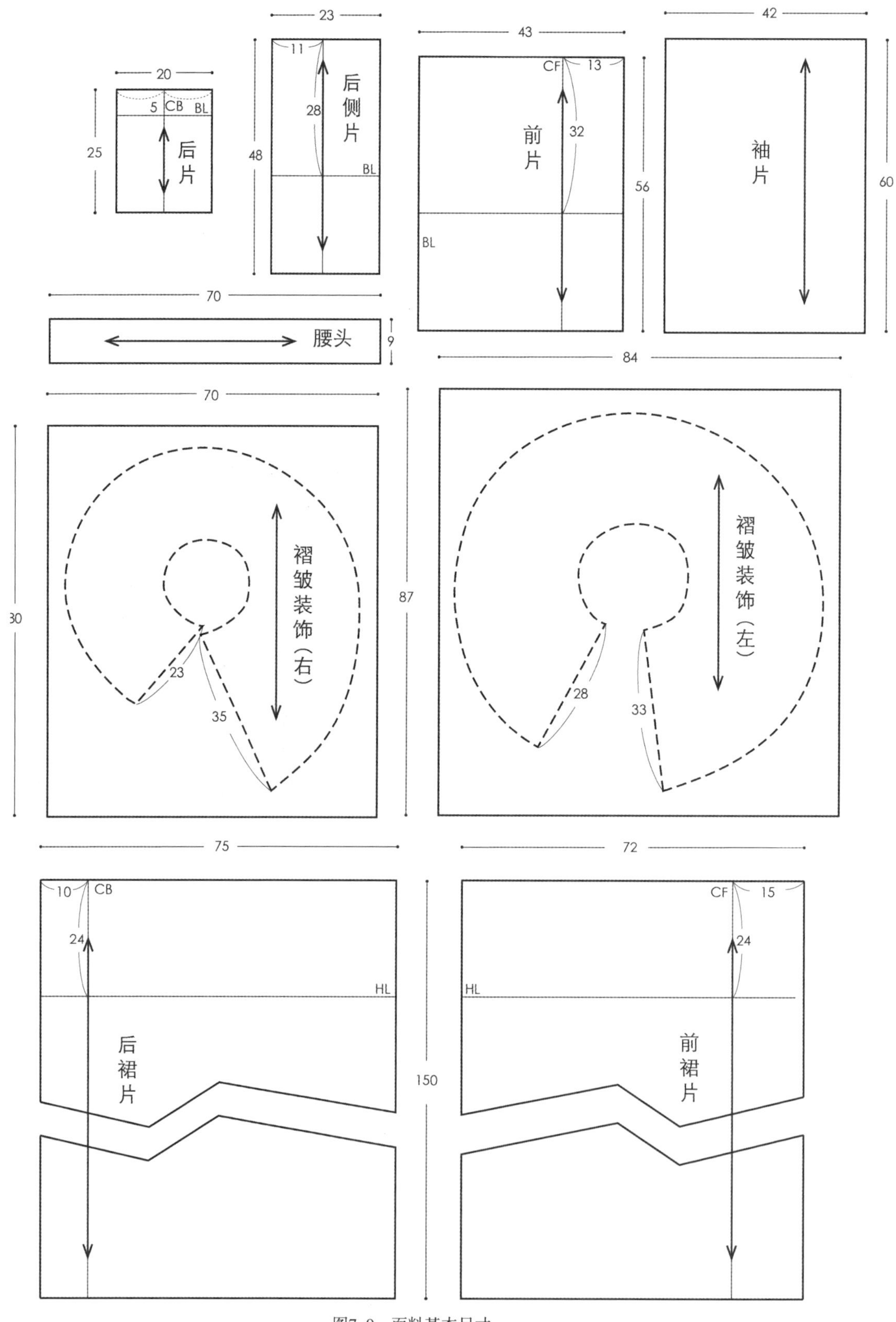

图7-9 面料基本尺寸

贴标识带

①、② 根据效果图所示，贴出前、后衣片的款式造型线。

前片

③ 将前片上所画的胸围线、中心线与人台上相对应的标识带重叠，并固定。

④ 在肩部、腰部捏出适当装饰褶量。

⑤ 贴出衣片造型线并粗裁。

⑥ 完成前片制作。

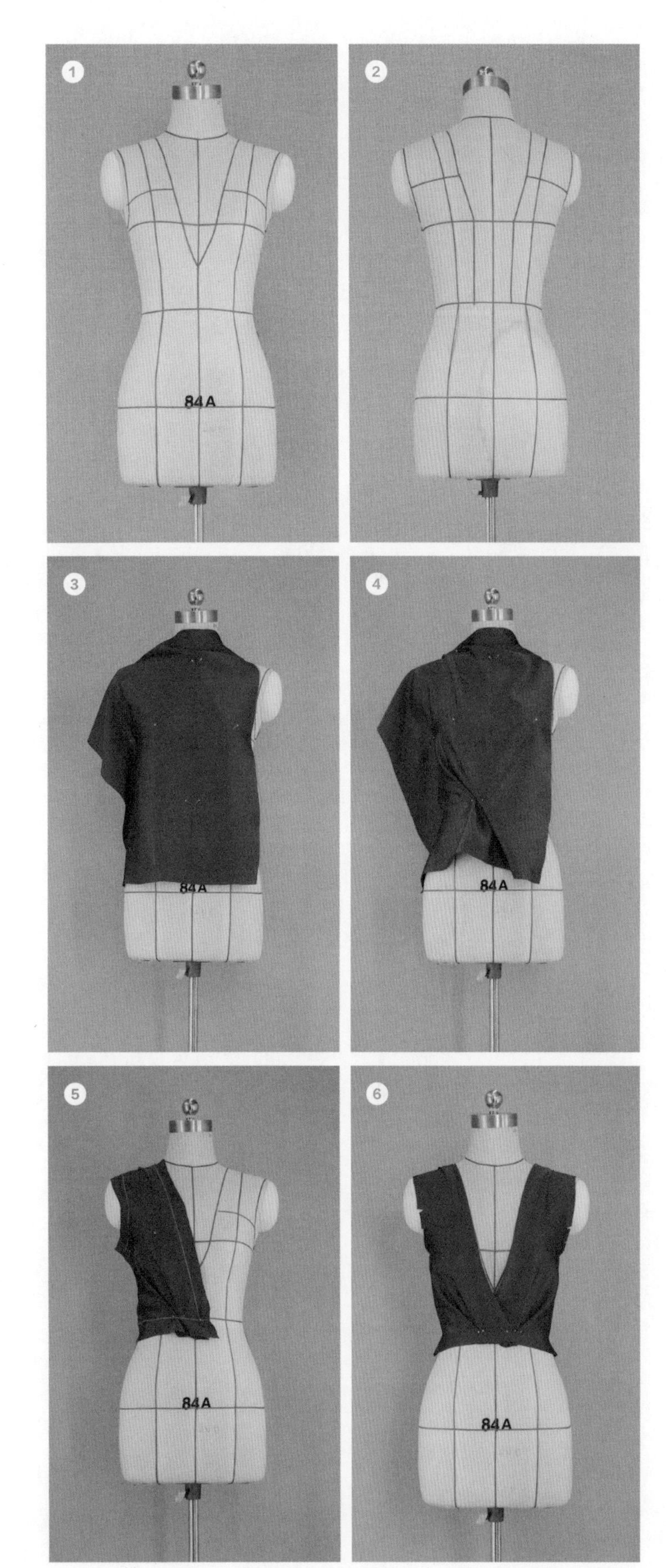

图7-10

⑦ 将前裙片上所画的臀围线、中心线与人台上相对应的标识带重叠，并固定。

⑧ 在公主线处捏出适当褶量,贴出标识带并粗裁。

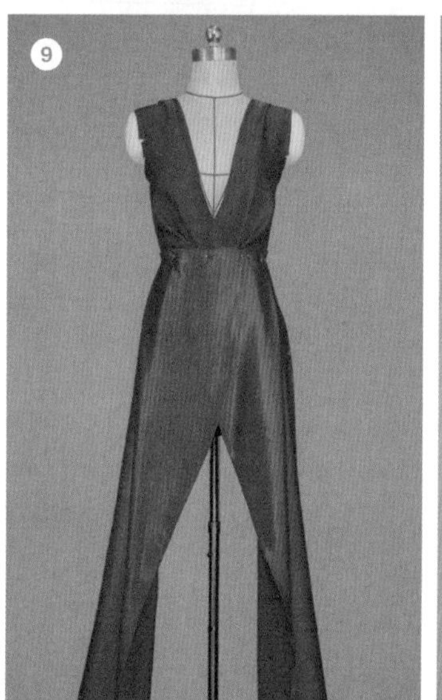

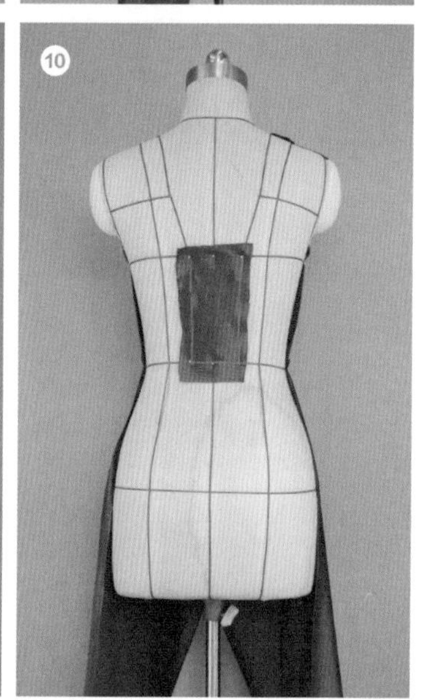

⑨ 完成前裙片制作。

后片

⑩ 将后片上所画的胸围线、中心线与人台上相对应的标识带重叠并固定。将省量推出分割线并粗裁。

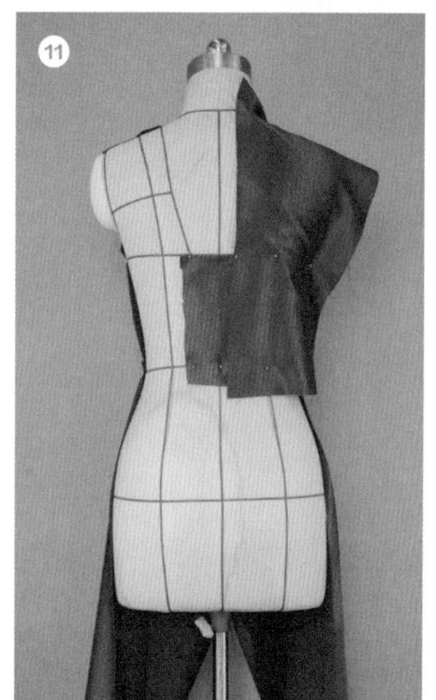

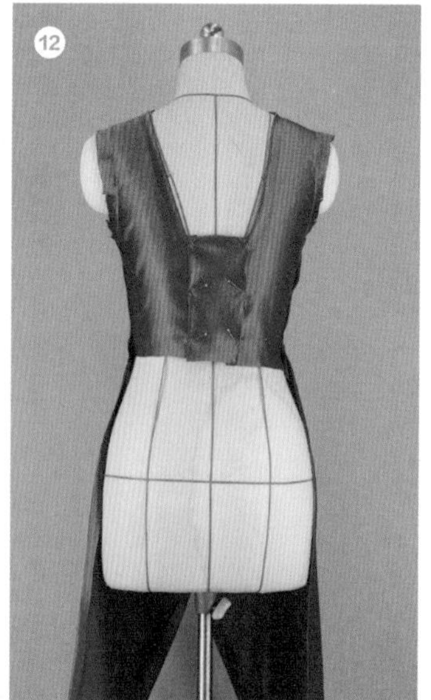

图7-10

⑪ 将后侧片上所画的胸围线、侧中线与人台上相对应的标识带重叠并固定。

⑫ 分别向分割线与侧缝线推出多余量完成后侧片的制作。

⑬ 将右裙片上所画的臀围线、中心线与人台上相对应的标识带重叠并固定。在公主线处捏出适量褶量。

⑭ 贴出造型线、分割线，并粗裁。

⑮ 完成后片制作。

袖及装饰

⑯ 依效果图所示将袖片放置在相应位置。

⑰ 捏出褶皱，完成衣袖的制作。

荷叶褶

⑱ 裁剪出腰部装饰褶的右侧部分，将荷叶边对应腰围线固定，并捏出适当褶量。

图7-10

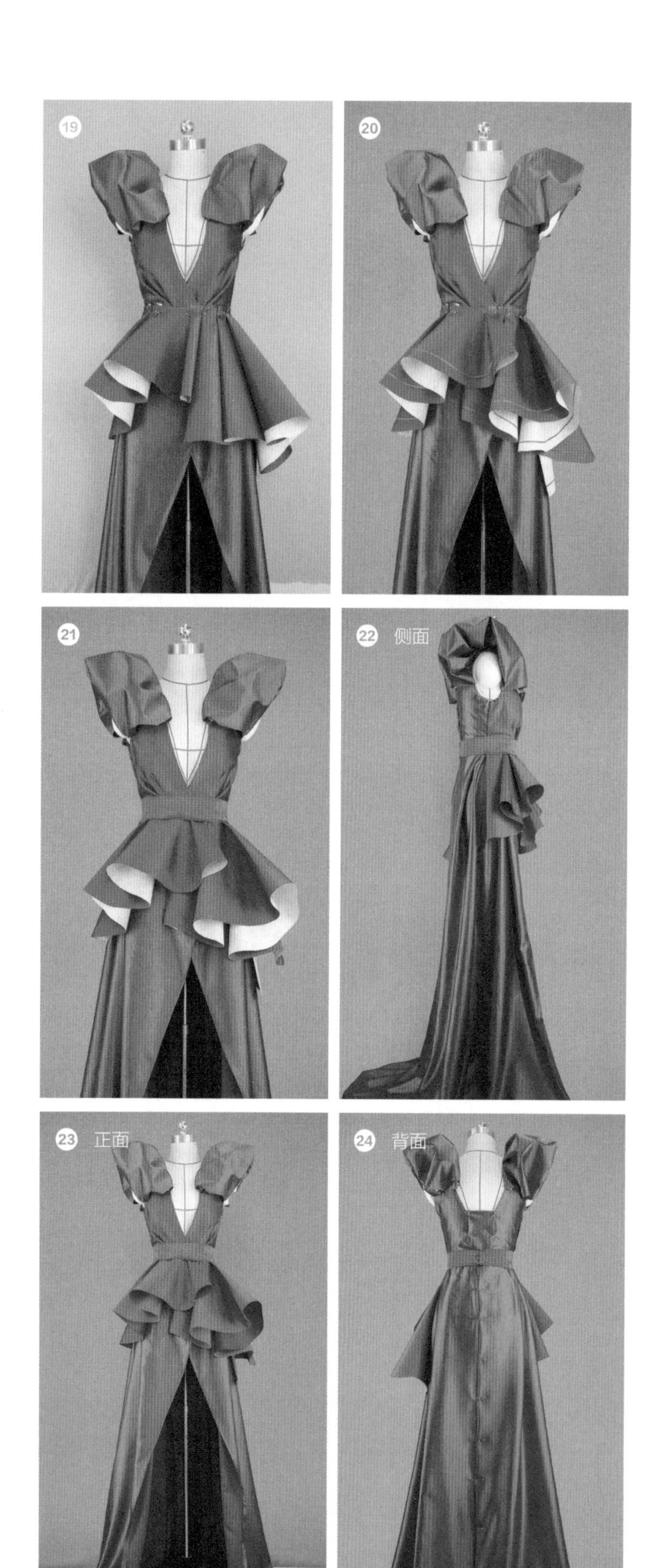

图7-10 “X型”荷叶褶大礼服的立裁制作

⑲、⑳ 用同样的方式完成装饰褶左侧部分的制作，贴出造型线并粗裁。

㉑ 用藏针法做出腰头。

立裁效果

㉒、㉓、㉔ 不同角度的“X型”荷叶褶大礼服效果图。

品牌作品赏析及学生临摹训练

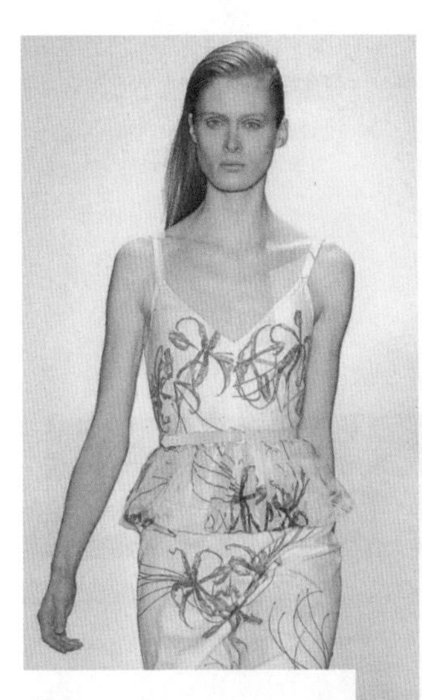

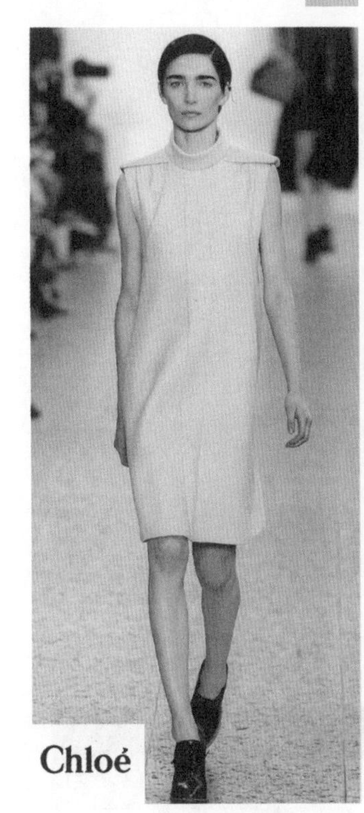

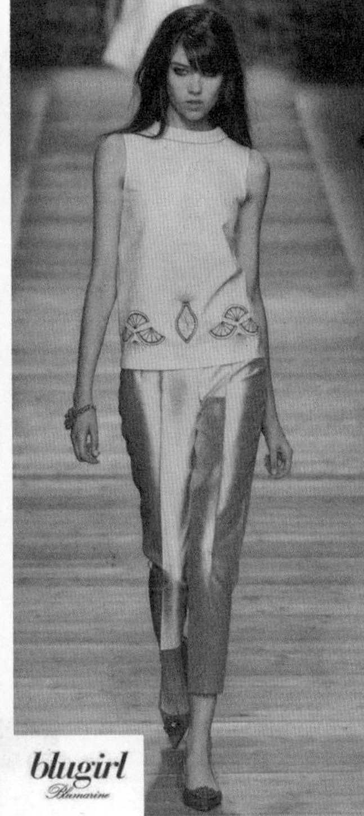

▼品牌作品赏析

▼ 学生临摹训练

一组作业

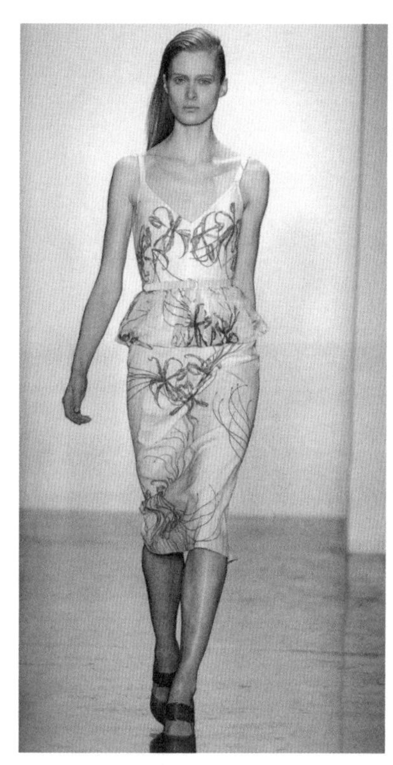

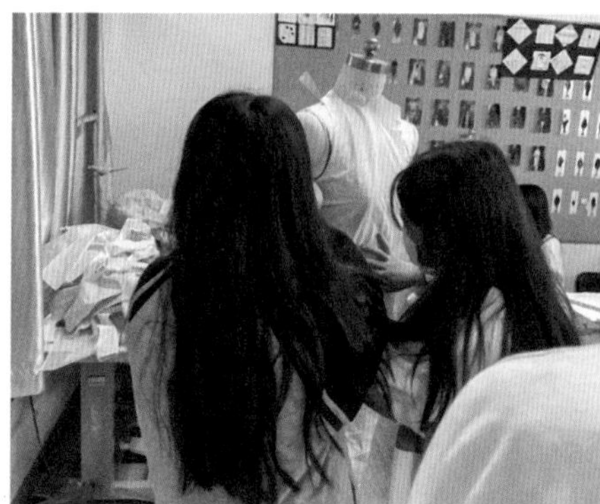

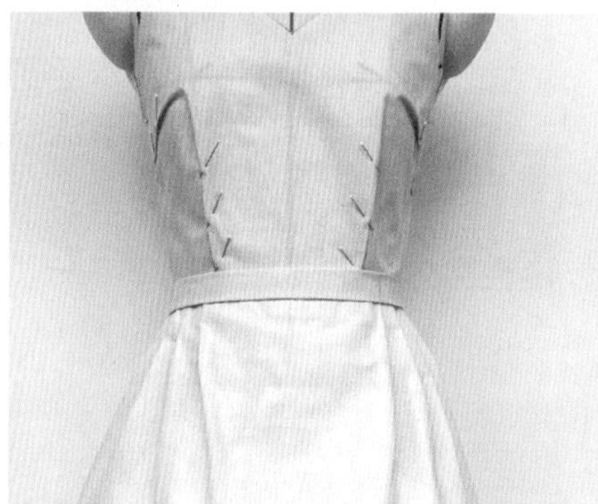

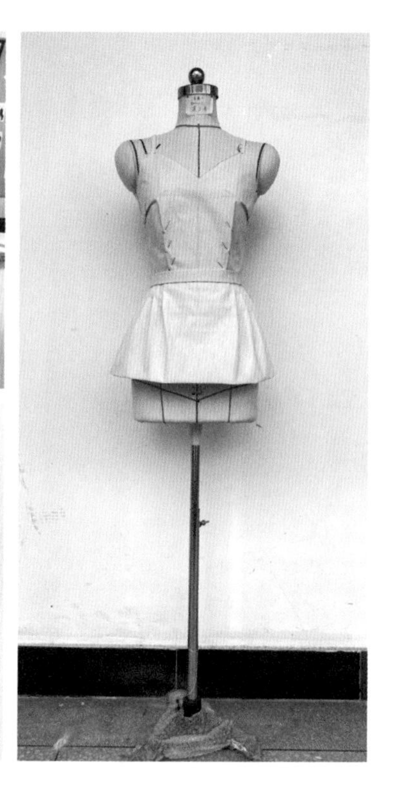

二组作业

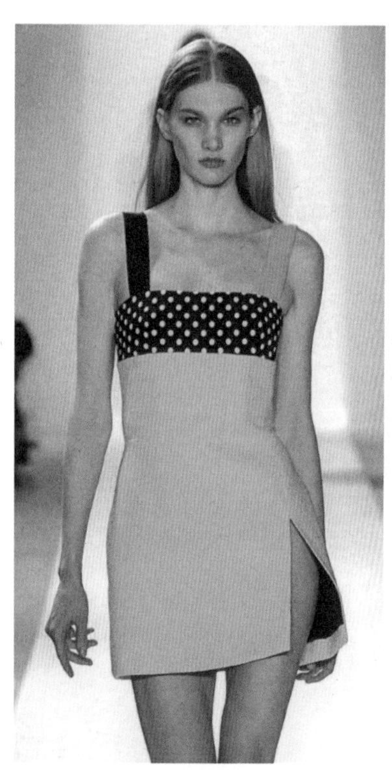

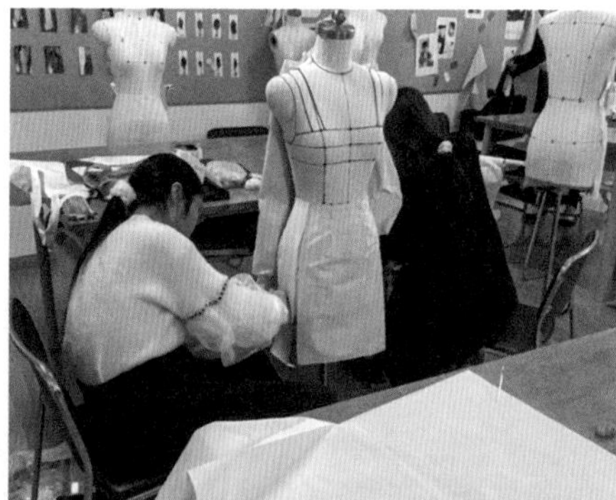

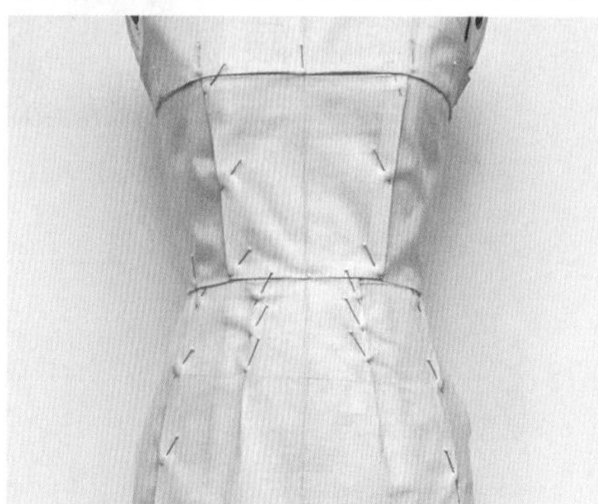

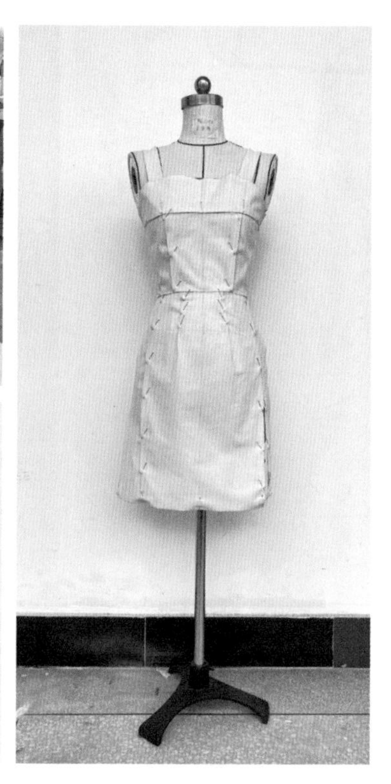

三组作业

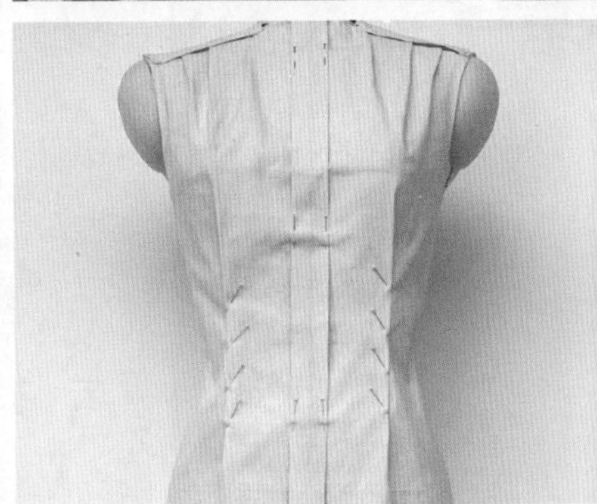

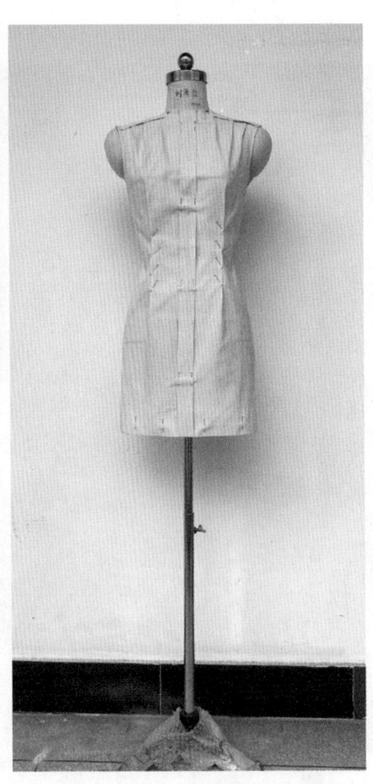

教师作业点评

一组：基础款造型手法主要包括省、省道转移、分割以及褶皱等内容，能够直观地让初学者了解人体结构特征、熟悉省量的分配以及面料由平面转向立体的过程。该生作品工艺严谨具有较高的还原度，但衣下摆长度需要调整。

二组：分体连衣裙作业主要是为了让学生熟悉胸腰差、臀腰差以及上下身的合片、省道应用等相关知识。该生对衣身结构造型理解正确，省道应用恰当，但上下衣身的省位未能相连，裙子长度不够准确。

三组：整身连衣裙主要检查学生对胸腰臀三者间差值的认知以及对服装松量的掌握能力。该裙装长短适中、腰部省位恰当较好地还原了设计亮点，但腰部放松量不足，影响了服装的外观造型。

▼品牌作品赏析

EMILIO PUCCI

EMILIO PUCCI

ALEXIS MABILLE

MOSCHINO

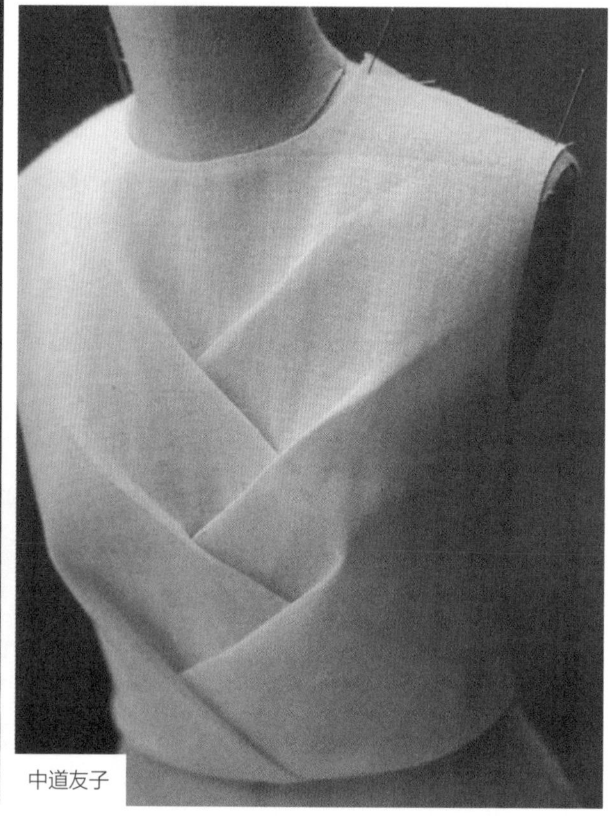
中道友子

▶ 学生临摹训练

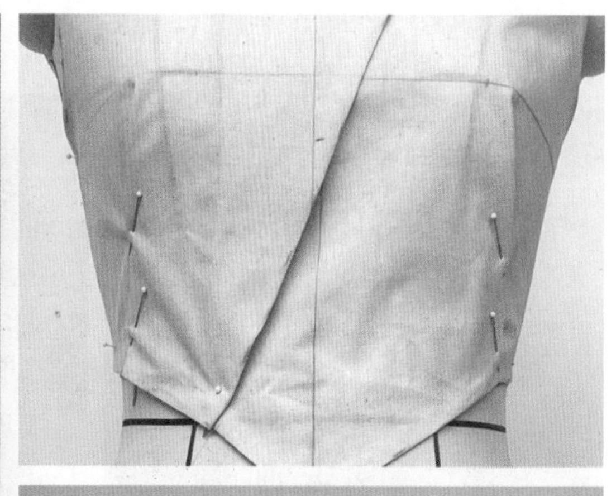

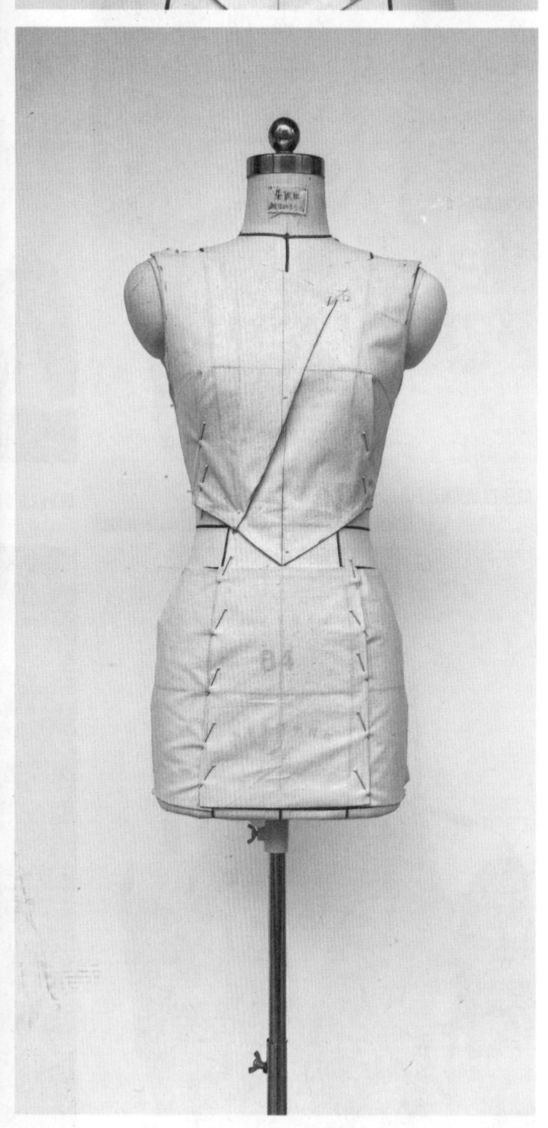

教师作业点评

上衣巧妙地将省道转移与口袋设计连为一体，在训练省道转移的同时提升了学生对款式综合造型能力的把控。该临摹作业的核心技术点把握熟练，裙子将分割设计与款式造型相结合，但松量以及下摆造型还需调整。

▼ 品牌作品赏析

ALEXIS MABILLE

miu miu

ChristianDior

SUNO

G-STAR RAW

DSQUARED2

▼学生临摹训练

一组作业

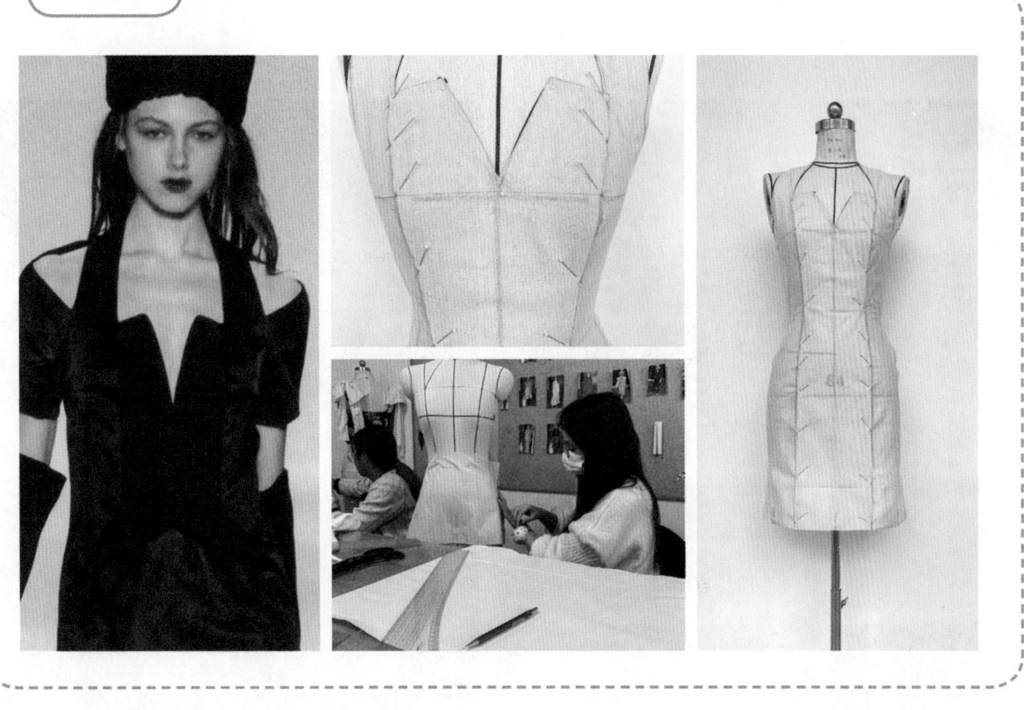

二组作业

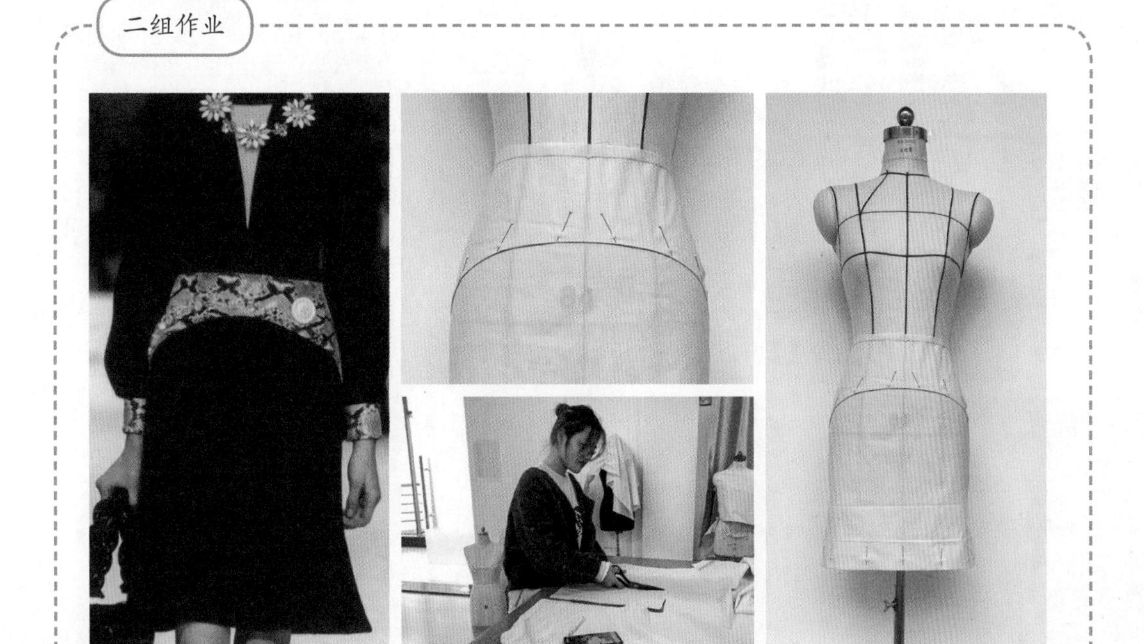

教师作业点评

该连衣裙亮点在于胸前流畅的分割线以及裙子装饰性分割的应用。临摹作业较好地运用了所学的分割知识，并加入了自身对作品的认知与理解，工艺认真、制作精心，美中不足的是原作品裙型更偏向“A”型，较为轻松活泼，作业未能表现出来。

▼ 品牌作品赏析

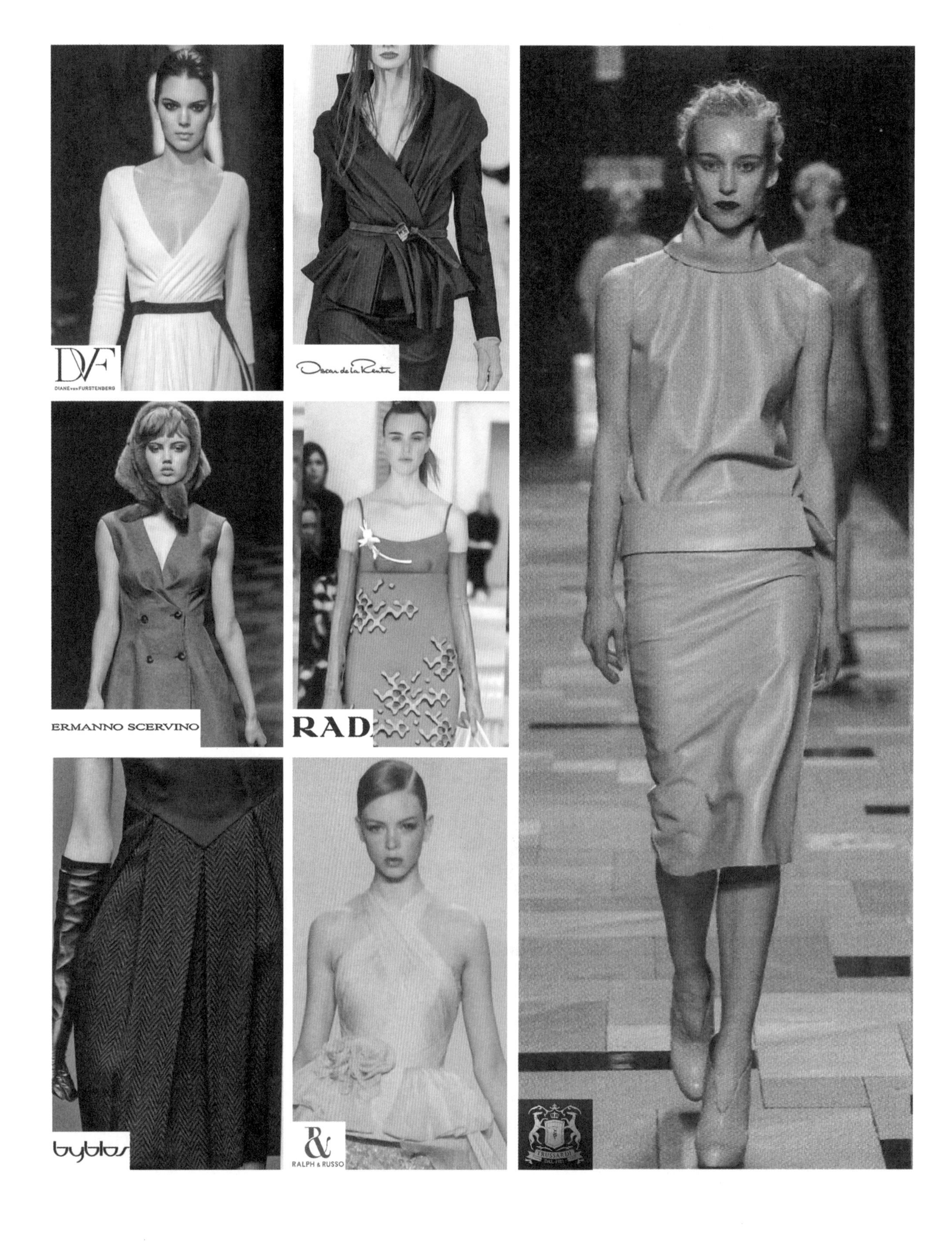
DVF
DIANE von FURSTENBERG
Oscar de la Renta
ERMANNO SCERVINO
RAD
byblos
&
RALPH & RUSSO

▶ 学生临摹训练

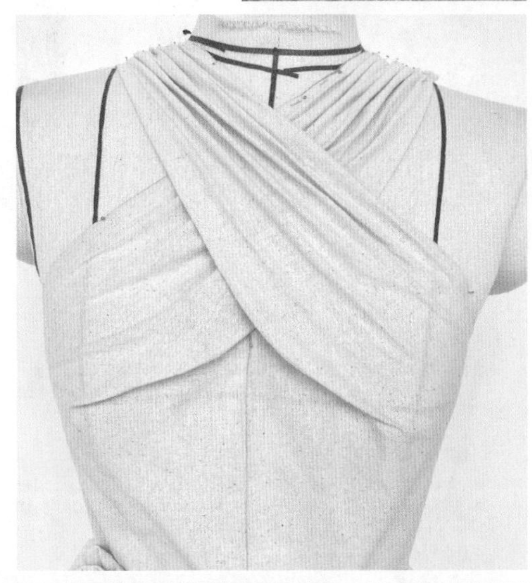

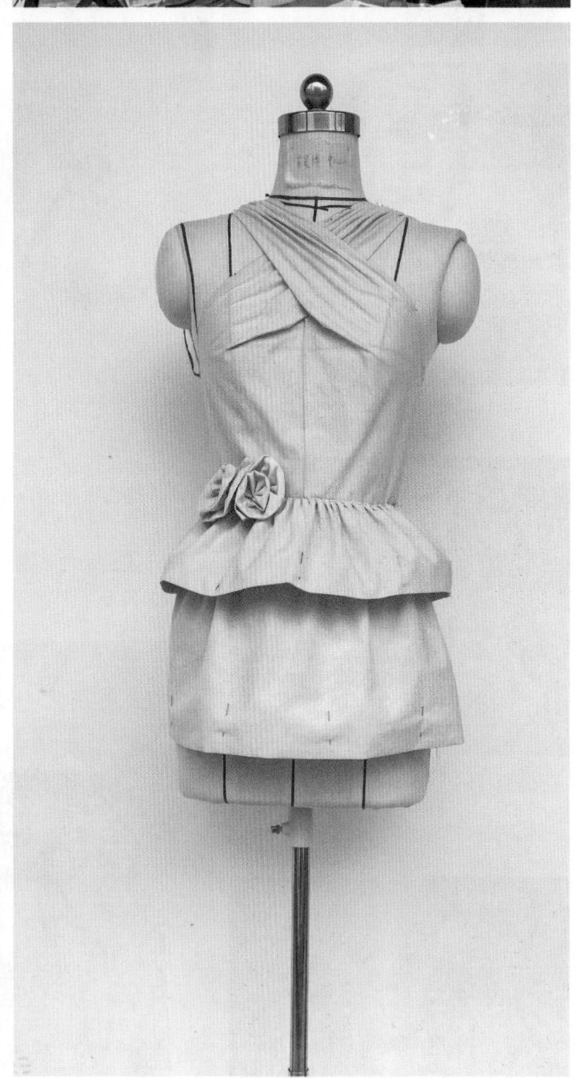

教师作业点评

褶皱是立体造型中的主要表现手段，此款服装亮点在于胸前交叉褶皱的设计以及扩张的衣摆。该生较好地将褶皱与交叉两个代表性造型要素应用于作品中，腰部细褶均匀自然，花饰起到了画龙点睛的作用。

▼ 品牌作品赏析

VERSACE

CÉLINE

Oscar de la Renta

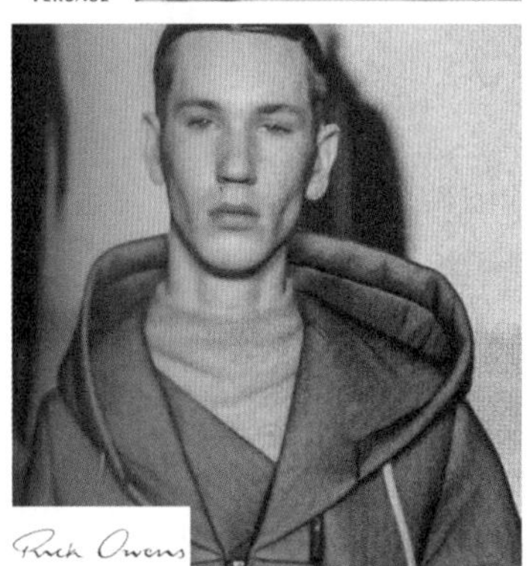
Rick Owens

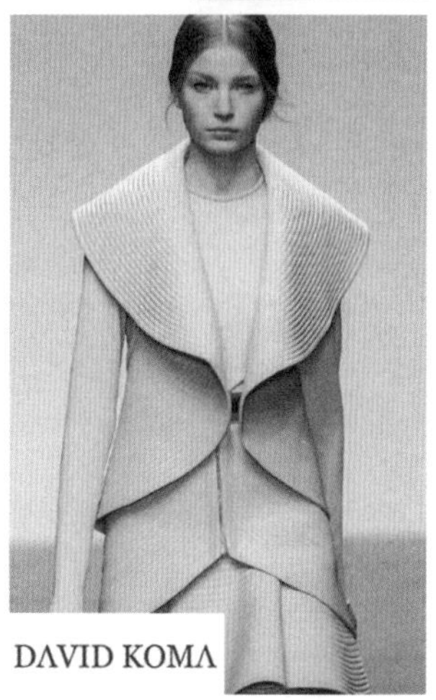
DAVID KOMA

PORTS

miu miu

Blumarine

VICTORIABECKHAM

▼ 学生临摹训练

一组作业

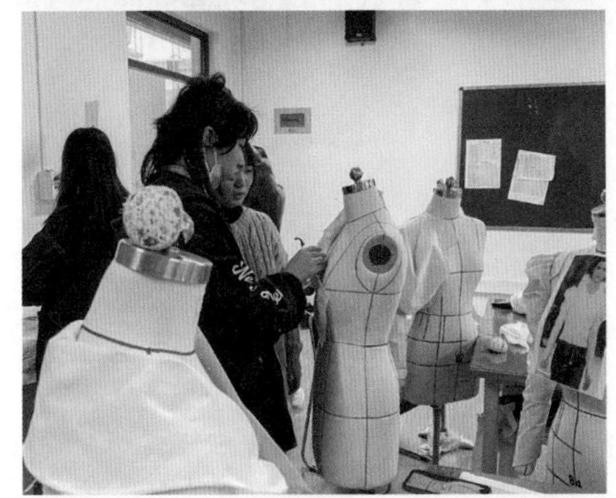

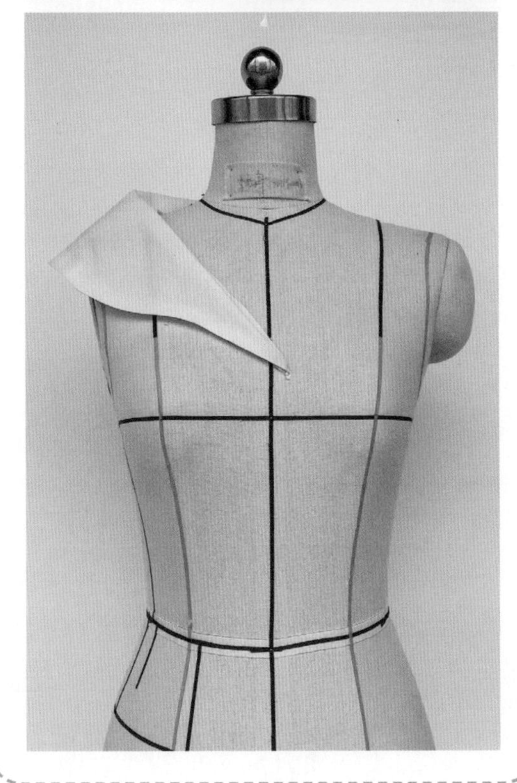

二组作业

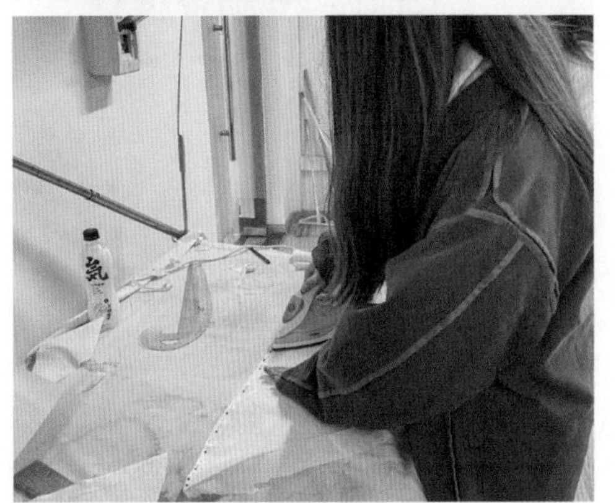

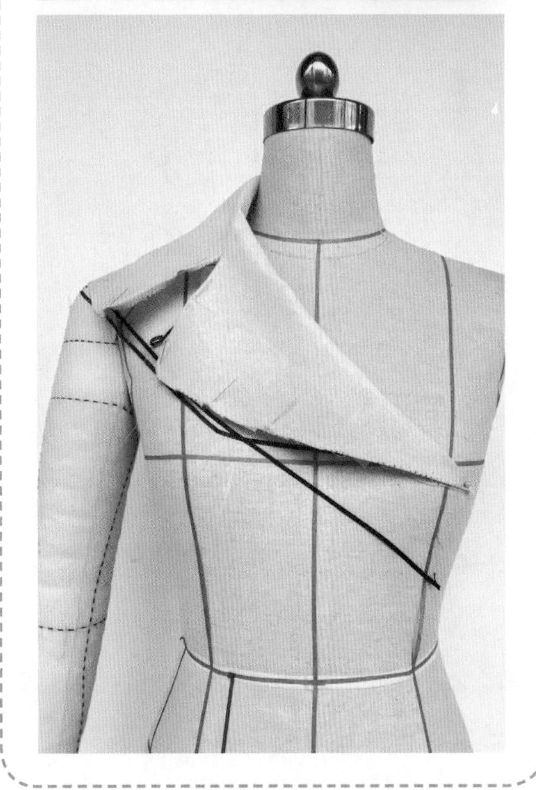

三组作业

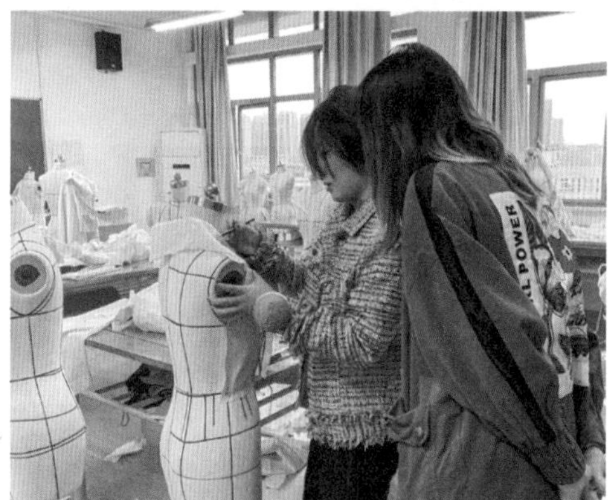

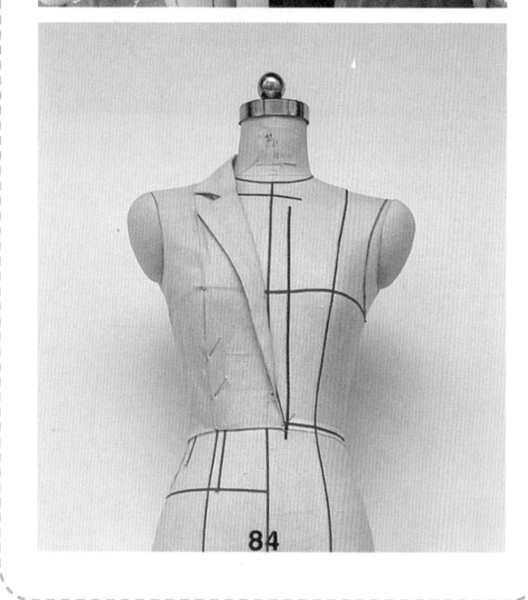

四组作业

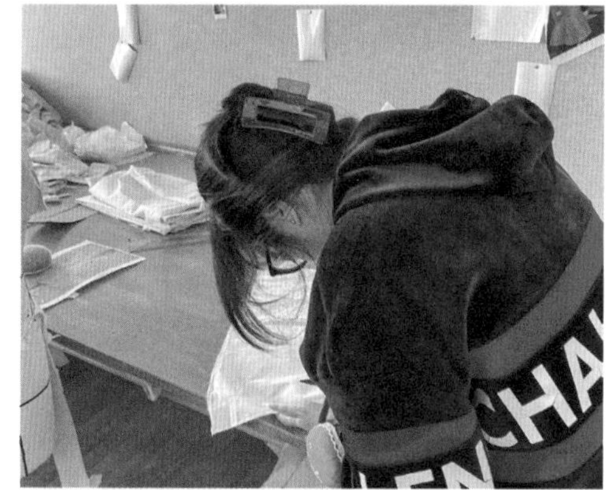

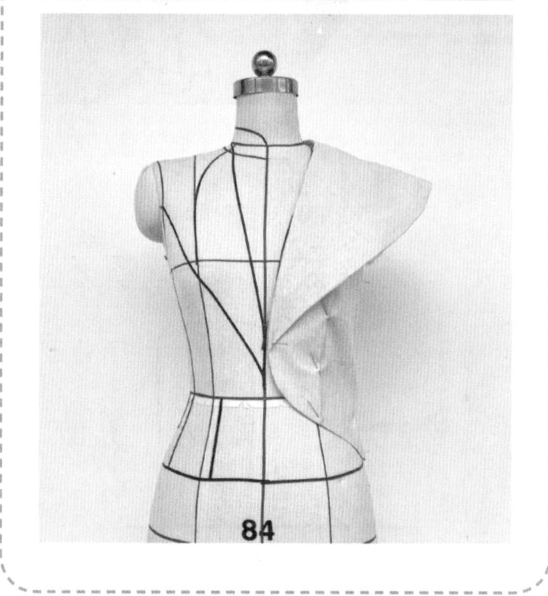

教师作业点评

衣领作为服装造型中的代表性部位，既是视觉焦点也设计师表现的重点，是体现服装效果的决定性因素。不同衣领的设计制作考验学生对基础领型的把握及衍生能力，领围线、领口线、翻折线以及不同部位的操作手法是衣领造型中的关键要素。临摹作业较好地体现了不同领型的造型特点，细节把握到位，对基础衣领的理解较为透彻。

▼品牌作品赏析

ALEXANDREVAUTHIER

DONNAKARAN
NEW YORK

PROENZA SCHOULER

ALEXANDREVAUTHIER

YOHJI YAMAMOTO

LV
LOUIS VUITTON

▼ 学生临摹训练

一组作业

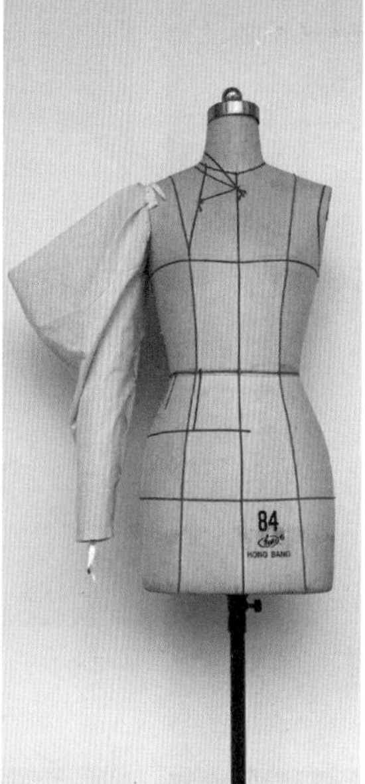

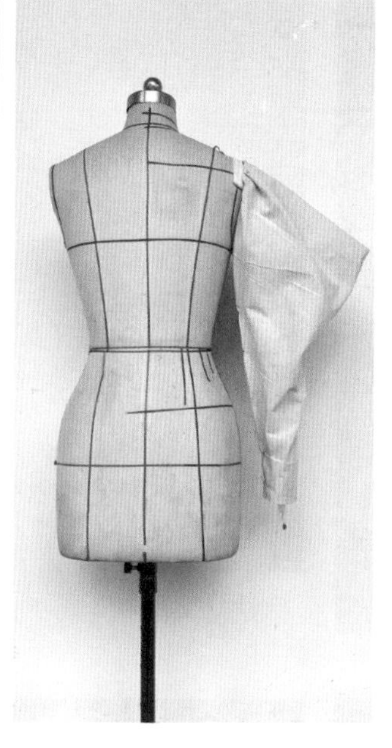

教师作业点评

该作业通过延展的方式将蝴蝶造型融入衣袖中，外观较为夸张，要求学生有自行分析其结构及技术手段的能力。临摹作业较好地体现了衣袖的造型特点，但在松量的把控以及袖克夫等细节处理上还有一定的提升空间。

二组作业

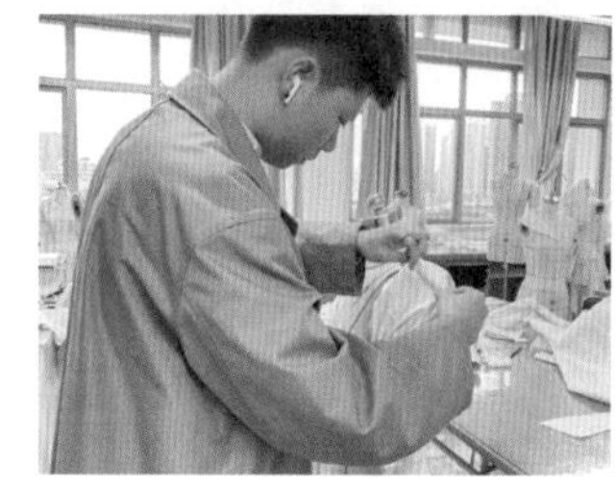

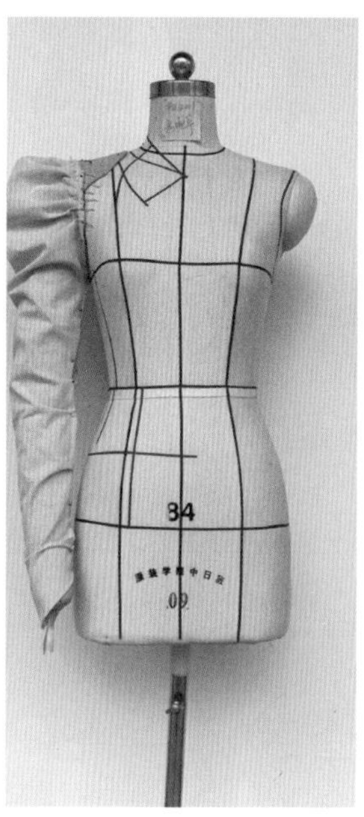

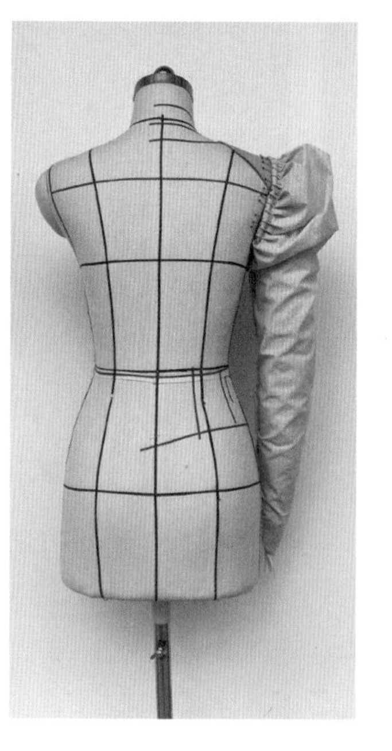

教师作业点评

该作业涉及提拉、抽缩等技术手段，主要考验学生从基础袖向泡泡袖转变的应用能力。临摹作业细节到位，褶量把控得当，但肩头走势较为平整，缺乏张扬感。

▼ 品牌作品赏析

EUDON CHOI
PREEN
BY
THORNTON BREGAZZI
MAIYET
VIKTOR&ROLF
VIKTOR&ROLF

▼ 学生临摹训练

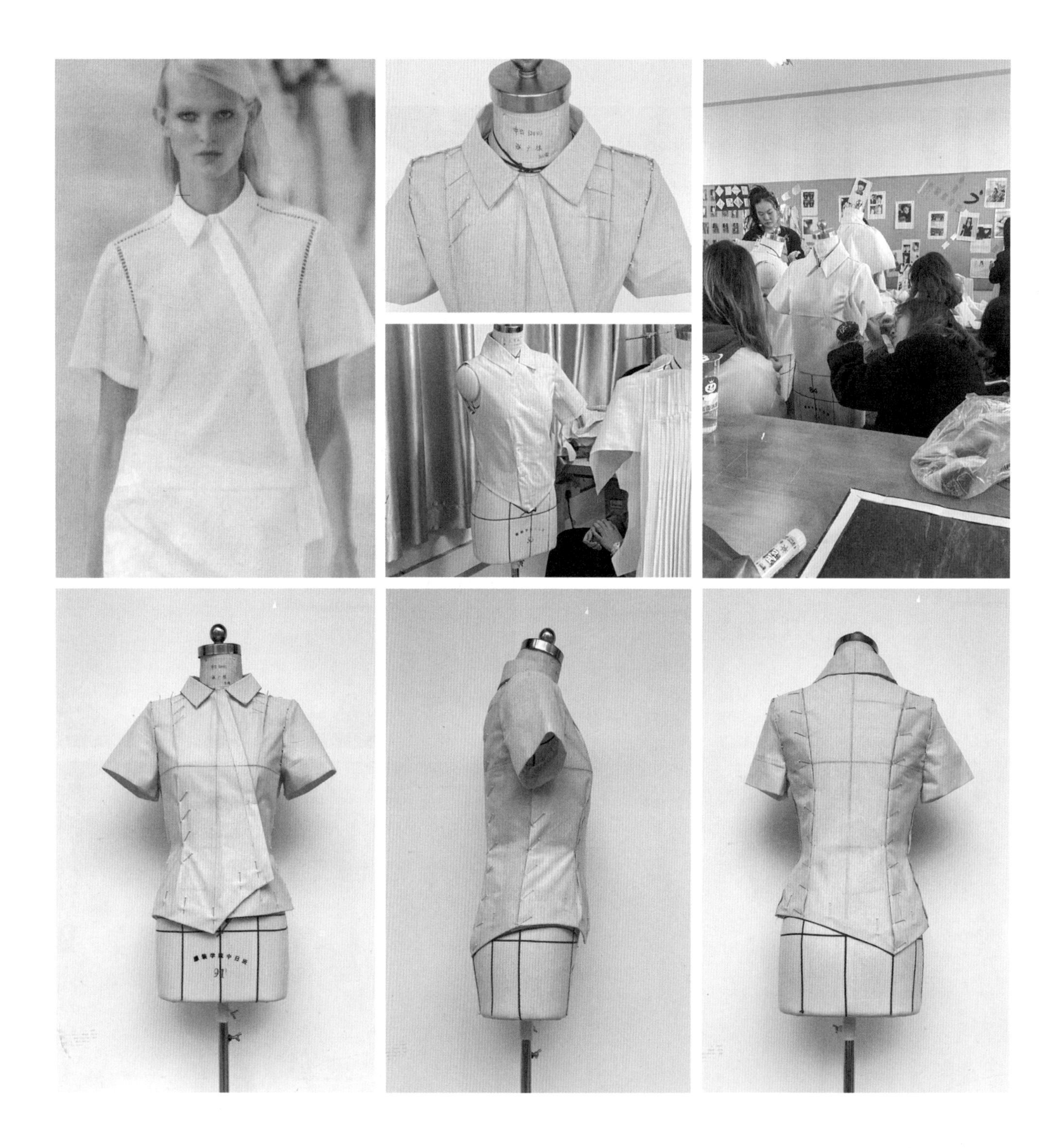

教师作业点评

衬衫是立体裁剪课程中的成衣基础训练内容，要求学生对服装基础结构有一定了解，检验学生对领、袖、省道转移、分割线等基础知识的掌握及综合运用能力。该作品打破常规衬衫结构将门襟偏向左边，提高了造型难度。学生在临摹作业中体现了自身对原作的理解，巧妙地将撇胸量与门襟相结合，并通过斜向分割使衬衣的下摆与前门襟的造型相互呼应。

▼ 品牌作品赏析

KRIZIA
Salvatore Ferragamo
RALPH & RUSSO
MOSCHINO
CHEAPANDCHIC
EMPORIO ARMANI
Vivienne
Westwood

▼学生临摹训练（一）

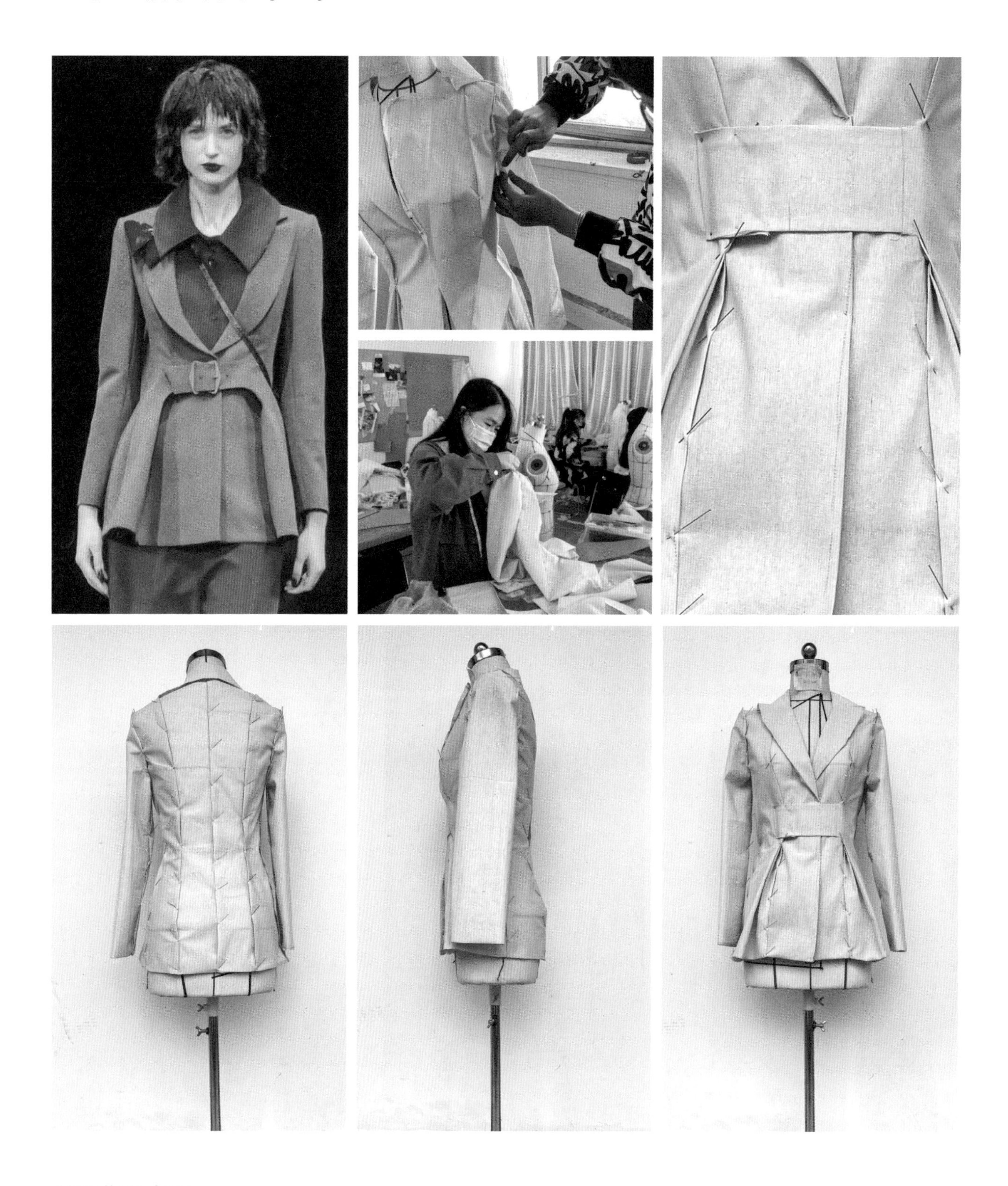

教师作业点评

此款外套将褶皱、门襟通过衣襻连为一体，并通过衣襻调节松紧，衣片结构相对复杂，难点在于腰部工字褶造型。该临摹作业整体完成度较高，门襟、衣领、衣袖等关键部位能达到一定的技术要求，但领口造型线不圆顺，前衣片工字形压褶生硬、缺乏灵活性，袖的接缝线有偏移。

▼ 学生临摹训练（二）

教师作业点评

该作品利用镂空及分割线的巧妙结合完成了服装的沙漏状造型，外观奇特另类、线条流畅。临摹作业很好地把握住了分割与镂空的设计要领，将两者联合在一起，并以分割的方式达到收省效果，但在衣袖的造型工艺以及衣摆的放松量上，还有较大的提升空间。

▼学生临摹训练（三）

教师作业点评

该西服将公主线分割与花饰相结合，特征鲜明，风格突出，成熟却不乏少女的浪漫，主要考验学生的技法分析能力以及对课堂知识的巩固训练。临摹作业的立体花饰连接流畅、层次丰富，较好地体现了原作的精神，但在花饰的成型手法以及袖口的大小上，还可做更深入的训练。

▼ 品牌作品赏析

CEDRIC CHARLIER

GIORGIO ARMANI
PRIVE

HAIDER ACKERMANN

Guy Laroche
PARIS

Sinha-Stanic

▼ 学生临摹训练

教师作业点评

该作品将层叠褶通过拼接的方式应用于胸前，营造出装饰美感，并通过整身设计考验学生对服装褶皱造型的分析能力和处理技巧。学生临摹作业还原度较高，层叠褶技法掌握熟练，后片的设计与前片的分割相呼应，提高了作品的整体感。但由于制作过程中选择了较为宽松的“H型”廓型，弱化了原作品中“A型”廓型的空间感。

▼ 品牌作品赏析

3.1 phillip lim
ALEXANDER McQUEEN
PORTS
GIVENCHY PARIS
TSUMORI CHISATO

▼ 学生临摹训练

教师作业点评

波浪褶通过曲率的变化来调节褶量的大小，具有操作简单变化灵活等特点，褶皱位置的确定以及褶量的把控是波浪褶操作中的难点。该同学作业还原度较高，对细节把握较为认真，但裙摆褶量偏小，说明褶皱曲率在具体操作上还需要加强练习。

▼ 品牌作品赏析

JULIEN FOURNIĒ
ANDERSON
LONDON
F
G·S·F·R
on aura tout vu
ChristianDior
RALPH LAUREN

▼ 学生临摹训练

教师作业点评

该设计作品通过剪切、提拉的造型手法获得荡褶的层次感以及面料的空间关系，褶量的大小疏密来自操作者的手法应用和剪口位置的设计。临摹作业造型简洁、褶皱线条优美流畅，但忽略了原作品中左右裙片的连贯性设计，同时褶量偏小弱化了作品的空间感。

▼ 品牌作品赏析

ALEXANDER WANG
Christophe Josse
DONNAKARAN
NEWYORK
DONNAKARAN
NEWYORK
中道友子
Christophe Josse

▼ 学生临摹训练

教师作业点评

穿插设计具有增加作品观赏性、丰富作品层次关系等特点，剪切是服装穿插操作中的关键步骤，也是完成穿插设计的基础环节。临摹作业较好地掌握了穿插设计技巧，将褶皱巧妙地应用于穿插中，手法自然且富有变化。但褶皱间隙过大，缺乏细腻的表现，同时裙后片的设计与制作也须重视。

▼品牌作品赏析

GIAMBATTISTA VALLI

HAIDER ACKERMANN

Christophe Josse

GIORGIO ARMANI
PRIVE

▼ 学生临摹训练

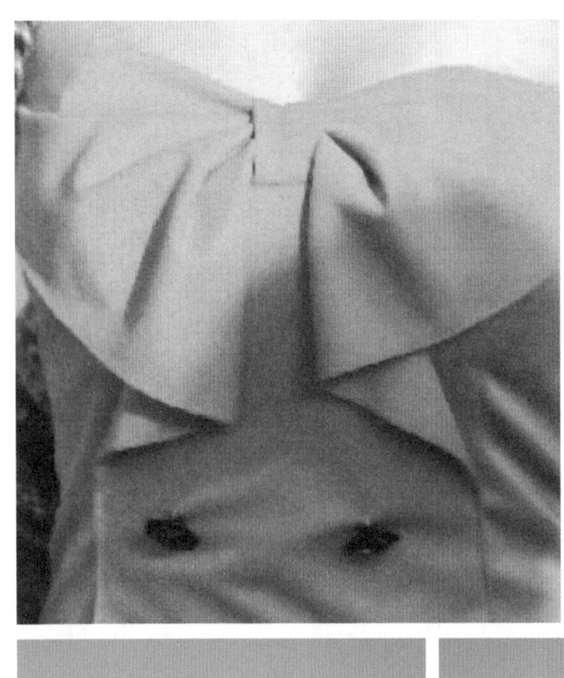
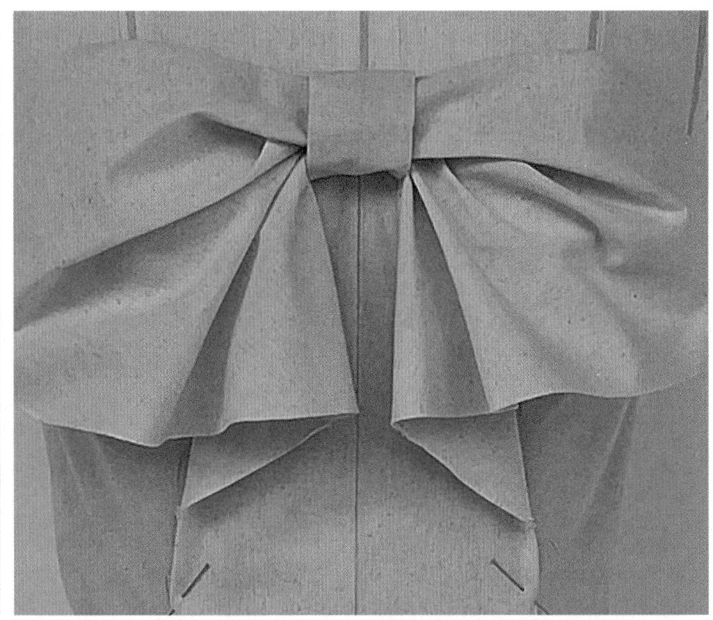

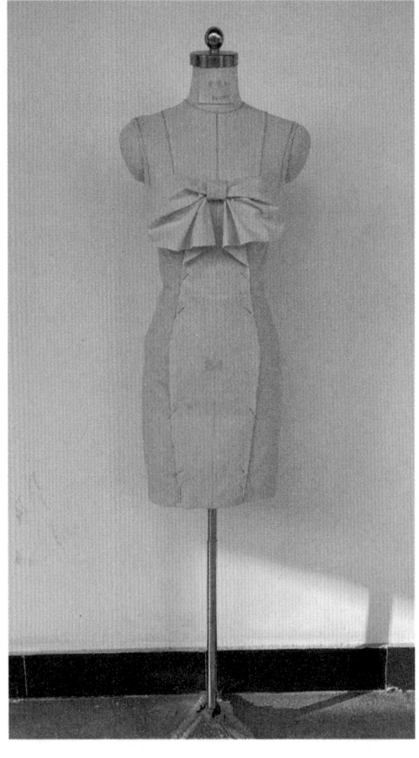
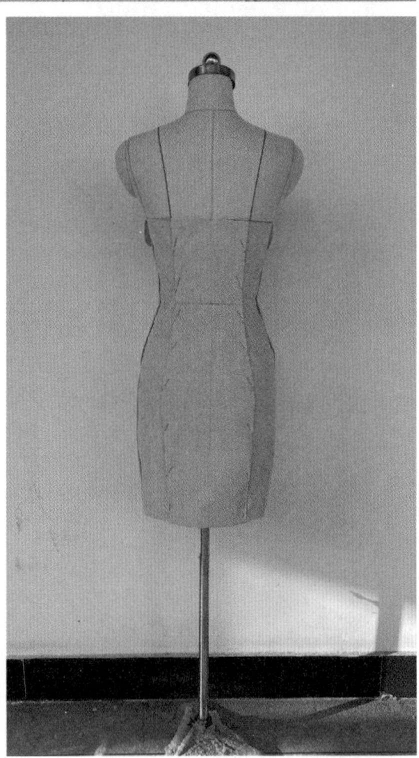

教师作业点评

延展是设计元素的延伸与拓展，一体性的结构设计丰富了作品的观赏性和实用价值。该作品将胸前的蝴蝶结造型延伸，并与前衣片合为一体，既增加了服装的看点，美化了外观的同时也丰富了服装的造型手法，使立体造型与平面结构相结合。临摹作业较好地把握了原作中一体性的造型特点，花饰设计生动、线条流畅，与衣片结合自然，具有较高的还原度。

▼ 品牌作品赏析

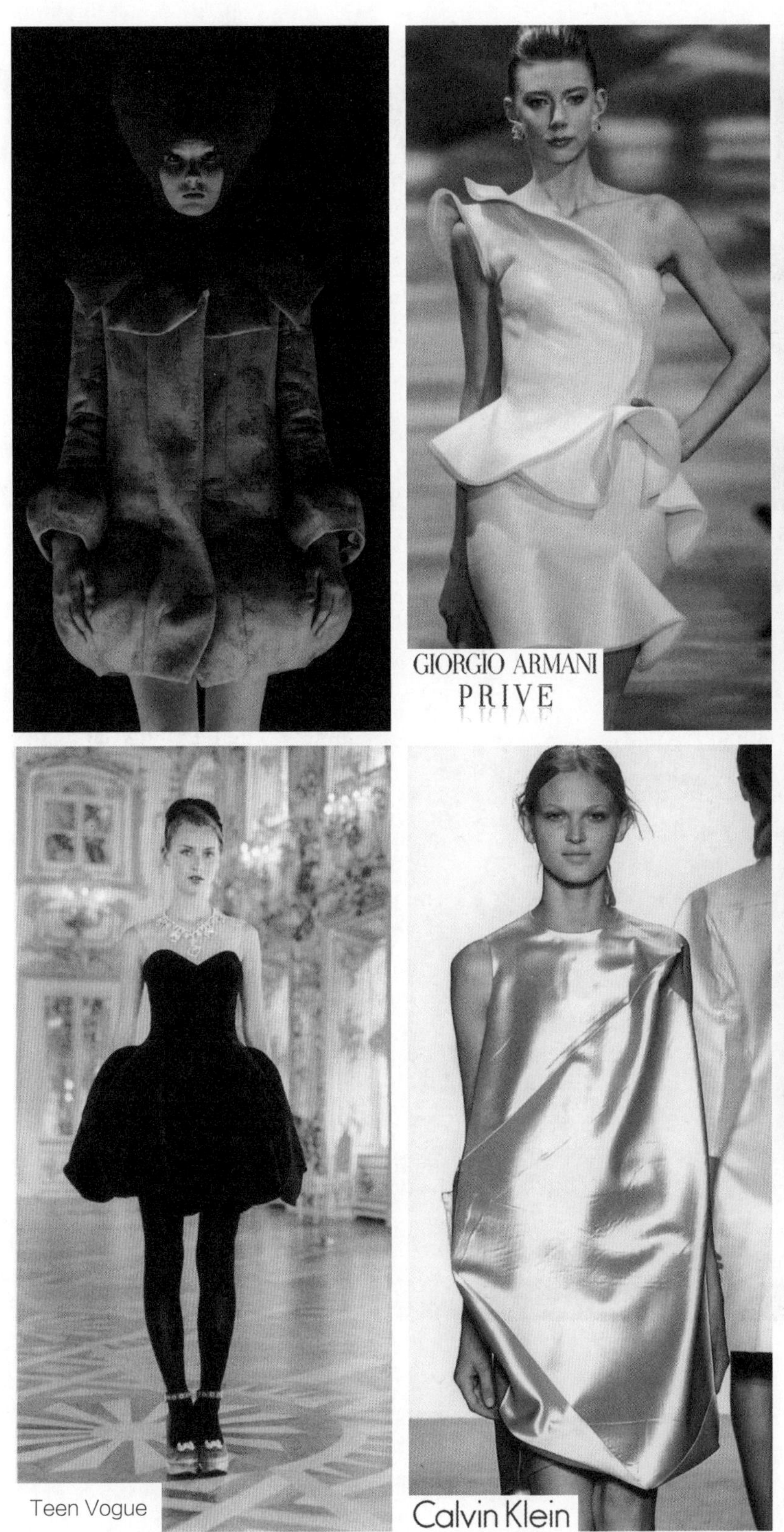
GIORGIO ARMANI
PRIVE
Teen Vogue
Calvin Klein

JONATHAN SAUNDERS

▼ 学生临摹训练

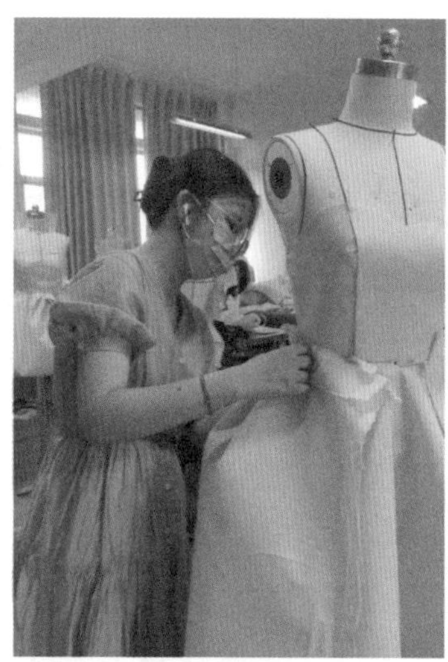

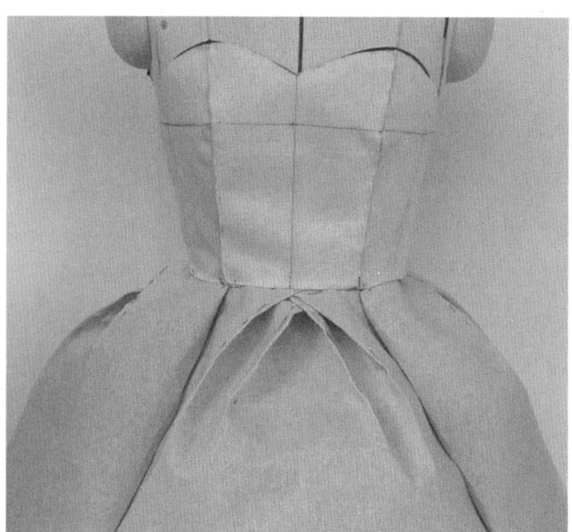

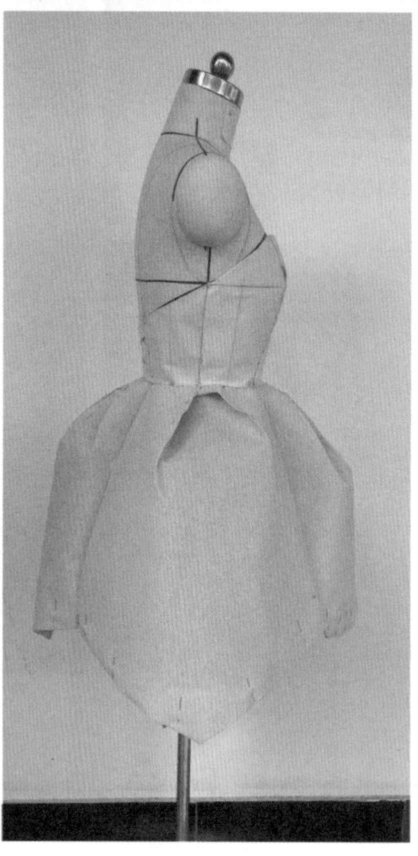

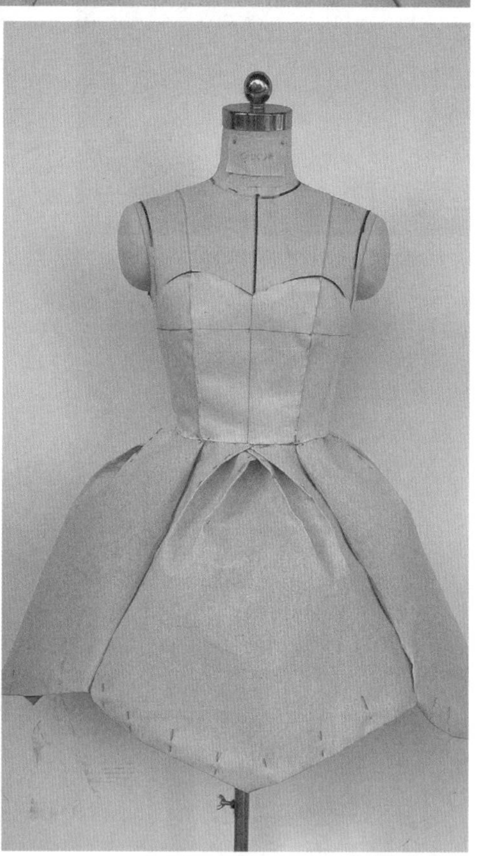

教师作业点评

服装中体的塑造，主要考验学生对空间感的把握能力，作品运用收省成体的手法扩大了裙腰外观造型，并通过上、下身的体积对比，凸显出人体腰臀部的曲线美。临摹作业的褶位及褶量运用恰当，使裙子具备了较强的空间感，但外观造型线较生硬，缺乏原作品中花型的韵味，裙下摆的处理过于简单化。

▼品牌作品赏析

H
VERSACE
H
SORBIER
H
V&R
VIKTOR®ROLF
A
ChristianDior
A
ALEXANDER
McQUEEN
A
STEPHANEROLLAND

A
ELIE SAAB

X
STEPHANEROLLAND

A
RALPH LAUREN

X
ChristianDior

X
ChristianDior

▼学生临摹训练（一）

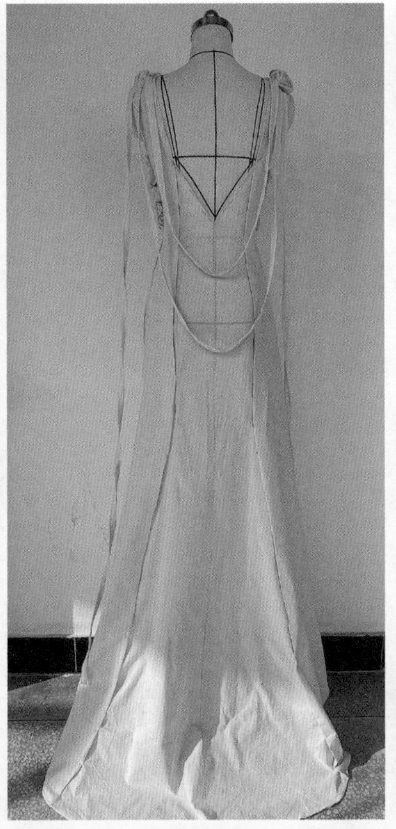

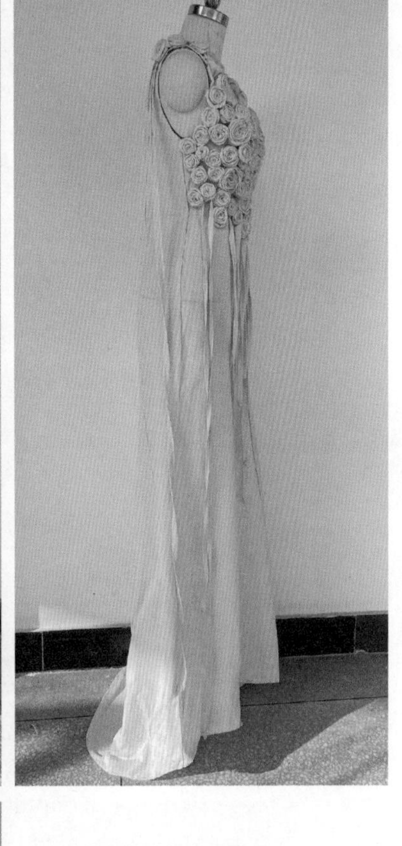

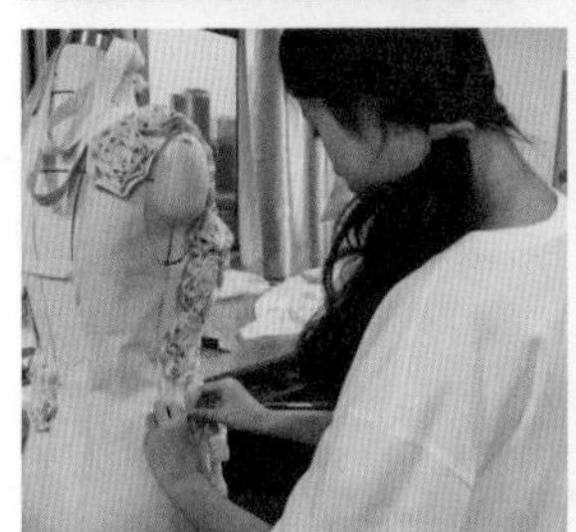

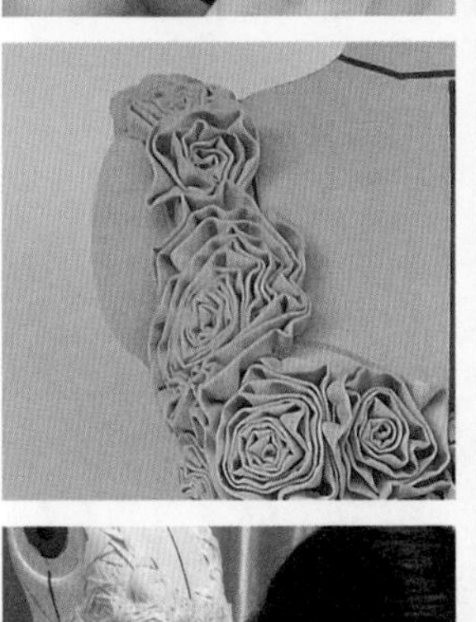

教师作业点评

新颖的外观造型以及精美的装饰是礼服设计中的要点，该作品将不同大小、造型别致的玫瑰花饰融入设计中，丰富了服装的层次及视觉效果。礼服的临摹不仅能提高学生的结构造型知识，同时还能提升审美意识和创造性，并有效地锻炼学生的创意思维能力和对作品的整体把控能力。

临摹作业将作者对礼服设计的认知融入实践，以玫瑰花饰作为主要装饰手法并巧妙地运用在衣片造型中，美化了服装的外观，使作品更具冲击力，长短不一的装饰充满变化，使作品多了一分灵动之气。

▼ 学生临摹训练（二）

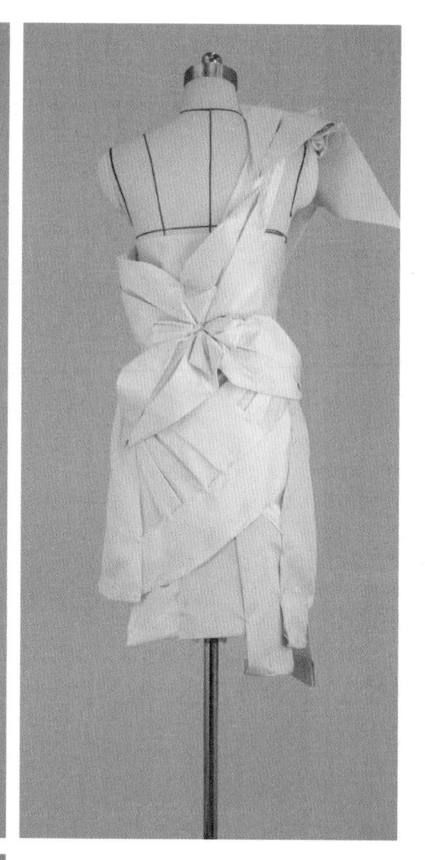

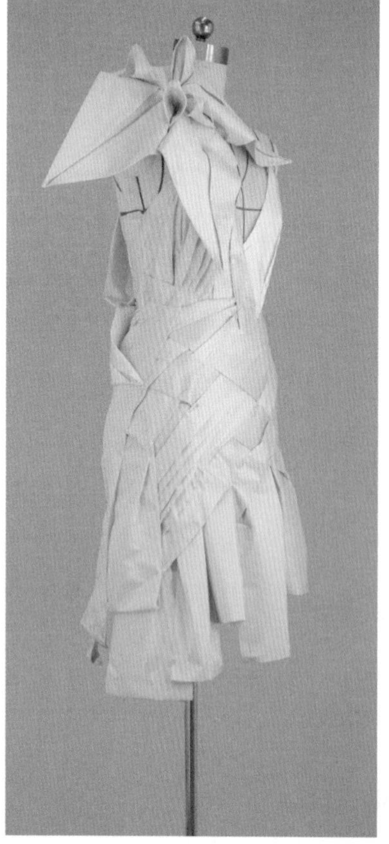

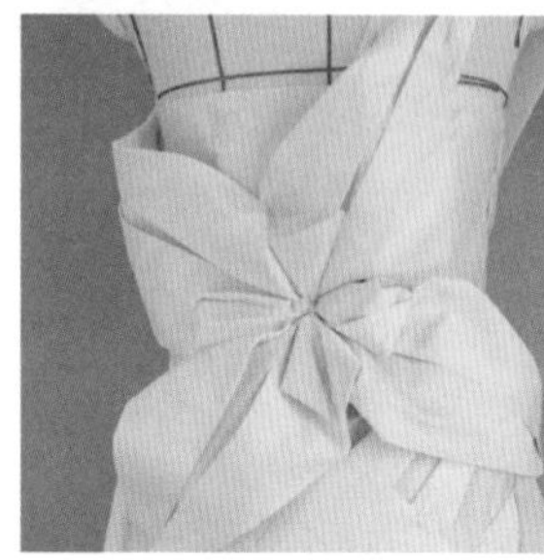

教师作业点评

该作品将传统的折纸技艺巧妙地与服装的款式设计相结合，不仅丰富了表现语言，同时还增强了文化内涵，使作品平添了一分几何线条的韵律感。

临摹作业面料选用得当，清新淡雅的粉色绸缎增强了礼服的唯美性，折纸技艺与立体造型的折叠手法相呼应，拉近了传统技艺与现代造型技术之间的距离。学生在面对真实材料的应用及工艺难度较高的双重难题下，依旧很好地完成了作品的制作，值得点赞。

▼学生临摹训练（三）

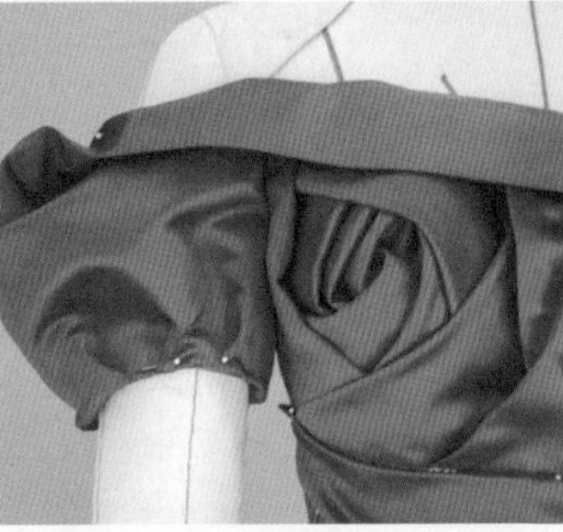

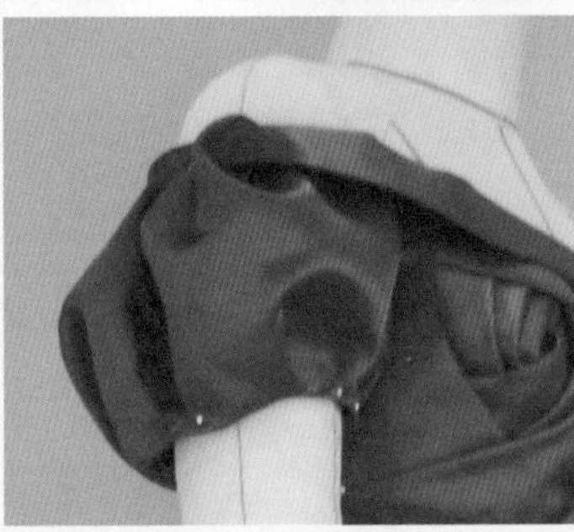

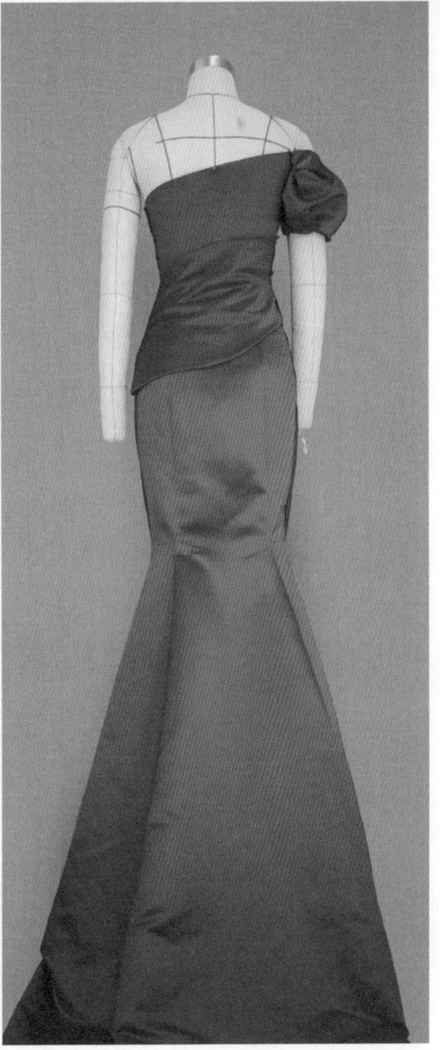

教师作业点评

该礼服以花为媒，将玫瑰花饰巧妙地融入胸部造型中美化了服装的外观，适体的鱼尾裙造型凸显了人体的曲线美。

临摹作业表现手法细腻还原度高，特别是“玫瑰花瓣”的节奏感把控到位，疏密有致。衣袖的一体性结构设计检验了学生对基础知识的掌握，真实面料的使用提升了实际操作的难度。

参考文献

[1] 陶辉. 服装立体裁剪基础[M]. 上海: 东华大学出版社,2013.

[2] [美]康妮 · 阿曼达 · 克劳福德. 美国经典立体裁剪 · 基础篇[M]. 张玲，译. 北京: 中国纺织出版社, 2003.

[3] [美]海伦 · 约瑟夫 · 阿姆斯特朗. 美国经典立体裁剪 · 提高篇[M]. 张浩，郑嵘，译. 北京: 中国纺织出版社, 2003.

[4] [美]希尔德 · 加菲，纽瑞 · 莱利斯. 美国经典服装立体裁剪完全教程[M]. 赵明，译. 北京: 中国纺织出版社, 2014.

[5] [日]日本文化服装学院. 服装生产讲座3: 立体裁剪基础编[M]. 张祖芳, 等译. 上海: 东华大学出版社, 2015.

[6] [日]日本文化服装学院. 服装生产讲座3: 立体裁剪应用编[M]. 张祖芳，等译. 上海: 东华大学出版社, 2014.

[7] [法]特雷萨 · 吉尔斯卡. 法国时装纸样设计[M]. 高国利，译. 北京: 中国纺织出版社, 2014.

[8] KIISEL K .Draping The Complete Course[M].London:Laurence King Publishing Ltd, 2013.

[9] NILS-CHRISTIAN, LHLEN-HANSEN. The Art of draping[M]. Paris: ESMOD Editions, 2011.

[10] 中道友子. Pateern Magic[M]. 东京: 文化出版局, 2010.

后记

本书在编撰过程中得到了立裁课程组张元義、刘嵋嵘、张丹、杨轶艾老师的大力协助，表示深深的谢意！同时也要感谢陶亚奇、华崇志、潘莹、郑宇钦、何奕昂、张心蕊、陈然、唐朋、吴倩倩、裴红萍、康慧慧、邹颖、苏亚兰、郝静轩、诸启颖、张雨轩、曹庆庆、黄桢等同学，他们协助完成了本书的各项相关工作，所表现出积极进取的精神和认真学习的态度值得赞赏。

感谢日本文化学园大学王子青同学以及所有关心和帮助过我们的人！

陶　辉　王小雷

2021 年 9 月

内 容 提 要

本书为“十四五”普通高等教育本科部委级规划教材。本教材从服装立体裁剪基础到提升，从局部到整体，全面系统地讲解了立体裁剪中的基础理论、实际应用及创新设计等相关知识。详实的制图尺寸、实际的操作过程，以及代表性的款式讲解，提高了本书的可读性。

技法部分作为本书的亮点，有利于读者将立体裁剪跟造型设计相结合，使立体裁剪由单一的技法传授，延伸成为实现和提升设计能力的有效手段。衣袖部分采用了平面裁剪与立体裁剪相结合的方法，将规范性与创新性、发散性相结合，加深对两种知识的掌握与融汇。

本教材不仅适用于服装设计专业及相关专业方向的大专、本科、硕士教学，同时也是广大服装爱好者自学服装立体裁剪的一本内容详实、图片清晰、信息量大的参考教程。

图书在版编目（CIP）数据

服装立体裁剪：24讲从基础到小礼服的技术进阶：附视频 / 陶辉，王小雷著. -- 北京：中国纺织出版社有限公司，2022.4

“十四五”普通高等教育本科部委级规划教材

ISBN 978-7-5180-9101-0

Ⅰ. 服… Ⅱ. ①陶… ②王… Ⅲ. ①立体裁剪—高等学校—教材 Ⅳ. ① TS941.631

中国版本图书馆 CIP 数据核字（2021）第 219772 号

责任编辑：金 昊　　特邀编辑：张琳娜
责任校对：江思飞　　责任印制：王艳丽

中国纺织出版社有限公司出版发行
地址：北京市朝阳区百子湾东里 A407 号楼　邮政编码：100124
销售电话：010—67004422　传真：010—87155801
http://www.c-textilep.com
中国纺织出版社天猫旗舰店
官方微博 http://weibo.com/2119887771
北京华联印刷有限公司印刷　各地新华书店经销
2022 年 4 月第 1 版第 1 次印刷
开本：889×1194　1/16　印张：15.25
字数：228 千字　定价：59.80 元（附视频）

凡购本书，如有缺页、倒页、脱页，由本社图书营销中心调换